普通高等教育机械类专业"十二五"规划教材

金工实习

朱 海 杨家武 主 编
金 敏 王旭峰 张 剑 副主编

中国林业出版社

图书在版编目（CIP）数据

金工实习/朱海，杨家武主编. —北京：中国林业出版社，2012.8（2025.1 重印）

普通高等教育机械类专业"十二五"规划教材

ISBN 978-7-5038-6673-9

Ⅰ.①金… Ⅱ.①朱… ②杨… Ⅲ.①金属加工–实习–高等学校–教材 Ⅳ.①TG-45

中国版本图书馆 CIP 数据核字（2012）第 152472 号

中国林业出版社·教育出版分社

策划、责任编辑：杜 娟
电话：83143553　83143516　　　　　传真：83143516

出版发行	中国林业出版社（100009　北京市西城区德内大街刘海胡同 7 号） E-mail:jiaocaipublic@163.com　电话：(010)83143500 http://lycb.forestry.gov.cn
经　销	新华书店
印　刷	北京中科印刷有限公司
版　次	2012 年 8 月第 1 版
印　次	2025 年 1 月第 4 次印刷
开　本	787mm×1092mm　1/16
印　张	15.5
字　数	360 千字
定　价	39.00 元

未经许可，不得以任何方式复制或抄袭本书之部分或全部内容。

版权所有　侵权必究

前　　言

　　金工实习是机械类和近机械类各专业学生必修的一门实践性很强的技术基础课。通过本课程的学习，能使学生了解机械制造的一般过程，熟悉典型零件的常用加工方法及其所用加工设备的工作原理，了解现代制造技术在机械制造中的应用；在主要工种上，学生应具有独立完成简单零件加工制造的动手能力；对简单零件具有初步选择加工方法和进行工艺分析的能力。同时，本书结合实习培养学生的创新意识，为培养应用型、复合型高级人才打下一定的理论与实践基础，并使学生在工程素养方面得到培养和锻炼。

　　编写组根据教育部"普通高校工程材料及机械制造基础"课程教学指导组最新审定的《普通高校工程材料及机械制造基础系列课程教学基本要求》，吸取兄弟院校的教学改革经验，制定了编写原则和大纲。在编写过程中本书注重把握工程材料和机械制造基础这两门课程的分工与配合，并注意单工种的工艺分析。全书分热加工、切削加工、现代制造技术3个模块，共9章。每个模块的章节选取了生产中应用的实例，结合生产实践，以教学要求为基础，实际应用为主线，采用本章提要、节标题目录、正文、本章小结的结构形式把抽象零散的内容连接起来。本书的材料牌号、技术条件、技术术语等均采用最新国家标准和法定计量单位。

　　本书具有以下主要特点：

- 从机械制造及相关专业的培养目标出发，主要阐述了热加工、冷加工、刀具、机床、现代制造技术等相关的基础知识，并对实际应用中经常出现的问题作了系统归纳和剖析。
- 重视跟踪制造技术的发展，注重新技术、新工艺、新方法的引进，力求使教材内容具有科学性、先进性、时代性。
- 图文并茂，多用图来代替文字进行表述，书中插图多用三维图，以增加视觉效果，便于理解。
- 本书创建QQ群：1715390645，用于专业教师及同行探讨问题、研究教学方法、交流教学资源。

本书的第1、6、8章由塔里木大学王旭峰编写,第2、4章由内蒙古农业大学金敏编写,第3、7章由东北林业大学朱海编写,第5章由东北林业大学杨家武编写,第9章由东北林业大学张剑编写。朱海、杨家武任主编,金敏、王旭峰、张剑任副主编,全书由朱海负责统稿和定稿。

限于编者的水平和经验,书中难免有不妥之处,敬请广大读者批评指正,以便再版时修正和完善。

编　者
2012年5月

目 录

前言

第1章 钢的热处理 ································· 1
1.1 概述 ································· 2
1.2 钢的热处理工艺过程及基本工艺 ································· 2
1.2.1 热处理工艺过程 ································· 2
1.2.2 钢的热处理基本工艺 ································· 3
1.3 常用热处理方法介绍 ································· 5
1.3.1 钢的热处理加热及整体热处理 ································· 5
1.3.2 表面热处理和化学热处理 ································· 6
1.3.3 硬度值的测量方法 ································· 7

第2章 铸 造 ································· 9
2.1 概述 ································· 10
2.1.1 铸造工艺特点 ································· 10
2.1.2 砂型铸造生产工序 ································· 10
2.1.3 特种铸造 ································· 10
2.2 造型与造芯 ································· 18
2.2.1 铸型的组成 ································· 18
2.2.2 型（芯）砂的性能 ································· 19
2.2.3 型（芯）砂的组成 ································· 20
2.2.4 型（芯）砂的制备 ································· 20
2.2.5 模样、芯盒与砂箱 ································· 20
2.2.6 手工造型 ································· 23
2.2.7 机器造型 ································· 28
2.2.8 造芯 ································· 31
2.2.9 浇注系统 ································· 33
2.2.10 冒口和冷铁 ································· 35
2.3 熔炼与浇注 ································· 36
2.3.1 铸铁 ································· 36
2.3.2 铸铁熔炼 ································· 37

2.3.3　浇注工艺 ……………………………………………………………………… 39
2.4　铸造缺陷分析及质量检验 …………………………………………………………… 40
　　　2.4.1　铸件缺陷分析 ………………………………………………………………… 40
　　　2.4.2　铸件质量检验的方法 ………………………………………………………… 42
2.5　现代铸造技术及其发展方向 ………………………………………………………… 43
　　　2.5.1　近净成形技术——半固态加工 ……………………………………………… 43
　　　2.5.2　发展提高铸件质量的技术 …………………………………………………… 44
　　　2.5.3　计算机技术在铸造工程中的应用 …………………………………………… 45

第3章　锻　压 ……………………………………………………………………………… 49
3.1　概述 …………………………………………………………………………………… 50
3.2　金属的加热及锻件的冷却 …………………………………………………………… 51
　　　3.2.1　加热的目的和锻造温度范围 ………………………………………………… 51
　　　3.2.2　加热设备 ……………………………………………………………………… 52
　　　3.2.3　加热缺陷及防止方法 ………………………………………………………… 53
　　　3.2.4　锻件的冷却 …………………………………………………………………… 54
　　　3.2.5　锻后热处理 …………………………………………………………………… 55
3.3　自由锻造 ……………………………………………………………………………… 55
　　　3.3.1　自由锻造的主要设备及工具 ………………………………………………… 55
　　　3.3.2　自由锻造基本工序及操作 …………………………………………………… 57
　　　3.3.3　自由锻件结构工艺性 ………………………………………………………… 60
　　　3.3.4　自由锻件常见缺陷及产生原因 ……………………………………………… 61
　　　3.3.5　典型自由锻件工艺举例 ……………………………………………………… 61
3.4　胎模锻 ………………………………………………………………………………… 62
3.5　模锻 …………………………………………………………………………………… 63
　　　3.5.1　模锻设备 ……………………………………………………………………… 64
　　　3.5.2　锻模 …………………………………………………………………………… 64
3.6　板料冲压 ……………………………………………………………………………… 67
　　　3.6.1　冲压设备 ……………………………………………………………………… 67
　　　3.6.2　冲模 …………………………………………………………………………… 68
　　　3.6.3　板料冲压基本工序 …………………………………………………………… 68

第4章　焊接与切割实训 …………………………………………………………………… 71
4.1　焊接基础知识 ………………………………………………………………………… 72
　　　4.1.1　焊接原理 ……………………………………………………………………… 72
　　　4.1.2　焊接方法的分类 ……………………………………………………………… 72
　　　4.1.3　焊接设备的分类和选用原则 ………………………………………………… 74
　　　4.1.4　安全生产和劳动保护知识 …………………………………………………… 75

4.2 焊条电弧焊 ·· 77
4.2.1 焊接电弧及焊接过程 ·· 77
4.2.2 焊条电弧焊设备与工具 ··· 78
4.2.3 焊条 ··· 80
4.2.4 焊条电弧焊工艺及其操作 ·· 82

4.3 气焊和气割 ·· 86
4.3.1 气焊的特点和应用 ··· 86
4.3.2 气焊的设备与工具以及辅助器具 ·· 86
4.3.3 焊丝与焊剂 ··· 89
4.3.4 气焊火焰（氧乙炔焰） ··· 89
4.3.5 气焊的基本操作 ··· 90
4.3.6 气割 ··· 91

4.4 其他焊接简介 ··· 92
4.4.1 埋弧自动焊 ··· 92
4.4.2 气体保护电弧焊 ··· 92
4.4.3 电阻焊的基础知识 ··· 94
4.4.4 摩擦焊 ··· 96
4.4.5 钎焊 ··· 96

4.5 焊接质量分析 ··· 97
4.5.1 焊接接头的组织和性能 ··· 97
4.5.2 焊接应力与变形 ··· 100
4.5.3 常见焊接缺陷 ··· 102
4.5.4 焊接质量检验 ··· 103

第5章 车削加工 ··· 107

5.1 概述 ·· 108

5.2 车床 ·· 109
5.2.1 C6132型车床的组成 ··· 109
5.2.2 车床传动 ··· 111
5.2.3 主轴的转速及进给量的调整 ··· 112
5.2.4 其他车床 ··· 113

5.3 车刀 ·· 114
5.3.1 车刀的分类 ··· 114
5.3.2 车刀的组成 ··· 114
5.3.3 车刀的结构形式 ··· 115
5.3.4 车刀的几何角度及其作用 ··· 115
5.3.5 车刀的刃磨 ··· 117
5.3.6 刀具的安装 ··· 118

5.4 工件的安装及车床附件 …… 118
5.5 车削加工 …… 122
　5.5.1 车外圆 …… 122
　5.5.2 车端面 …… 124
　5.5.3 车台阶 …… 125
　5.5.4 切槽和切断 …… 125
　5.5.5 钻孔和镗孔 …… 126
　5.5.6 车圆锥 …… 127
　5.5.7 车螺纹 …… 129
　5.5.8 滚花 …… 131
　5.5.9 车成形面 …… 132

第6章 刨削和磨削实训 …… 134
6.1 刨削实训 …… 135
　6.1.1 概述 …… 135
　6.1.2 刨床 …… 136
　6.1.3 刨刀 …… 137
　6.1.4 工件的安装 …… 138
　6.1.5 刨削操作 …… 140
6.2 磨削实训 …… 142
　6.2.1 概述 …… 142
　6.2.2 磨床 …… 143
　6.2.3 砂轮及安装、平衡、修整 …… 147
　6.2.4 磨削操作 …… 149

第7章 铣削加工和齿轮加工 …… 154
7.1 概述 …… 155
7.2 铣床 …… 156
　7.2.1 铣床的种类 …… 156
　7.2.2 铣床的基本部件 …… 157
7.3 铣刀及其安装 …… 158
　7.3.1 铣刀的种类和用途 …… 158
　7.3.2 铣刀的安装 …… 159
7.4 工件的安装及机床附件 …… 160
7.5 铣削基本工作 …… 163
　7.5.1 铣水平面 …… 163
　7.5.2 铣斜面 …… 164
　7.5.3 铣沟槽 …… 165

7.6 齿轮齿形加工简介 ………………………………………………………… 166
　　7.6.1 成形法 ……………………………………………………………… 166
　　7.6.2 展成法 ……………………………………………………………… 167

第8章 钳工实训 ………………………………………………………………… 171

8.1 常用工具简介 ……………………………………………………………… 172
　　8.1.1 钳工工作台 ………………………………………………………… 172
　　8.1.2 钳工虎钳 …………………………………………………………… 172
8.2 划线实训 …………………………………………………………………… 173
　　8.2.1 划线工具和使用 …………………………………………………… 173
　　8.2.2 划线基准的选择 …………………………………………………… 175
　　8.2.3 立体划线步骤 ……………………………………………………… 176
8.3 锯削实训 …………………………………………………………………… 176
　　8.3.1 锯削工具 …………………………………………………………… 176
　　8.3.2 锯削的步骤和方法 ………………………………………………… 177
8.4 锉削实训 …………………………………………………………………… 178
　　8.4.1 锉刀 ………………………………………………………………… 178
　　8.4.2 锉削操作方法 ……………………………………………………… 179
　　8.4.3 锉削注意事项 ……………………………………………………… 180
8.5 钻孔、扩孔、铰孔实训 …………………………………………………… 181
　　8.5.1 钻孔 ………………………………………………………………… 181
　　8.5.2 扩孔 ………………………………………………………………… 184
　　8.5.3 铰孔 ………………………………………………………………… 185
8.6 攻螺纹和套螺纹实训 ……………………………………………………… 186
　　8.6.1 攻螺纹 ……………………………………………………………… 186
　　8.6.2 套螺纹 ……………………………………………………………… 187
8.7 刮削实训 …………………………………………………………………… 188
8.8 装配实训 …………………………………………………………………… 189
　　8.8.1 装配概述 …………………………………………………………… 189
　　8.8.2 装配过程及装配工作 ……………………………………………… 190
　　8.8.3 几种典型的装配工作 ……………………………………………… 191
　　8.8.4 对拆卸工作的要求 ………………………………………………… 191

第9章 数控加工 ………………………………………………………………… 194

9.1 数控加工概述 ……………………………………………………………… 195
　　9.1.1 数控加工简述 ……………………………………………………… 195
　　9.1.2 数控机床的组成 …………………………………………………… 198
　　9.1.3 数控机床坐标系 …………………………………………………… 199

9.1.4 数控机床程序的编制 …………………………………………………… 201
9.2 数控车床加工实习 ………………………………………………………………… 205
　　9.2.1 数控车床概述 ……………………………………………………………… 205
　　9.2.2 数控车床加工程序格式及指令介绍 ……………………………………… 207
　　9.2.3 数控车床加工零件举例 …………………………………………………… 209
　　9.2.4 数控车床创新实践简介 …………………………………………………… 216
9.3 数控铣床加工实习 ………………………………………………………………… 217
　　9.3.1 数控铣床概述 ……………………………………………………………… 217
　　9.3.2 数控铣床加工程序格式及指令介绍 ……………………………………… 218
　　9.3.3 数控铣床加工零件举例 …………………………………………………… 220
9.4 特种加工 …………………………………………………………………………… 227
　　9.4.1 特种加工概述 ……………………………………………………………… 227
　　9.4.2 电火花加工 ………………………………………………………………… 228
　　9.4.3 电火花线切割加工 ………………………………………………………… 231
　　9.4.4 激光加工 …………………………………………………………………… 232

参考文献 ………………………………………………………………………………… 235

第 1 章
钢的热处理

[**本章提要**]

钢的热处理就是将金属钢在固态下通过加热、保温和冷却的方式,改变合金的内部组织,从而得到所需性能的一种工艺方法。钢的热处理目的是只要求改变金属材料的组织和性能,而不要求改变零件的形状和尺寸。

1.1 概述

1.2 钢的热处理工艺过程及基本工艺

1.3 常用热处理方法介绍

钢热处理的方法很多，常用的有退火、正火、淬火、回火以及表面淬火和化学热处理等。不同的热处理工序常穿插在零件制造过程的各个热、冷加工工序中进行。

1.1 概述

热处理就是将金属在固态下通过加热、保温和冷却的方式，改变合金的内部组织，从而得到所需性能的一种工艺方法。热处理与铸造、锻压、焊接和机械加工等加工方法不同，它的目的是只要求改变金属材料的组织和性能，而不要求改变零件的形状和尺寸。

钢的热处理在机械制造生产过程中占有重要位置，在零件的制造工艺中是一道重要的工序，如在汽车、拖拉机制造中，有 70% ~ 80% 的零件都需要经过热处理。运用热处理工艺，在零件设计中可实现用同一种材质，经过不同热处理而形成不同的组织，具有不同的性能，满足特定工作条件下对零件的要求。例如发动机上的曲轴，其轴颈表面要求有较高的硬度且耐磨损，而其轴颈内心要求强度较高，韧性好，这样一种综合力学性能用一种材质只有借助热处理工艺才能达到。又例如钻头，铣刀和冲头等工、模具零件，必须有较高的硬度和耐磨性才能保持锋利，以用来加工其他金属或保持较长的使用寿命，这也需要采用热处理工艺方法。由此可见，热处理工艺是保证产品质量，延长使用寿命，挖掘材料潜力等方面不可缺少的工序。

热处理的方法很多，常用的有退火、正火、淬火、回火以及表面淬火和化学热处理等。不同的热处理工序常穿插在零件制造过程的各个热、冷加工工序中进行。任何一种热处理工艺都具备 3 个步骤：

①根据工件的材质和某种热处理工艺要求，把工件加热到预定的温度范围。

②在此温度下保温一定的时间，使工件全部热透。

③在某种介质条件下把工件冷却到室温。

1.2 钢的热处理工艺过程及基本工艺

1.2.1 热处理工艺过程

热处理的工艺要素有：①加热的温度、介质及加热速度；②保温时间；③冷却的方式、介质及冷却速度。

通常热处理工艺要素所构成的加热、保温、冷却 3 个阶段组合称为热处理工艺过程。图 1-1 是采用温度-时间坐标表示的热处理工艺过程图。对不同的钢材，3 个阶段工艺参数的选择不同；对同一种钢材，冷却方式和冷却速度的不同选择，对组织的影响最大，可据此获得预期的硬度、强度、塑性、韧性等力学性能指标。

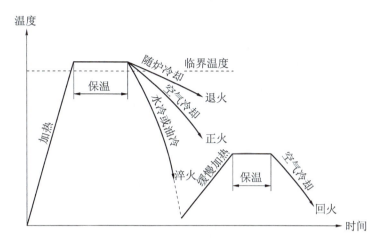

图 1-1 常用热处理方法的工艺曲线示意图

1.2.2 钢的热处理基本工艺

(1) 退火

钢的退火是将工件加热到适当的温度保持一定时间,然后缓慢冷却(炉中冷却)的热处理工艺。退火工艺应用很广泛。根据工件要求退火的目的不同,退火的工艺有多种,常用的3种:完全退火、球化退火和去应力退火。

工具钢和某些用于重要结构零件的合金钢有时硬度较高,铸、锻、焊后的毛坯有时硬度不均匀,存在着内应力。为了便于切削加工,并保持加工后的精度,常对工件施以退火处理。退火后的工件硬度较低,消除了内应力,同时还能使材料的内部组织均匀细化,为进一步热处理(淬火)做好准备。

退火可在电阻炉或油、煤气炉中进行,最常用的是电阻炉。电阻炉是电流通过电阻丝产生的热量加热工件,同时用热电偶等电热仪表控制温度,所以操作简单、温度准确。常用的有箱式电阻炉和井式电阻炉。

加热时温度控制应准确,温度过低达不到目的,温度过高又会造成过热、过烧、氧化及脱碳等缺陷。操作时还应注意零件的放置方法,当退火的主要目的是为了消除内应力时更应注意。如对于细长工件的稳定尺寸退火,一定要在井式炉中垂直吊置,以防止工件由于自身重力引起变形。操作时还应注意不要接触电阻丝,以免短路。为保证安全,电阻炉应安装炉门开启装置,以便装炉和取出工件时能自动断电。

(2) 正火

钢的正火对于中碳、低碳钢工件,一般将其加热到一定温度(一般为 800~970℃)保温适当时间后,在静止的空气中冷却的热处理工艺。正火的目的与退火基本上相似,但正火的冷却速度比退火稍快,故可得到较细密的组织,力学性能较退火好;然而正火后的钢硬度比退火高。对于低碳钢的工件,这将具有良好的切削加工性能;而对于中碳合金钢和高碳钢的工件,则因正火后硬度偏高,切削加工性能变差,故以采用退火为宜。正火难以消除内应力，为防止工件的裂纹和变形，对大工件和形状复杂件仍采用退火处理。从经济方面考虑，正火比退火的生产周期短、设备利用率高、节约能源、降低成本以及操作简便，所以在可能的条件下，应尽量以正火代替退火。

正火时装炉方式和加热速度的选择以保温时间的控制等方面与退火相类同，所不同的是加热和冷却方式。一般正火温度比退火温度稍高一些，如碳素结构钢为 840～920℃，合金结构钢为 820～970℃。

(3) 淬火

钢的淬火是将工件加热到 760～820℃，保持一定时间，然后以适当的冷却速度获得马氏体组织的热处理工艺。淬火的目的是提高钢的强度和硬度，增加耐磨性，并在回火后获得很高强度与一定韧性相配合的性能。

淬火的冷却介质称为淬火剂。常用的淬火剂有水和油。水是最便宜且冷却力很强的淬火剂，适用于一般碳钢零件的淬火。向水中溶入少量的盐类，还能进一步提高其冷却能力。油也是应用较广的淬火剂。它的冷却能力较低，可以防止工件产生裂纹等缺陷，适用于合金钢淬火。

淬火操作时，除注意加热质量(与退火相似)和正确选择淬火剂外，还要注意淬火工件浸入淬火剂的方式。如果浸入方式不正确，则可能因工件各部分的冷却速度不一致而造成极大的内应力，使工件发生变形和裂纹或产生局部淬火不硬等缺陷。例如，厚薄不匀的工件，厚的部分应先浸入淬火剂中；细长的工件(钻头、轴等)，应垂直地浸入淬火剂中；薄而平的工件(圆盘铣刀等)，不能平着放入而必须立着放入淬火剂中；薄壁环状工件，浸入淬火剂时，它的轴线必须垂直于液面；截面不均匀的工件应斜着放下去，使工件部分的冷却速度趋于一致等。

热处理车间的加热设备和冷却设备之间，不得放置任何妨碍操作的物品。淬火操作时，还必须穿戴防护用品，如工作服、手套及防护眼镜等，以防止淬火剂飞溅伤人。

有些零件使用时只要求表面层坚硬耐磨，而心部仍希望保持原有的韧性，这时可采用表面淬火。按加热方法不同，表面淬火分为火焰表面淬火和高频感应加热淬火(简称高频淬火)。火焰表面淬火简单易行，但不易保证质量。高频淬火质量好、生产率高，可以使全部淬火过程机械化、自动化，适用于大批量生产。

(4) 回火

将淬火后的钢重新加热到某一温度范围(大大低于退火、正火和淬火时的加热温度)，经过保温后在油中或空气中冷却的操作称为回火。回火的目的是减小或消除工件在淬火时所形成的内应力、降低淬火钢的脆性、使工件获得较好的强度和韧性等综合力学性能。

根据回火温度不同，回火操作可分为低温回火、中温回火、高温回火。

①低温回火：回火温度为 150～250℃。低温回火可以部分消除淬火造成的内应力降低钢的脆性，同时工件仍保持高硬度。工具、量具多用低温回火。

②中温回火：回火温度为 350~450℃。淬火工件经过中温回火后，可消除大部分内应力，硬度有显著下降，但仍有一定的韧性和弹性。它一般用于处理热锻模、弹簧等。

③高温回火：回火温度为 500~600℃。高温回火可以消除内应力，使零件具有高强度和高韧性等综合力学性能。淬火后再经高温回火的工艺，称为调质处理。一般要求具有较高综合力学性能的重要零件，都要经过调质处理。

1.3 常用热处理方法介绍

1.3.1 钢的热处理加热及整体热处理

整体热处理是对金属材料或工件进行整体穿透性加热的热处理工艺，包括零件的整体退火、正火、淬火和回火。整体热处理采用加热炉进行整体加热并保温。图 1-2 所示为常用热处理加热炉。图 1-2(a) 所示箱式电炉，采用电阻丝为加热元件，加热介质为空气，最高使用加热温度为 950℃。若采用硅碳棒为加热元件，最高使用温度可达 1 300℃。通常电阻加热炉的温度由测温与传感元件——热电偶和温度控制仪表等进行控制。图 1-2(b) 所示井式电炉利于轴杆类零件吊装热处理作业。吊挂加热方式可防止

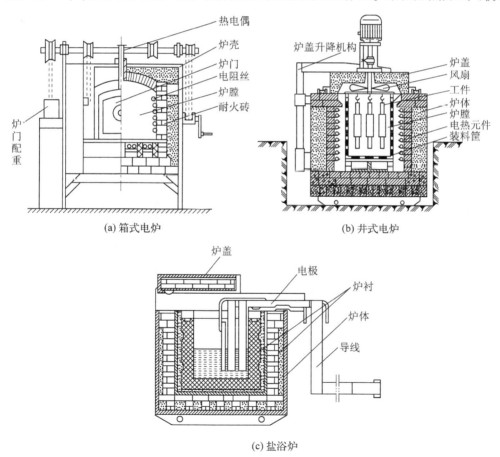

图 1-2 常用的热处理加热炉

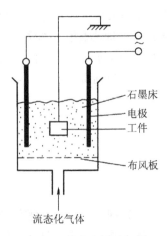

图 1-3 流态床浮动石墨粒子炉示意图

工件变形。图 1-2(c)是工具钢类零件热处理时采用的盐浴炉,加热介质选择化学性能稳定的熔盐。这种方法加热迅速、均匀,炉温控制准确。在熔盐中定期加入脱氧剂可防止钢的氧化。盐浴炉加热温度有不同分级限定,由盐浴组成及其成分所决定。

常用的热处理加热方法不同程度地存在着钢的氧化与脱碳等加热缺陷以及能耗高、污染环境等问题。因此,以清洁生产和节能控制为目标的高密度能加热方法得到发展和应用,其中有高频感应加热、激光加热、电子束加热等。近年来,低能耗流态床加热方法有逐步增长的趋势。图 1-3 所示是流态床浮动石墨粒子炉加热设备。流态床加热特点是粒子紊乱流动和强烈循环,其热容量大、传热系数高、加热温度均匀、可实现少或无氧化加热。利用电力电子技术和计算机控制技术对原有加热炉进行节能技术改造,采用新材料改进热处理加热炉热传导及保温性能等方面日益受到重视。目前,借助于计算机模拟进行热处理虚拟生产已步入实用化阶段。这些都促进了热处理工艺的技术进步和创新。

1.3.2 表面热处理和化学热处理

当要求零件表面具有高硬度、良好的耐磨性和抗疲劳性能,而心部保持材料原有的组织和性能时,需要采用表面强化的方法。表面淬火和化学热处理可满足钢的表面强化。表面淬火加热方法有感应加热、火焰加热、激光加热和电子束加热等。钢的表面淬火是加热设备将钢的表面迅速加热到淬火温度而心部未被加热,然后快速冷却的淬火工艺。感应加热表面淬火工艺如图 1-4 所示。

化学热处理是将钢置于活性介质中加热并保温,高温下,活性介质在钢的表面发生化学反应,当一种或几种元素扩散进入钢的表面并改变其化学成分后,再配以不同的后续热处理使钢达到所需的性能。常用化学热处理有:渗碳、渗氮、渗金属和多元共渗等。一般渗碳用钢为低碳钢和低碳合金钢,其含碳量≤0.3%。渗碳的作用是提高硬度和耐磨性能。滴注式气体渗碳如图 1-5 所示,其工艺流程为:吊装入炉→炉内保压并加热→滴注渗碳剂→排气→保

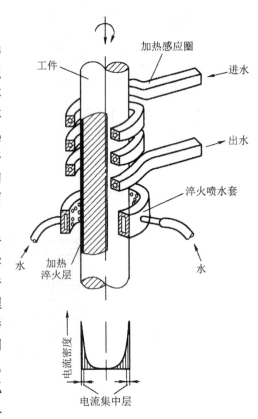

图 1-4 感应加热表面淬火示意图

温→渗碳→降温→淬火或空冷。渗碳剂选择甲醇、煤油滴注式渗碳剂时炉内炭黑少。渗碳剂在 880～940 ℃ 高温下分解出活性碳原子后渗入钢的表面。近几年来，另一种新型渗碳方法——流态床渗碳发展很快。流态颗粒采用石墨。石墨作为导电物质使流态床导电，当两电极间产生电流通过流态床时，石墨发热加热钢。流化气采用空气时，空气中的氧气在渗碳温度下与石墨反应形成渗碳气氛使钢的表层渗碳。流态床渗碳的特点是：加热速度和渗碳速度快；电能和介质消耗少；加热、渗碳气氛和渗碳层均匀。

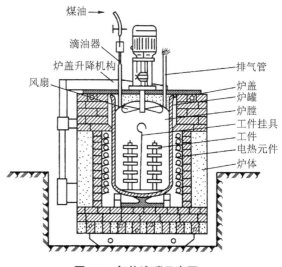

图 1-5　气体渗碳示意图

渗氮能使钢件获得比渗碳更高的表面硬度、耐磨性、高疲劳极限和良好的耐腐蚀性能。渗氮的材料适用面广，一般钢铁材料和部分非铁金属（如钛及钛合金）均可进行渗氮处理。工模具用钢渗氮前需调质处理以保证渗氮件的心部具有较高的综合力学性能。离子渗氮装置如图 1-6 所示。工件在低真空 2 000 Pa 含氮气氛中利用工件（阴极）和阳极之间产生的辉光放电进行渗氮处理。离子渗氮的气源是氮气、氢气和氨气，排出废气极少，不产生有害气体，是环保型化学热处理工艺，离子渗氮速度快，适用温度范围宽。

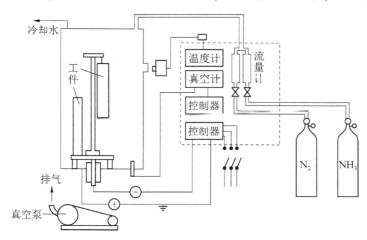

图 1-6　离子渗氮装置示意图

1.3.3　硬度值的测量方法

热处理的效果通常用硬度值衡量。硬度计测量是一种压痕试验法。它是在一定载荷下将一定材质和一定形状的压头压入被测的金属表面，由产生的塑性变形量来衡量金属硬度的。此法简单易行，对工件表面破坏也不大。金属硬度值与金属强度在一定范围内还存在着正相关的对应关系，有时也可依据硬度值大致推断强度。针对不同的测量对象和精度要求，有洛氏硬度计、布氏硬度计和维式硬度计等多种测量仪器供选择。测量操作一定要按规范进行，以防引起过大的误差。

(1) 布氏硬度测定

将一个一定直径 D 的钢球，在一定载荷 F 作用下压入所试验的金属表面，并保持数秒钟以保证达到稳定状态，然后将载荷卸除。用带有标尺的低倍显微镜测量表面的压痕直径 d，再从硬度换算表上换算成布氏硬度值。材料越硬，压痕的直径就越小，布氏硬度值越大；反之，材料越软，压痕的直径就越大，布氏硬度值越小。

(2) 洛氏硬度测定

测量方法是用一个顶角为 120° 的金刚石圆锥作为压头。测量时先加 100 N 初载荷，使压头与工件表面接触良好，同时将硬度计上的刻度盘指针对准零点，再加上 1 400 N 的主载荷(与初载荷共为 1 500 N)，使金刚石圆锥压入工件表面，停留一定时间后将主载荷卸去，材料会回弹少许。此时的压痕深度 $h = (h_2 - h_1)$，就是测量硬度的依据。为方便起见，将洛氏硬度值定为 HRC = $(100 - h)/0.002$ (表盘上每一格相当于 0.002 mm 深度)。实际测量时，这一数值可以由刻度盘上直接读出，非常方便。

本章小结

通过钢的热处理的学习，对钢的热处理工艺过程及基本工艺有所掌握，并且介绍了常用热处理方法。常用的有退火、正火、淬火、回火以及表面淬火和化学热处理等。不同的热处理工序常穿插在零件制造过程的各个热、冷加工工序中进行。同时对热处理的设备有所了解，可以进行熟练操作。

思考题

1. 什么是热处理？它在零件制造过程中的作用是什么？
2. 试比较钢的退火与正火的异同点。
3. 试举出几种你在实习中遇到的经过淬火的零件或工具，说明它们为什么需要淬火。并由此归纳出淬火的目的是什么。
4. 淬火后，为什么要回火？回火温度对淬火钢的性能有什么影响？以下工件在淬火后应采用何种回火方法？(1) 手锯条；(2) 弹簧夹头；(3) 机床主轴。
5. 将两块经过退火的 45 钢，加热至 800℃ 保温后，一块随炉冷却；另一块在水中冷却。请问这两块钢冷却至室温后性能会有什么变化，为什么？
6. 为了防止你做的实习件(如锤子)生锈，可采用哪些简便易行的表面处理方法？

第 2 章
铸 造

[**本章提要**]

介绍手工造型的基本方法和砂型铸造工艺,常用铸造合金的熔炼方法和常见铸造缺陷产生的原因。

2.1 概述
2.2 造型与造芯
2.3 熔炼与浇注
2.4 铸造缺陷分析及质量检验
2.5 现代铸造技术及其发展方向

2.1 概述

铸造是将液态金属浇注到与零件形状、尺寸相适应的空腔中，待其冷却凝固后获得铸件的方法。

在铸造生产过程中，获得液态金属和制造铸型是铸造的两个最基本的要素。适合铸造生产的金属有铸铁、铸钢和有色金属。其中铸铁应用最为普遍，其产量占铸件生产的80%以上。

2.1.1 铸造工艺特点

铸造生产与其他毛坯生产方法比较，具有以下特点：

①适应性强：几乎不受材料的限制。铸铁、铸钢、铝合金、铜合金等金属材料，只要能熔化为液体便能铸造生产。

②灵活性大：几乎不受零件大小、形状和生产批量的限制。零件的质量可从几克至几百吨，外形尺寸从几毫米至几十米，既适合单件小批量生产，又适合大批量生产。

③成本较低：铸造原材料（金属材料、造型材料）来源广泛。可以回收利用废件、废料；铸造成形方便，铸件毛坯与零件形状相近，节省金属材料和切削加工成本；造型设备较简单，投资较小。因此，铸件成本较低。

由于铸造的上述各项优点，因此在工业上得到广泛的应用。据统计，在机床、内燃机和重型机械设备中，铸件重量占70%~90%，在汽车、拖拉机和农业机械中占40%~70%。

液态成形也给铸造生产带来一些问题。由于凝固结晶的特点，使铸件晶粒粗大、组织疏松，内部易产生缩孔、缩松、气孔等缺陷。因此，同种材料下铸件的机械性能，特别是冲击韧性，比锻件低；铸造生产工序多，工艺过程难以准确控制，使得铸件质量不稳定，废品率较高。因此，铸件一般不用于制造承受大的动载荷或交变载荷的零件。

2.1.2 砂型铸造生产工序

砂型铸造的生产工序很多，主要的工序有：配制型砂和芯砂、制造模样和芯盒、造型、造芯、铸型装配、熔炼金属、浇注、落砂、清理、检验等。图2-1是压盖铸件的生产工序流程图。

2.1.3 特种铸造

砂型铸造是目前铸造生产中应用最广泛的一种方法，其特点是能够适应单件、小批量的生产，同时具有设备简单、成本低廉的优点。但砂型铸造也存在一些缺点，如一个砂型只能浇注一次，生产率低；铸件的精度低且表面粗糙，加工余量大；铸造生产的劳

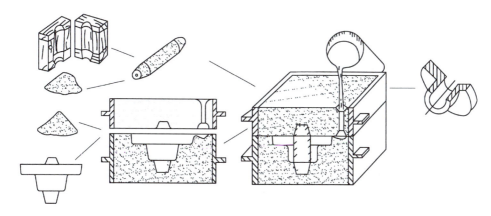

图 2-1 压盖铸件的生产工序流程图

动强度大,废品率高。随着对铸造新工艺和新方法的不断探索,出现了许多有别于传统的砂型铸造的新方法,这些方法统称为特种铸造。特种铸造在造型材料、造型方法、金属液体的充型能力以及金属在铸型中的凝固条件等方面有着显著的特点。下面列举几种常用的特种铸造方法。

2.1.3.1 熔模铸造

熔模铸造又称失蜡铸造,是用易熔材料如石蜡等制成精确光洁的模样,在模样上包覆若干层耐火材料制成型壳,并且要进行硬化干燥来形成铸型。然后将铸型放入一定温度的水中,使易熔模样熔化并从铸型中流出。将熔炼合适的金属液体浇注到铸型中,液体金属冷却凝固后便形成精确光洁的铸件。

熔模铸造的工艺流程如图 2-2 所示。图 2-3 为叶片熔模铸造工艺工程示意图。

熔模铸造的优缺点:

(1)优点

①铸件精度高,铸件尺寸公差等级可达 CT4~CT7(尺寸公差 0.26~1.1 mm),表面粗糙度 Ra 可达 3.2~1.6 μm,一般可以不进行机械加工。

②适用于各种铸造合金,是生产耐热合金以及磁性材料铸件的唯一方法。

③适合单件、小批量及成批生产铸件。

④适合制造各种形状复杂的铸件。

(2)缺点

①生产过程周期长、复杂,成本高。

图 2-2 熔模铸造工艺流程图

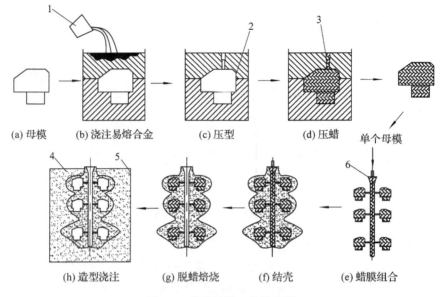

图 2-3 熔模铸造工艺示意图
1—浇包 2—内浇道 3—蜡料 4—填砂 5—砂箱 6—浇口棒

②蜡模易软化变形且型壳强度有限,因此不能生产大型铸件。

熔模铸造广泛应用于航空、电器、仪器和刀具等制造部门。

2.1.3.2 金属型铸造

砂型铸造和熔模铸造的铸型只能浇注一次。不适合大批量生产。金属型铸造就是将液态金属浇注到预先制好的金属制造的铸型中的方法。金属铸型可以反复多次使用,从而实现了"一型多铸"。

金属铸型用铸铁或铸钢制成,其结构有整体式、水平分型式、垂直分型式和复合分型式等几种,如图 2-4 所示。

(1)金属型铸造的工艺特点

由于金属铸型没有退让性,且导热速度较快,所以金属型铸造生产工艺与砂型铸造工艺有许多不同。

①工作中金属型要保持合理的工作温度:铸件为 250~300 ℃,有色金属为 100~250 ℃。浇注前要对金属型进行预热。

②喷刷涂料:喷刷涂料的作用是缓解铸件的冷却速度;防止高温金属液体对铸型壁的直接冲刷;利用涂料有一定的蓄气和排气能力,防止出现气孔。涂料以耐火涂料为主。

③掌握好开型时间:为防止铸件凝固收缩而使铸件卡在铸型中,铸型的开型时间一定要合理掌握。

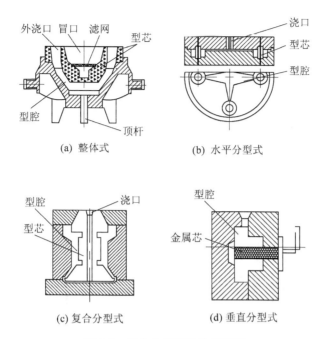

图 2-4 常见金属型结构示意图

(2) 金属型铸造的优缺点

优点：
① 同一个铸型可以反复使用，一个铸型可以做几百个甚至几万个铸件。
② 冷却速度较快，激冷效果明显，铸件组织致密，力学性能较好。
③ 铸件表面光洁，尺寸准确，公差等级可以达到 CT6～CT9（尺寸公差 0.5～2.2 mm）。
④ 生产率高，适合大批量生产。

缺点：
① 制造金属型的周期长，且加工困难，成本高。
② 金属型排气差，没有退让性，不易生产形状复杂的铸件。
③ 金属型的型腔尺寸形状固定，工艺调整和结构修改的余地很小。

金属型铸造常用于大批量生产有色金属铸件，如铝、镁、铜合金铸件。

2.1.3.3 压力铸造

液态金属在高压下高速充型，并在压力下凝固的铸造方法称为压力铸造，简称压铸。压铸时所用的压力高达数十兆帕，填充速度为 5～70 m/s，高压和高速是压铸区别于一般金属型铸造的重要特征。

压铸是在压铸机上进行，应用最多的是卧式冷压室压铸机。图 2-5 是卧式冷压室压铸机工作原理示意图。

卧式冷压室压铸机的工艺过程为：首先移动动型，使压型闭合，并把金属注入压室

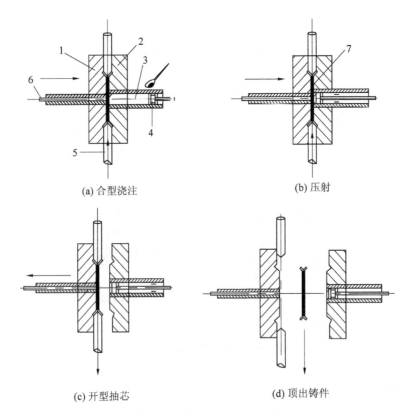

图 2-5 压铸工艺过程示意图

1—动型　2—定型　3—压铸室　4—压射头　5—芯棒　6—顶杆　7—铸件

中；然后使压射冲头向前推进，并将金属液压入压型的型腔中，继续施加压力，直至金属凝固；最后，打开压型，用顶杆机构顶出铸件。

压力铸造的优缺点：

(1) 优点

① 压铸件在高压下结晶凝固，组织致密，力学性能比砂型铸件提高 20%~40%。

② 压铸件在高压下成形，可压铸形状复杂、轮廓清晰的薄壁件。

③ 压铸件表面粗糙度 Ra 可达 3.2~0.8 μm，铸件尺寸公差等级可达 CT4~CT8（尺寸公差 0.26~1.6 μm），一般不需再进行机械加工。

④ 生产率高，易于实现机械化、自动化。

(2) 缺点

① 压铸设备和压铸型费用高，压铸型制造周期长，一般适合大批量生产。

② 压铸件内部常存在皮下小气孔，压铸件不能进行热处理和机加工，否则会使气孔缺陷暴露出来。

压力铸造目前多用于生产有色金属的精密铸件。如发动机的气缸体、箱体、化油器以及仪表、电器、无线电设备、日用五金的中小零件等。

近几年来,为了进一步提高压铸件质量,压铸工艺和设备又有了新的进展,如真空压铸。真空压铸是在压铸前先将压腔内的空气抽除,使液态金属在具有一定真空度的型腔内凝固成铸件。真空压铸对减小铸件内部的微小气孔,提高质量具有良好的效果。

2.1.3.4 低压铸造

用较低的压力使金属液自下而上充填型腔,并在压力下结晶以获得铸件的方法称为低压铸造。

低压铸造的工作原理如图 2-6 所示。在一个盛有液态金属的密封坩埚中,在进气口通入干燥的压缩空气,作用在金属液面上。金属液体受到压力后会自上而下地沿升液导管注入型腔,保持压力至铸件完全凝固。去除压力,未凝固的金属液流回坩埚。开型后获得所需的铸件。

低压铸造的特点:低压铸造所用压力较低(一般低于 0.1MPa),设备简单,充型平稳,对铸型的冲刷力小,铸型可用金属型也可用砂型。铸件在压力下结晶,组织致密,质量较高。广泛应用于铝合金、铜合金及镁合金铸件。如发动机的气缸盖、曲轴、叶轮、活塞等。

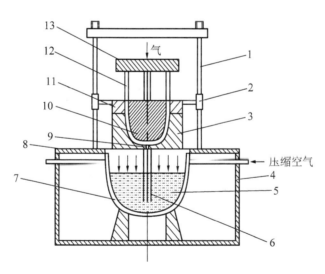

图 2-6 低压铸造示意图

1—导柱 2—滑套 3—下型 4—保温层 5—液态金属 6—升液管 7—坩埚
8—密封垫 9—浇口 10—型腔 11—上型 12—顶杆 13—顶板

2.1.3.5 离心铸造

将液态金属浇入旋转(250~1 500 r/min)的铸型中,在离心力的作用下填充铸型而凝固成形的方法称为离心铸造。

离心铸造在离心机上进行,主要生产圆筒形铸件。根据铸型旋转轴空间的位置的不同,离心铸造机可分为立式和卧式两大类。如图 2-7 所示。

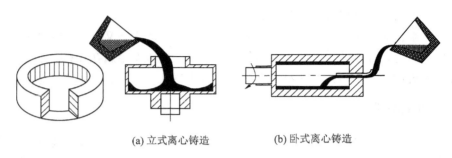

(a) 立式离心铸造　　(b) 卧式离心铸造

图 2-7　离心铸造示意图

(1) 优点

①不需要型芯就可直接生产筒、套类铸件，简化了工艺，提高了生产率。
②合金在离心力的作用下结晶，组织致密，无缩孔、气孔、夹渣等缺陷，力学性能好。
③不需要浇注系统，提高了金属的利用率。
④可以生产双金属铸件，如钢套镶轴承。

(2) 缺点

①离心力的作用使内孔非金属夹杂物较多，增加了内孔的加工余量。
②易产生比重偏析，不适合生产比重偏析大的合金。

离心铸造广泛用于制造铸铁管汽缸套，如铜套、双金属轴承、特殊钢的无缝管坯、造纸机滚筒等。

2.1.3.6　陶瓷铸造

采用陶瓷型铸造的方法称陶瓷型铸造。它是在砂型铸造和熔模铸造的基础上发展起来的一种精密铸造方法。型腔表面有一层陶瓷层，这是与砂型铸造明显不同的地方。陶瓷浆料是用水解硅酸脂、耐火材料、催化剂等混合制造而成。

陶瓷铸造的基本工艺过程如图 2-8 所示。陶瓷造型工艺过程示意图如图 2-9 所示。

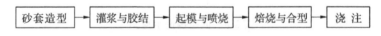

图 2-8　陶瓷铸造的基本工艺过程

(1) 优点

①陶瓷型铸造的尺寸精度与表面质量高。
②陶瓷材料耐高温，可以浇注合金钢、模具钢、不锈钢等高熔点合金。
③铸件的质量不受限制，生产周期短。

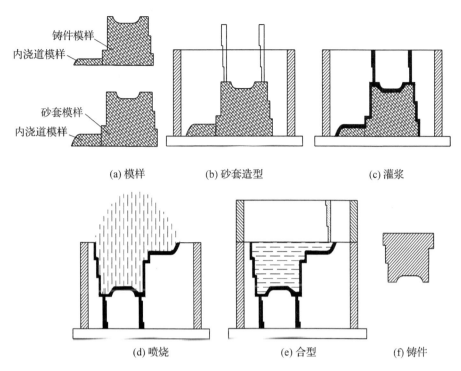

图 2-9　陶瓷造型工艺过程示意图

（2）缺点

① 不适合制造重量轻或形状比较复杂的铸件。
② 不适于大批量生产，且生产过程难以实现机械化和自动化。

陶瓷铸造目前主要用来生产各种大、中型精密铸件，如铸造各种模具，模板等，也可以浇注碳素钢、合金钢、不锈钢、铸铁及有色金属等。

2.1.3.7 消失模铸造

消失模铸造是将高温金属液浇入到由泡沫塑料制成模的铸型内，浇注时模样受热气化消失而获得铸件的方法。消失模的铸造过程如图 2-10 所示。

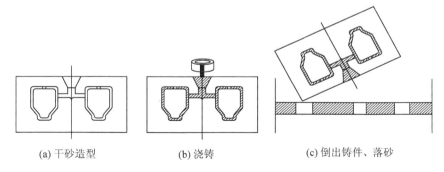

图 2-10　消失模造型过程示意图

消失模造型方法于20世纪50年代研制成功，1962年用于生产。我国从1965年开始研究消失模造型，20世纪90年代中期开始使用。制造消失模的主要材料有：可发性聚苯乙烯，用于灰口铸铁、球墨铸铁和有色合金铸铁的生产；可发性聚甲基丙烯甲酯，适用于球墨铸铁和铸钢件。泡沫塑料的特点是：密度小（$0.015\sim0.025g/cm^3$），比同类塑料轻几十倍；浇注时气化迅速，发气量小；导热系数小。

消失模铸造的优缺点：

(1) 优点

①由于没有影响尺寸精度的起模、下芯、合型等工序，铸件尺寸精度高（可达CT5~CT7），表面粗糙度低（Ra可达$6.3\sim12.5\mu m$）。

②工序简单，生产周期短，生产率高。

③适用范围广。对合金的种类、铸件尺寸及生产数量几乎没有限制。铸件结构设计的自由度大。

(2) 缺点

①塑料泡沫是一次性的，每生产一个铸件就消耗一个塑料泡沫，增加了铸件的成本。

②塑料泡沫高温热解产物容易使铸件产生缺陷，比如铸铁件的黑渣、铸钢件的增碳、气孔、铝合金铸件的针孔等。

③模样气化产生的烟雾、气体等对环境有污染。

2.2 造型与造芯

造型是指用型砂、模样、砂箱等工艺装备制造砂型的过程。造芯是将芯砂制成符合芯盒形状的砂芯的过程。造型和造芯是铸造最基本的工序。它们直接影响铸件生产的质量、生产率和成本。

2.2.1 铸型的组成

砂型铸造的铸型一般由上、下砂型、型芯及浇注系统等几个部分组成，如图2-11所示。

上型和下型形成主要型腔，上、下型的分界面称为分型面，主要作用是使模样能够从铸型中取出并方便安装型芯。

型芯由芯砂制成。主要用来形成铸件的内腔或局部外形。用来支撑和固定

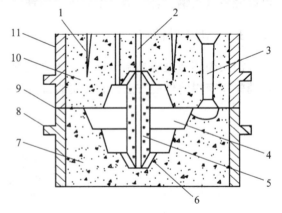

图2-11 铸型的组成
1—出气孔 2—砂芯出气口 3—浇注系统 4—型腔
5—砂芯 6—型砂 7—下砂型 8—下砂箱
9—分型面 10—上砂型 11—上砂箱

型芯的部分称为芯头。造型时要造出安放芯头的芯头座。

浇注系统的作用是将金属液体平稳快速地导入到铸型中。它由外浇口、直浇道、横浇道和内浇道所组成。

2.2.2 型(芯)砂的性能

为保证铸件的质量，必须严格控制型砂的性能。湿型砂的性能主要表现在2个方面：一方面是型砂的使用性能，指砂型经受自重、外力、气体压力和高温合金液体烘烤等作用的能力。这种性能包括湿强度、耐火度、透气性、退让性等；另一方面是型砂的工艺性能，如砂型是否便于造型、修型和起模等性能。这种性能包括型砂的流动性、韧性、紧实率和起模性等。尤其在机器造型中，这些性能非常重要。

①湿强度：型砂必须具备一定的强度以承受各种外力的作用，湿砂型抵抗外力破坏的能力称为湿强度，包括抗压、抗拉和抗剪等强度。在3个强度指标中，抗压强度最为重要，一般要控制在 $5 \sim 10 N/cm^2$。如果型砂的强度不足，将导致铸型在起模、搬运、下芯和合箱过程中破损、塌落，或者浇注时承受不住高温液体的冲击和冲刷而产生沙眼、冲砂等缺陷。但是，如果型砂的强度太高，配制型砂时则需要加入更多的黏土，不但降低了型砂的透气性，使铸件容易产生气孔等缺陷，同时也造成了铸件的成本增加。

②透气性：型砂间的空隙透过气体而逸出的能力称为型砂的透气性。浇注时，高温的合金液体使型砂中的水分汽化，型腔内的空气受热膨胀，型砂中的添加物受热分解也要产生大量的气体，这些气体必须通过铸型排出去。如果型砂的透气性太低，铸型中的气体排不出去，容易使铸件产生气孔、呛火和浇不足等缺陷。但是透气性太高或造型砂疏松，铸件容易出现表面粗糙和机械黏砂。

③耐火度：是指型砂经受高温热作用的能力。耐火度主要取决于型砂中的主要成分 SiO_2 的含量。SiO_2 的含量越多，型砂的耐火度就越高。型砂中 SiO_2 的含量每下降5%，型砂的耐火度要下降50℃左右。因此，型砂中 SiO_2 的含量大于90%，才可满足耐火度的要求。

④退让性：铸件在冷却和凝固的过程中会产生收缩，型砂能被压缩、退让的性能称为退让性。砂型的退让性不足，会导致铸件的收缩受阻，铸件的内部会产生应力。应力会导致铸件产生变形、裂纹等缺陷。解决的办法是，对于小砂型造型时避免舂得太紧；对于大砂型，常在型砂中加入木屑、稻草等材料来增加退让性。

⑤溃散性：是指型砂浇注后，落砂清理时型砂容易溃散的性能。影响溃散性的主要因素是砂型的配比和黏接剂的种类。比如水玻璃砂是以水玻璃(Na_2SiO_3水溶液)为黏接剂的，其溃散性较差，所以水玻璃砂的落砂和旧砂的回收利用很困难。

⑥流动性：型砂在外力或本身重量作用下，砂粒间或砂粒与砂箱之间相对流动的能力称为流动性。流动性好的型砂容易填充，可以形成紧实度均匀、无局部疏松且轮廓清晰、表面光洁的型腔，这样有助于防止机械黏砂，还能减少造型紧砂时的劳动强度，从而可以提高生产率。

⑦韧性：又称为可塑性，是指型砂在外力作用下变形，去除外力后仍能保持获得形状的能力。韧性好，型砂柔软、容易变形，在起模和修型时不易破碎及掉落。手工造型起模时，在模样周围刷水的目的就是提高此处型砂韧性。

⑧水分：又称湿度，是指型砂中所含水分的质量分数。型砂太干或太湿都不适合造型，还容易使铸件产生各种缺陷。

2.2.3 型(芯)砂的组成

型砂是由石英砂、黏土、煤粉和水混合而成。石英砂的主要成分为 SiO_2，其熔点是1 713℃，具有很高的耐火度，非常适合铸造生产。黏土主要以黏接性较大的膨润土为主。膨润土吸水后形成胶状的黏土膜，包覆在石英砂的表面，把松散的砂粒连接起来，使型砂具有一定的强度。煤粉在高温受热时分解出一层带光泽的碳附着在型腔表面，一方面可以防止铸件的粘砂，另一方面可以提高铸件的表面质量。砂粒之间的空隙起到透气的作用。如果黏土和水分太多，则砂粒之间的空隙会被堵塞，透气性下降，浇注时产生的气体难以排出铸型型腔，则会在铸件内形成气孔。因此，为了获得优质的铸件，型砂中的石英砂、黏土和水分应按一定的比例配制。因此，为了增加砂型的退让性，还可在型砂中加入木屑和稻草等。型砂结构示意图见图2-12。

型砂配制时，根据所加的黏接剂(黏土)不同，可以将型砂分为水玻璃砂、树脂砂和油砂等。

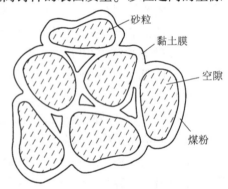

图2-12 型砂结构示意图

2.2.4 型(芯)砂的制备

型砂的质量除了与它的成分和配比有关系外，型砂配置的方法和工艺也会影响型砂的质量。型砂的配置一般在混砂机上进行。混制的过程是：先加入新砂、旧砂、膨润土和煤粉等干混2~3 min，再加水湿混5~7 min，性能符合要求后从混砂口卸砂。混好的型砂不能立即使用，往往要堆放4~5 h，目的是使水分均匀。使用前还要用筛砂机进行松砂，以打碎砂团和提高型砂性能。

浇注后，砂型表面受高温铁水的作用，砂粒碎化、煤粉燃烧并分解，致使型砂中灰分增多，部分黏接剂丧失黏接力，使型砂的性能变坏。因此，落砂后的旧砂不能直接用于造型，必须经过磁选及过筛出去铁块和砂团后加入新材料再进行混制恢复型砂的性能后才能使用。

2.2.5 模样、芯盒与砂箱

模样、芯盒与砂箱是砂型铸造造型时用到的主要的工艺装备。

(1) 模样

模样是指由木材或金属材料制成的与铸件外形及尺寸相似，用来形成铸型型腔的工艺装备。

为保证形成符合要求的型腔，模样应具有足够的强度、刚度及适当的表面精度和尺寸精度。模样的尺寸和形状是由零件图和铸造工艺参数得出的。如图2-13所示。

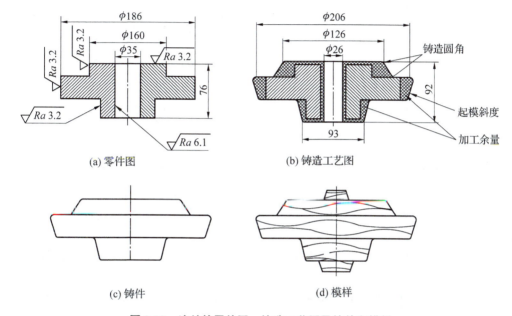

图2-13 法兰的零件图、铸造工艺图及铸件和模样

设计模样时，要考虑的铸造工艺参数有：

① 收缩率：铸件在冷却凝固时要产生收缩，因此，模样的尺寸应比铸件的尺寸大一个收缩尺寸。铸件收缩率的大小主要取决于制造合金的种类。表2-1为几种常见合金的收缩率。

表2-1 几种常见合金的收缩率

合金种类	灰铸铁	铸钢	铝合金	铜合金
线收缩率/%	0.9~1.3	2.0~2.4	0.9~1.5	1.4~2.3
体收缩率	体收缩率约等于线收缩率的3倍			

② 加工余量：铸件表面粗糙、尺寸精度低。要想达到图样要求的尺寸表面质量必须切削掉这一层金属。因此在铸件的加工表面要留有适当的加工余量。加工余量的大小，要根据铸件的大小、生产批量、合金种类、铸件复杂程度及加工面在铸型中的位置来确定。加工余量选取可参考有关《铸造手册》，表2-2所列为灰铸铁的加工余量值。

表 2-2　灰铸铁件的加工余量值

生产批量(造型方法)	单件、小批(手工造型)			成批、大量(机器造型)		
	铸件尺寸公差等级 CT					
铸件基本尺寸/mm	13	14	15	8	9	10
	加工余量数值/mm					
≤100	5.5(4.5)	6.0(5.0)	6.5(5.5)	2.5(2.0)	3.0(2.5)	3.0(2.5)
>100~160	6.5(5.5)	7.0(6.0)	8.0(7.0)	3.5(2.5)	4.0(3.0)	4.0(3.0)
>160~250	8.5(7.0)	9.0(7.5)	10(8.5)	4.5(3.5)	5.0(4.0)	5.0(4.0)
>250~400	10(8.0)	11(9.0)	12(10)	6.0(4.5)	6.0(4.5)	6.5(5.0)
>400~630	12(9.5)	13(11)	14(12)	7.0(5.0)	7.0(5.0)	7.5(5.5)
>630~1000	14(11)	15(12)	17(14)	8.0(6.0)	8.0(6.0)	8.5(6.5)
>1000~1600	16(13)	17(14)	19(16)	9.0(6.5)	9.5(6.5)	10(7.5)
>1600~2500	18(15)	19(16)	21(18)	10(7.5)	11(8.0)	11(8.5)

③起模斜度：为使模样容易地从铸型中取出或型芯自芯盒中脱出，平行于取模方向在模样或芯盒壁上的斜度，称为起模斜度。起模斜度的大小根据立壁的高度、造型方法和模样材料来确定。

④铸造圆角：为了便于金属液充满型腔和防止铸件裂纹的产生，铸件的转角处应设计成过渡圆角。

⑤芯座：造型时，在型腔中留出用于安放芯头以支持砂芯的结构部分称为芯座。

(2) 芯盒

铸件上的孔、内腔以及局部外形是由砂芯形成的，砂芯又是通过芯盒制成的。芯盒的材质以及结构尺寸应由铸造工艺图、生产批量和现有的设备为依据确定的。大批量生产应选用经久耐用的金属芯盒，单件小批量生产则选用木质芯盒。

根据芯盒的分型面和内腔结构情况，常用的芯盒结构有分开式、整体式和可拆式等。如图 2-14 所示。

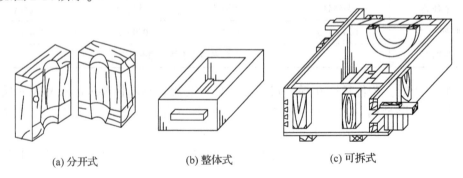

(a) 分开式　　　(b) 整体式　　　(c) 可拆式

图 2-14　芯盒结构形式

整体式芯盒常常用来制作形状简单、尺寸不太大和容易脱模的型芯。整个芯盒不能拆开，取砂芯时，将芯盒出口朝下即可倒出砂芯。可拆式芯盒结构较复杂，由内盒和外盒组成。取芯时，砂型和内盒从外盒倒出，然后从几个不同方向把内盒与砂芯分离。可拆式芯盒适合制造形状复杂的中、大型砂型。

(3) 砂箱

砂箱是铸造生产常用的工件装备，主要用来容纳和支承砂型。浇注时，砂箱对砂型起固定作用。图 2-15 为小型砂箱及造型工具，用来浇注尺寸较小的铸件。尺寸较大的铸件需用大型砂箱来生产。

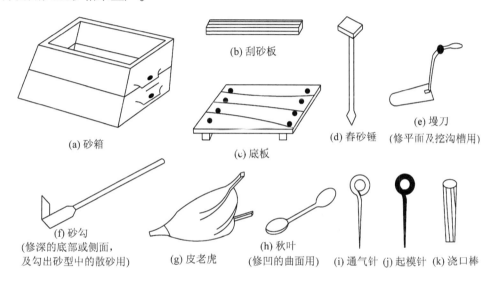

图 2-15　砂箱及造型工具

2.2.6　手工造型

铸造过程中，用手工的方式来完成紧砂、起模、合箱等铸造的全过程称为手工造型。手工造型操作灵活、工艺装备简单，适应性强，是目前许多工厂铸造生产的基本方法。但手工造型生产效率低，劳动强度大，对工人的技术水平要求较高，仅适用于单件、小批量生产。

手工造型的方法很多，按照模样的特征分为整模造型、分模造型、活块造型、挖砂造型、假箱造型和刮板造型等。按照砂箱的特征分为两箱造型、三箱造型、脱箱造型、地坑造型。各种造型方法的选用可以根据铸件的形状、大小和生产批量来综合考虑。

(1) 整模造型

当铸件的最大截面位于模样的一端而且是平面，铸件的截面积依次减小，模样不需要分开时，可以采用整模造型。图 2-16 所示为整模造型的过程。

整模造型适用于形状简单的铸件，如盘类、盖类等铸件。

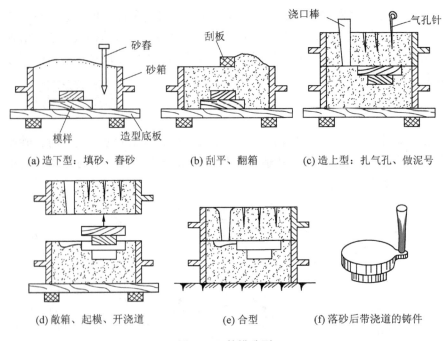

(a) 造下型：填砂、舂砂 (b) 刮平、翻箱 (c) 造上型：扎气孔、做泥号

(d) 敞箱、起模、开浇道 (e) 合型 (f) 落砂后带浇道的铸件

图 2-16　整模造型

(2) 分模造型

当铸件最大截面在中部，若做成整体模样，模样很难从铸型取出。可以将模样从最大截面处分开，分别造上型和下型，这种方法称为分模造型。图 2-17 所示为分模造型的过程。

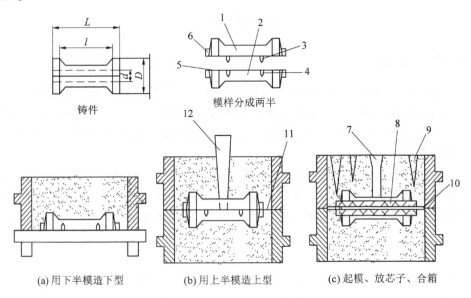

(a) 用下半模造下型 (b) 用上半模造上型 (c) 起模、放芯子、合箱

图 2-17　分模造型

1—上半模　2—下半模　3—销钉　4—销孔　5—分模面　6—芯头　7—浇口
8—芯子　9—通气孔　10—排气孔　11—分型面　12—直浇口棒

(3) 挖砂造型

当铸件最大截面在中部，且模样又不便分成两半时，需要使用挖砂造型。图2-18为挖砂造型过程示意图。挖砂时必须挖到模样的最大截面上，用墁刀压实并修整光整。挖砂时还要注意不要使挖砂所形成的分型面坡度过大。

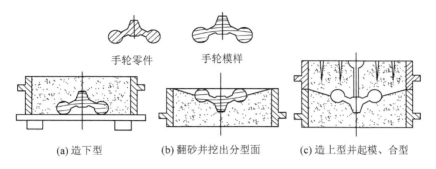

图 2-18　挖砂造型

(4) 假箱造型

挖砂造型需要一个铸型一个铸型地操作，在批量大的条件下生产率明显降低。这种情况下可以采用假箱造型。假箱造型是利用预先制好的半个铸型（即假箱）代替底板，这样可以省去挖砂的操作。假箱只在造型时起作用，不形成铸型也不参与浇注。图2-19为假箱造型过程示意图。

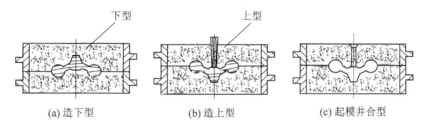

图 2-19　假箱造型

假箱造型可免去挖砂操作，提高了造型的生产率。当生产批量更大时，可用成形底板造型。

成形底板造型过程见图2-20。

(5) 活块造型

当铸件上有凸起部分阻碍起模时，可把凸起部分做出活块。在起模时须先取出模样主体，然后取出活块。图2-21为活块造型过程示意图。

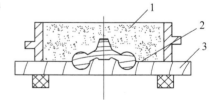

图 2-20　成形底板造型
1—下型　2—最大分型面
3—成形模板

活块造型对工人的技术水平要求较高，生产率相对低下。所以在铸件结构设计时，尽量避免有阻碍起模的凸台或肋（筋）条等。

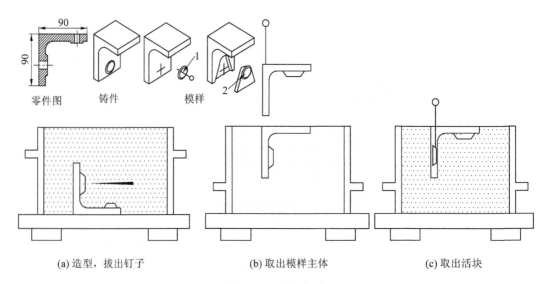

图 2-21 活块造型
1—用钉子连接的活块 2—用燕尾榫连接的活块

(6) 刮板造型

刮板造型是用与铸件断面形状相适应的刮板代替模型的造型方法。造型时，刮板绕一定的轴线旋转，刮出型腔。图 2-22 为刮板造型过程示意图。

刮板造型可以节省木模的制造，但对造型工人的操作水平要求较高，造型时操作复杂、费时，生产率低下。所以，刮板造型只适合单件小批量的生产中尺寸较大的旋转体铸件。

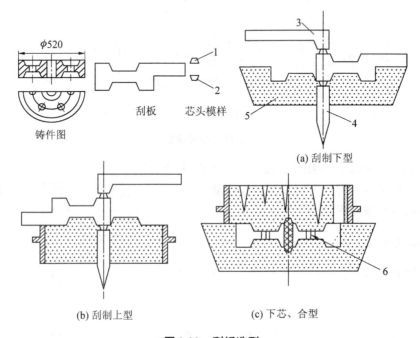

图 2-22 刮板造型
1—上芯头 2—下芯头 3—刮板支架 4—木桩 5—砂床 6—钉子

(7) 地坑造型

大型铸件在单件生产时,为节省下砂箱,免去砂箱的翻转操作,常常采用地坑造型。图 2-23 为地坑造型过程示意图。

造型时,在地平面以下按照要求制作砂床并填砂紧实。用铁锤等敲打模样使它卧入砂床内,继续填砂并紧实模样周围型砂,刮平分型面后再造上型等操作,直至铸型装配。

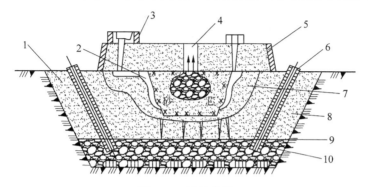

图 2-23 地坑造型
1—砂床 2—型腔 3—浇口盆 4—通气道 5—上型
6—排气管 7—面砂 8—填充砂 9—草袋 10—焦炭

(8) 三箱造型

当铸件具有两头截面大、中部截面小的特点,需要采用三箱造型。图 2-24 为三箱造型过程示意图。三箱造型时,中砂箱的高度和中型的高度应一致。三箱造型有 2 个分型面,需要分别从 2 个方向取模,操作复杂,生产率低,只适合单件、小批量生产。

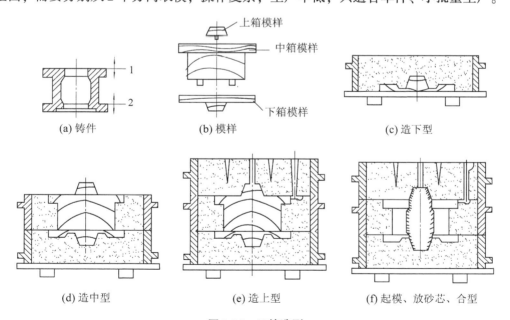

图 2-24 三箱造型

2.2.7 机器造型

机器造型是用机械全部或部分完成填砂、紧砂和起模的操作方法。它比手工造型提高了生产率，减轻了工人的劳动强度，铸型的紧实率高，铸件的表面质量较好。在生产批量大的条件下，大都采用机器造型。

机器造型常常采用两箱造型。三箱造型不适合机器造型，必须另加砂芯对结构进行改造。机器造型采用模板造型。模板是将模样、浇注系统、定位装置等沿分型面固定在金属板上的专用铸造工具。图 2-25 为模板结构示意图。

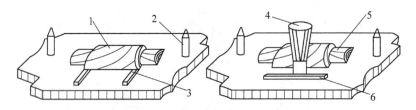

图 2-25　模板结构示意图
1—下模样　2—定位销　3—内浇道　4—直浇道　5—上模样　6—横浇道

按照紧砂的方式，机器造型可以分为振击式造型、压实式造型、振压式造型、微振压式造型、高压造型、射砂式造型、抛砂式造型、空气冲击造型等。

(1) 振压式造型

振压式造型是结合了振击式造型压实式造型的优点发展起来的。图 2-26 是振压式造型工作原理示意图。

将砂箱放在模板上，型砂从上方填入砂箱。打开振击气阀，压缩空气从进气口进入振击活塞底部，顶起振击活塞、模板、砂箱等，同时进气口通道被关闭。当活塞上升到排气口以上时，排气通道接通，压缩空气排出。气体排出活塞底部压力降低，振击活塞

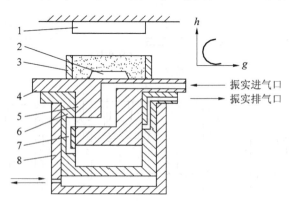

图 2-26　振压式造型工作原理示意图
1—压头　2—模板　3—砂箱　4—工作台　5—振实活塞
6—压实活塞　7—振实气路　8—压实气缸

和模样、砂箱等自由下落,与压实活塞发生撞击。此时进气通道打开,振击活塞、模板、砂箱等上升重复上述过程,再次振击。如此反复多次,砂型逐渐被紧实。振实结束后,将造型机压头移到砂箱上方,压缩空气由进气口 2 进入压实气缸的底部,顶起压实活塞、振击活塞、模板和砂型,使砂型受到上方压板的压实。压实结束后转到控制阀,排出气体,砂型下降。在液压系统的作用下,起模油缸中的活塞及 4 根起模顶杆平稳升起顶起砂箱,砂型取走,模样留在工作台上,起模结束。

振压式造型机结构简单,价格较低,应用较为普遍。

(2) 微振压式造型

振压式造型的振实是依靠振实时的振幅实现振实的,振幅越大,振实效果越好。但在工作中会出现噪声大、沙尘飞溅,劳动条件差等情况。微振压式造型的原理是型砂在被压实的同时,模板、砂箱进行高频率(800 次/min)、小振幅(几毫米到几十毫米)的振动。这种方法的优点是微振的摩擦阻力小,在填砂和紧实的过程中有利于型砂的流动。所以,微振压式造型机比振压造型机的紧实度均匀,紧实率高,噪声小,生产率高。目前,微振压式造型广泛地应用于中、小型铸件的生产。

(3) 高压造型

压实比(单位面积上型砂所受的压实力)在 0.7~1.5 MPa 时的造型称为高压造型。

为了提高砂型紧实的均匀性,高压造型机的压头为多触头式。多触头为浮动式,在压实时可以根据工件的结构自动调整压实的行程。图 2-27 为多触头高压微振造型机工作原理图。

高压造型的紧实度可达 1.6~1.8 g/cm³,尺寸精度达 CT5~CT7 级,铸件表面粗糙度值达 $Ra=12.5~\mu m$,铸件的尺寸精度和表面质量均较高;噪声小、沙尘少,现场劳动条件好,生产率高。但是高压造型机结构复杂,设备的保养和维修困难,价格昂贵。仅用于大批量生产,精度要求较高的铸件。

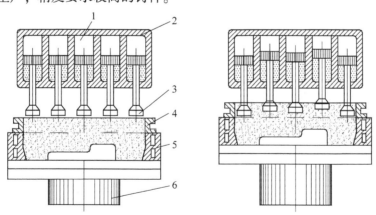

图 2-27 高压微振造型机工作原理示意图
1—压力油 2—箱体 3—浮动触头 4—余砂框 5—砂箱 6—压实活塞

(4) 射砂式造型

射砂式造型是利用压缩空气将型(芯)砂以很高的速度射入砂箱(芯盒)而紧实的方法。图 2-28 为射砂机的工作原理示意图。

当进气阀开启时,储气罐中的压缩空气进入射腔并突然膨胀,后通过缝隙进入射砂筒内。当射砂筒内的气压达到一定值时,型(芯)砂即由射嘴射入砂箱(芯盒)中。射砂的过程中同时完成了填砂和紧实两道工序,一次射砂造型的生产率很高。

目前,射砂造型主要用于各种形状复杂的砂芯的制造上。比如用热硬性的树脂砂造砂型,在射砂的同时加热芯盒,使填砂、紧实、树脂硬化同时进行,生产率非常高。

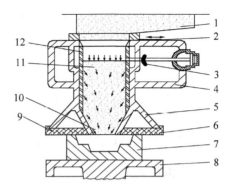

图 2-28 射砂机工作原理示意图
1—砂斗 2—砂闸板 3—进气嘴 4—储气罐
5—射砂头 6—射砂板 7—芯盒 8—工作台
9—排气孔 10—射嘴 11—射腔 12—射砂筒

(5) 抛砂式造型

抛砂式造型是指用机械的方法将砂团高速抛入砂箱,砂层在高速砂团的冲击下紧实的造型方法。图 2-29 为抛砂机的工作原理示意图。型砂由输送带送入抛砂机头,被高速旋转的叶片卷取,并得到初步紧实。待送到抛砂头的出口时,呈团状的型砂被高速抛入砂箱而被进一步紧实。抛砂的过程中同时完成填砂和紧实两个工序,生产率高。

抛砂式造型目前主要应用在中、大型铸件的造型或造芯生产中。

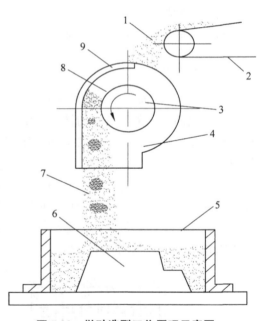

图 2-29 抛砂造型工作原理示意图
1—型砂 2—传送带 3—转子 4—外壳 5—砂箱
6—模样 7—砂团 8—叶片 9—弧形板

(6) 造型生产线

造型机在紧实型砂和起模等方面实现了自动化。大批量生产时,为了充分发挥造型机的生产率,将造型机和铸造工艺过程中其他各种辅助设备,按照铸造工艺流程,组成一套机械化、自动化的铸造生产流水线。图 2-30 为造型生产线示意图。

造型生产线工艺流程是:2 台造型机分别造上、下型;下型由翻箱机翻转后由落箱机送到铸型输送机的平板上,手工下芯。合箱机将上、下型准确合型。铸型运送至压铁机下放压铁,然后送至浇注段进行浇注。浇注结束后进入冷却室,冷却后由压铁机取走压铁。铸型继续被运到捅箱机处捅出砂型。带铸件的砂型则被运到落砂机上,落砂后铸

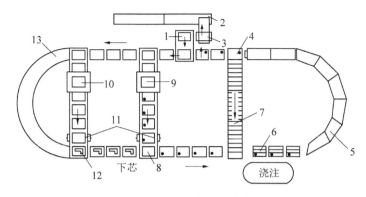

图 2-30　机器造型生产线
1—空砂箱　2—落砂机　3—捅箱机　4—取压铁　5—冷却室　6—压铁　7—压铁机
8—合箱机　9—上型造型机　10—下型造型机　11—翻箱机　12—落箱机　13—铸型输送机

件送到清理工部；空砂箱被送回造型机处继续造型使用，旧砂则被送回砂处理部进行回收再利用。

2.2.8　造芯

砂芯是铸型的重要组成部分，主要作用是获得铸件的内腔或局部外形。砂芯通常是由芯砂制成。浇注时，砂芯的表面被高温的合金液体包围，受到剧烈的冲刷及烘烤，还要承受高温液体的浮力的作用，因此，砂芯必须具有比砂型更高的强度、透气性、耐火度和退让性等。砂芯的这些必需的性能主要依靠合格的芯砂及采取正确的造型工艺来保证。

用芯砂制造砂芯和造型有许多相似之处。但是由于砂芯和砂型的工作条件不同，所以造芯在结构和制造工艺上有自身的特点。

(1) 造芯工艺特点

① 放芯骨：在砂芯中放入芯骨主要是为了提高砂芯的强度。小砂芯的芯骨可用铁丝制成，较大的要用铸铁芯骨。同时为了吊运芯砂方便往往在芯骨上做出吊环。图 2-31 为芯骨和通气道示意图。

(a) 铸铁芯骨　　　　(b) 铁丝芯骨和通气道　　　　(c) 带吊环的芯骨和通气道

图 2-31　芯骨和通气道示意图
1—砂芯　2、6—芯骨　3、4—通气道　5—吊环　7—焦炭

② 开通气道：砂芯中必须做出通气道，以提高砂芯的透气性。

③ 刷涂料：为了提高砂芯的耐高温性能，防止铸件粘砂，大部分的砂芯表面都要刷一层涂料。铸铁生产多刷石墨粉涂料，铸钢件刷石英粉涂料。

④ 烘干：砂芯烘干后可以提高砂芯的强度和透气性。黏土砂芯的烘干温度为250～350℃，保温3～6 h，缓慢冷却。

(2) 造芯方法

砂芯通常是在芯盒的作用下制造完成的。砂芯可以用手工制造，也可以用机器制造。根据芯盒的结构特点，手工造芯的方法基本分为3种方法。

① 整体式芯盒造芯：主要用于制造形状简单的中、小型砂芯。造芯过程如图2-32所示。

② 对开式芯盒造芯：主要用于制造圆柱形或形状对称的砂芯。造芯过程如图2-33所示。

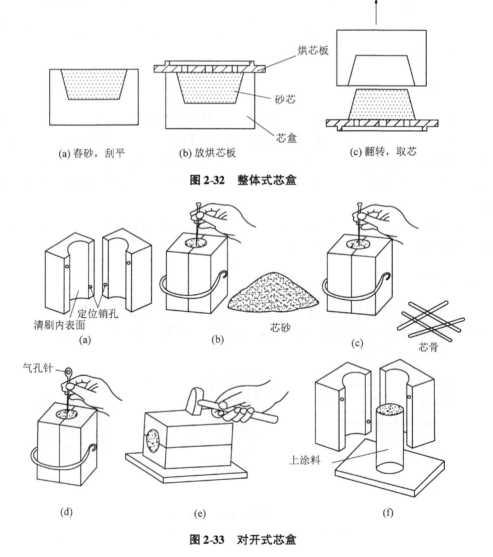

图 2-32 整体式芯盒

图 2-33 对开式芯盒

③可拆式芯盒造芯：对于形状复杂的大、中型砂芯，当对开式和整体式芯盒无法去芯时，可将芯盒分成几块。取芯时，分别取去芯盒取出砂芯。造芯过程如图2-34所示。

成批或大量生产砂芯时可用机器造芯。黏土砂多用振击式造芯机，水玻璃砂和树脂砂用射芯机制造。

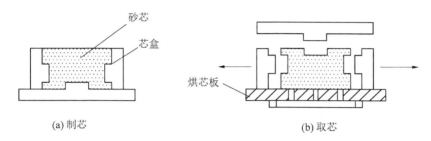

图 2-34　可拆式芯盒

（3）砂芯的固定

为了防止砂芯放偏或浇注时受到金属液体的冲击和浮力的作用而产生偏移或断裂，一般砂芯都要由砂芯头固定。砂芯头是指砂芯以外不与金属液体接触的加长部分。砂芯头的设置除了要考虑砂芯的固定外，还要起到定位和排气的作用。根据砂芯头的形状和定位要求的不同，芯头的形式主要分为垂直式和水平式2种，如图2-35所示。

对于形状特殊的铸件，只依靠芯头还不能使砂芯牢固地定位，这时要考虑使用砂芯撑来固定。常用砂芯撑如图2-36的形式。

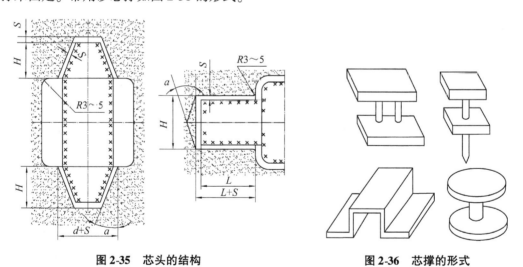

图 2-35　芯头的结构　　　　　图 2-36　芯撑的形式

2.2.9　浇注系统

浇注系统是便于金属液体填充到型腔和冒口而开设于铸型中的一系列通道。浇注系统的主要作用是：平稳迅速地注入金属液体；阻止熔渣等杂质进入型腔；调节铸件不同部位的温度和凝固次序，对小型铸件也可起到补缩的作用。

(1) 浇注系统的组成

浇注系统由浇注系统、直浇道、横浇道和内浇道组成，如图2-37所示。其各自的作用如下：

① 浇注系统：浇注系统一般为漏斗形，较大铸件可采用盆形。它的作用是减小金属液进入铸型时的冲击力并分离熔渣，使金属液平稳迅速地进入直浇道。

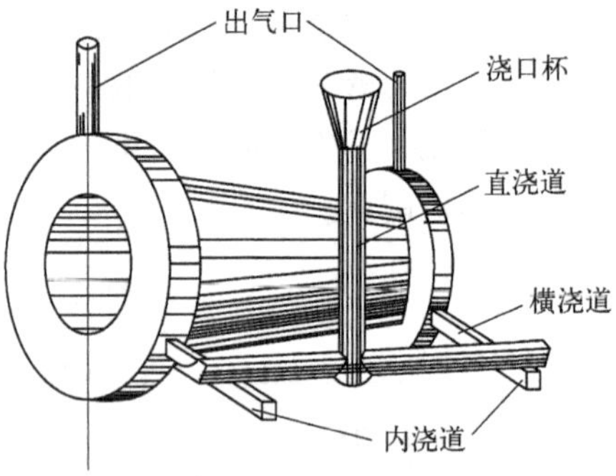

② 直浇道：为便于起模，防止浇道内形成真空而引起金属液体吸气，直浇道一般做成带锥度的圆柱体。其主要作用是使金属液体产生静压力，迅速充满型腔。在直浇道与横浇道的接口处要做出直浇道窝，低于横浇道，来减轻金属液体的冲击，使液体平稳流动。

图 2-37 浇注系统组成示意图

③ 横浇道：横浇道的形状多为梯形，其主要作用是挡渣、分配金属液流入内浇道。横浇道往往位于内浇道的顶面上，末端应超出内浇道侧面。浇注时金属液体始终充满横浇道，熔渣上浮到横浇道的顶面，纯净的液体则由底部流入内浇道、铸型。

④ 内浇道：内浇道的截面形状多为扁梯形、半圆形或三角形，其主要作用是控制金属液体流入铸型的方向和速度，调节铸件各部分的冷却速度。

(2) 浇注系统的类型

按照内浇道的开设位置，浇注系统可以分为以下4种类型：

① 顶注式浇注系统：金属液体从铸型顶部注入，容易充满铸型，并且还有一定的补缩作用，金属消耗少。缺点是容易冲坏铸型和产生飞溅。顶注式浇注系统主要用于不太高的、形状简单的薄壁及中等壁厚的铸件。顶注式浇注系统结构如图2-38所示。

② 底注式浇注系统：金属液体从型腔底部注入，金属液流动平稳，不易冲砂，但补缩作用差，薄壁件不易充满。底注式浇注系统主要用于高度不大的厚壁铸件和某些易氧化的合金铸件，如铝合金、镁合金等。底注式浇注系统结构如图2-39所示。

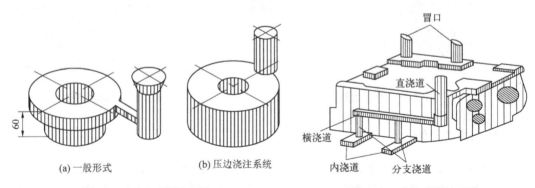

图 2-38 顶注式浇注系统　　图 2-39 底注式浇注系统

③ 中间注入式浇注系统：中间注入式浇注系统是介于顶注式和底注式之间的一种浇注系统。中间注入式浇注系统结构如图 2-37 所示。内浇口多可以很方便地开设在分型面处，应用最为普遍。多用在一些高度不是很高、水平尺寸较大的中型铸件。

④ 阶梯式浇注系统：在铸件的不同高度上开设若干条内浇道，使金属液体从底部开始，自下而上进入型腔，兼有顶注式和底注式的特点。主要适用于高大铸件。阶梯式浇注系统结构如图 2-40 所示。

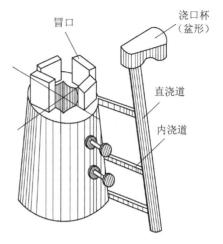

图 2-40　阶梯式浇注系统

按照各浇道截面比例的关系，浇注系统又可分为如下几种方式：

① 开放式浇注系统：当内浇道截面积大于横浇道截面积，而横浇道截面积又大于直浇道出口截面积即：$A_内 > A_横 > A_直$ 时，此浇注系统称为开放式浇注系统，也称非充满式浇注系统。开放式浇注系统的优点是金属液充型快，冲击力较小，但挡渣效果差。开放式浇注系统主要适用于薄壁且尺寸较大的铸铁件、铸钢件和有色金属铸件。

② 封闭式浇注系统：当 $A_直 > A_横 > A_内$ 时，此系统称为封闭式浇注系统，又称充满式浇注系统。封闭式浇注系统的优点是挡渣效果好，金属液能在横浇道内停留一段时间，使熔渣上浮；缺点是金属液对铸型的冲击力较大，易喷溅。开放式浇注系统多用于中、小型铸铁件的生产。

2.2.10　冒口和冷铁

铸造工艺中，冒口和冷铁的作用非常突出，它们不但可以很好地调节合金液体的凝固速度和凝固顺序，集渣、出气，而且还可以细化晶粒，提高铸件力学性能，尤其是冷铁还可以控制和扩大冒口的补缩范围，提高冒口的补缩效率。

(1) 冒口

在铸造生产过程中，浇注到型腔中的合金液体在冷却凝固的过程中要产生收缩。如果收缩所导致的体积减小没有得到及时的补缩，则会在铸件的最后凝固部位形成倒锥形的孔洞，这种孔洞称为缩孔或缩松。缩孔和缩松的存在使铸件的有效承载面积下降，从而导致力学性能的下降。为了防止缩孔和缩松的产生，往往在铸件的顶部或易产生缩孔的部位设置冒口，使产生的缩孔或缩松转移到冒口中去，从而得到一个组织致密的铸件。冒口在铸件冷却凝固后用机械的方法去除即可。冒口不但可以消除缩孔或缩松，同时还起到出气和集渣的作用。

冒口一般分为明冒口和暗冒口。明冒口一般设置在铸件的顶部，高度上贯通上型顶部，使型腔和大气相通，可以使型腔中的气体很好地排除铸型。如果冒口中有合金液体冒出，则说明型腔已充满合金液体。

暗冒口制造在铸型的内部,其优点是散热面小,补缩效果比明冒口好,金属液体的消耗也减小。

冒口的形状多为圆柱形。

(2) 冷铁

冷铁是为了增加铸件局部的冷却速度在相应部位的铸型腔中安放的激冷物。冷铁多用铸铁、钢、铝合金、铜合金等制成,它可以加快铸件厚壁处的冷却速度,达到调节铸件冷却凝固的顺序。冷铁可以和冒口相配合,扩大冒口的有效补缩距离,减少冒口的数量和尺寸,如图 2-41 所示。

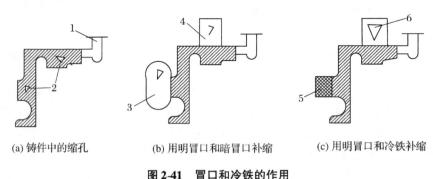

(a) 铸件中的缩孔　　(b) 用明冒口和暗冒口补缩　　(c) 用明冒口和冷铁补缩

图 2-41　冒口和冷铁的作用
1—浇注系统　2—缩孔　3—暗冒口　4、6—明冒口　5—冷铁

根据冷铁在铸型中的位置,常用的冷铁可以分为以下 2 种形式:

① 外冷铁:外冷铁只和铸件表面接触,表面涂有涂料,在造型时埋入砂型中。落砂清理时,冷铁和型砂一起清理出去。

② 内冷铁:内冷铁放置在型腔中,浇注后被高温的合金液体包围并熔合而留在铸件中。因此要求内冷铁的材料要与铸件的材料相同或相近。内冷铁的激冷作用要大于外冷铁,使用时要去除冷铁的表面油污及氧化物。

2.3　熔炼与浇注

合金的熔炼是铸造过程中一个重要的工序,对铸件的质量影响很大。因为合金的熔炼是一个复杂的物理化学过程,熔炼时既要控制合金液体的温度,还要控制它的化学成分。若控制不当,铸件的化学成分和力学性能则不能满足要求,甚至会产生气孔、夹渣、缩孔等缺陷。

2.3.1　铸铁

铸铁是工业上应用最广泛的铸造材料,占铸件总重量的 80% 左右。工业中常用的铸铁是含碳量大于 2.11% 的由铁、碳、硅形成的合金。其中,碳大部分以石墨的形式存在,金属断面呈暗灰色,灰铸铁因此得名。

灰铸铁具有良好的铸造性能、减振性和减磨性，使得其应用较为广泛。在不同的生产工艺条件下，灰铸铁中的石墨可以呈现不同的形态，如片状石墨、团絮状石墨、球状石墨和蠕虫状石墨。石墨的不同形态使得铸铁具有不同的特性，也就形成了铸铁不同的品种，有灰铸铁，石墨呈片状；可锻铸铁，石墨呈团絮状；球墨铸铁，石墨呈球状；蠕墨铸铁，石墨呈蠕虫状。其中片状石墨的灰铸铁具有优良的铸造性能，价格低廉，适合制造形状复杂的机器底座、箱体等零件；石墨呈球状的球墨铸铁力学性能最好，几乎可以和钢媲美，适合制造受力较大的轴类铸件，如曲轴、凸轮轴等。

2.3.2 铸铁熔炼

铸铁熔炼的主要设备有冲天炉和电炉，其中冲天炉的应用最广泛。冲天炉的结构简单，制造成本低，操作简单，维护费用也不高，还可以进行连续熔炼，生产率较高。但熔炼的质量不如电炉的好。

(1) 冲天炉的结构

冲天炉的结构如图 2-42 所示。其上部为烟筒和火花罩，主要的工作部位是炉身。冲天炉的加料、加热、熔化及送风等都是在炉身中进行的。炉身的最外层是钢板，炉身内部砌有耐火砖和炉衬。炉身上还设有各种洞口，如加料口、风口、观察口等。鼓风机吹入的空气经风管、风带和风口进入炉内，由下向上流动，供焦炭燃烧，产生热量熔炼金属。熔化的金属液进入炉身底部的炉缸，再经过过桥进入前室。前室的作用是存储从炉缸熔炼好的高温金属液，在这里，金属液进行化学成分和温度的均匀化。同时，金属液中的杂质浮出液面，形成炉渣。前室上有出渣口、出铁口和窥视孔。从出渣口可以出去炉渣，从窥视孔可以观察前室内部的情况，比如金属液熔炼的速度以及通过金属液的颜色大概判断熔炼的温度等。金属液熔炼合格后从出铁口流入浇包。

冲天炉的大小是以单位时间内能熔化多少质量的金属液来表示，常用单位是 t/h (吨/小时)。一般冲天炉的大小为 1.5~10t/h。

冲天炉的附件主要有鼓风机和加料设备，另外还有各种检测仪器等。

(2) 冲天炉的熔炼过程及熔炼原理

冲天炉的炉料由金属炉料、燃料和溶剂 3 部分组成。

①金属炉料：主要包括高炉生铁、回炉铁、废钢、铁合金等。回炉铁是从铸件上清理下来的浇口和冒口、报废铸件和回收废旧铸铁；废钢主要是废旧钢材以及切削加工产生的切屑，废钢的加入可以调节金属液的含碳量；铁合金主要是硅铁和锰铁等，用于调整和补充金属液中合金的含量。高炉生铁和回炉铁是金属炉料的主要部分。

②燃料：冲天炉熔炼金属最常用的燃料是焦炭，加入的焦炭可以分为底焦(最先加入的位于前室中的焦炭)和层焦(随每批炉料加入的焦炭)。焦炭的燃烧为熔炼金属提供热量。对焦炭的要求是灰分、硫、磷等有害杂质含量低，发热量高。

③溶剂：在金属液中加入溶剂(加入量一般为焦炭用量的 1/5~1/3)的作用是与炉

料中产生的氧化物、焦炭中的灰分和炉衬的被侵蚀物等结合形成的熔渣,同时降低炉渣的熔点,提高炉渣的流动性,使其易于金属液分离而浮到表面,从而顺利从出渣口排出。常用的溶剂是石灰石($CaCO_3$)和萤石(CaF_2)。

先将一定量的铸造焦炭装入炉内作为底焦。点火后,将底焦加至规定高度,从风口至底焦的顶面为底焦高度。然后按炉子的熔化率将配好的石灰石、金属炉料和层焦按次序分批地从加料口加入。在整个开炉过程中保持炉料顶面在加料口下沿。经风口鼓入炉内的空气同底焦发生燃烧反应,生成的高温炉气向上流动,对炉料加热,并使底焦顶面上的第一批金属炉料熔化。熔化后的铁滴在下落到炉缸的过程中,被高温炉气和炽热的焦炭进一步加热,这一过程称为过热,过热的铁溶液温度可达 1 600 ℃ 左右。随着底焦的烧失和金属炉料的熔化,料层逐渐下降。每批炉料熔化后,燃料由外加的层焦补充,使底焦高度基本上保持不变,整个熔化过程连续进行。

炉料中的石灰石在高温炉气的作用下分解成石灰($CaHCO_3$)和二氧化碳(CO_2)。石灰是碱性氧化物,它能和焦炭中的灰分和炉料中的杂质、金属氧化物等酸性物质结合成熔点较低的炉渣。熔化的炉渣也下落到炉缸,并浮在铁水上。

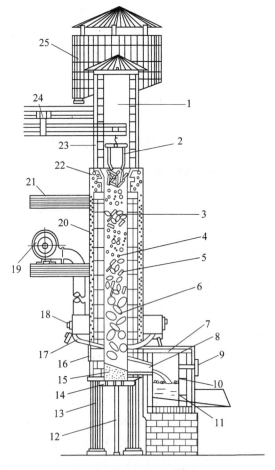

图 2-42 冲天炉的结构

1—烟囱 2—加粒桶 3—层焦 4—金属炉料
5—溶剂 6—底焦 7—前炉 8—过道 9—窥视口
10—出渣口 11—出铁口 12—支柱 13—炉腿
14—炉底门 15—炉底 16—工作门 17—风口
18—风带 19—鼓风机 20—炉身 21—加料台
22—铸铁砖 23—加料口 24—加料机
25—火花捕集器

在冲天炉内,同时进行着底焦的燃烧、热量的传递和冶金反应 3 个重要过程。根据物理、化学反应的不同,冲天炉以燃烧区为核心,自上而下分为:预热带、熔化带、还原带、氧化带和炉缸 5 个区域。由于炉气、焦炭和炉渣的作用,熔化后的金属成分也发生一定的变化。在铸铁的五大元素中,碳和硫一般会增加,硅和锰一般会烧损,磷则变化不大。铁水的最终化学成分,就是金属炉料的原始成分和熔炼过程中成分变化的综合结果。

(3) 冲天炉的工作过程

冲天炉每次连续熔炼 4~8 h，具体操作过程如图 2-43 所示。

图 2-43 冲天炉的操作过程

2.3.3 浇注工艺

把金属液浇入到铸型中的操作方法称为浇注。浇注工艺不当会引起铸造缺陷的产生，如浇不到、冷隔、夹渣、缩孔等。

(1) 浇注前的准备工作

①准备浇包：浇包是在炉前承接铁液后，由行车运到铸型处进行浇注的专用铸造工具。浇包的大小及种类主要由铸型决定。一般中小型铸件用抬包，容量为 50~100 kg；大型铸件用吊包，容量在 200 kg 以上。使用前，浇包要进行清理、修补，保证内表面及包嘴光滑平整。

②清理通道：通道主要是指浇注时行走的通道。浇注前要对通道进行清理，保证通道干净并且不能有杂物挡道，更不能有积水存在。

③烘干用具：浇注时用的挡渣钩、浇包等要进行烘干，以免引起铁水温度的降低或者飞溅的发生。

(2) 浇注时注意的问题

①浇注温度：浇注温度过低时，金属液的流动性差，由此容易产生浇不到、冷隔、气孔等缺陷。浇注温度过高时，金属液的氧化、吸气严重且收缩量加大，易产生缩孔、裂纹及粘砂、气孔等缺陷。因此铸件要有合适的浇注温度。浇注温度的选用要根据铸件的种类、大小及形状来确定。对于形状复杂的薄壁灰铸铁件，浇注温度为 1 400℃左右；对形状简单的厚壁灰铸铁件，浇注温度为 1 300℃左右。碳钢铸件浇注温度为 1 520~1 620℃。

②浇注速度：浇注速度对铸件的质量也有一定的影响。浇注速度太慢，金属液降温较多，易产生浇不到、冷隔、夹渣等缺陷；浇注速度过快，会使铸型中的气体来不及排出而产生气孔，而且金属液的动压力增大，易造成冲砂等缺陷。浇注速度由铸件的形状、大小决定，一般用浇注时间表示。

③浇注技术：浇注时，要注意扒渣、挡渣和引火。为使熔渣变黏稠便于挡出，可在浇包内金属液面上撒些干砂或稻草灰。用红热的挡渣钩及时点燃从砂型中逸出的 CO 等气体，防止有害气体污染空气及形成气孔。浇注金属液是要连续进行不可断流，应始终保持浇口充满液体，便于熔渣上浮。

2.4 铸造缺陷分析及质量检验

铸造生产是一项比较复杂的工艺过程。如果某一个工序或某一个操作失误都会导致铸造缺陷的产生。铸造缺陷是造成铸件力学性能低下、使用寿命缩短、报废和失效的主要原因。因此在铸件毛坯进行机加工之前要对铸件的质量进行检验。被检出有缺陷的铸件，有的经过修补可以继续使用，有的则必须报废或重新回炉。同时还需对铸件产生的缺陷进行分析，为提高铸件的质量提供科学依据。

2.4.1 铸件缺陷分析

铸造工序繁多造成铸造缺陷的类型也很多，同一类的缺陷由于零件结构和场合不同，也往往有着不同的形成原因。因此对铸造缺陷分析最终的目的是找到缺陷产生的原因，找到解决缺陷问题的最佳方案，从而提高铸件的生产质量。表 2-3 所列为常见铸件缺陷的特征及产生的主要原因。

表 2-3 常见铸造缺陷及产生原因

类别	缺陷名称及特征	主要原因分析
孔洞类	缩孔：铸件厚壁处出现的形状极不规则的孔洞，孔的内壁粗糙，呈倒锥形 缩松：铸件截面上细小而分散的缩孔	(1) 浇注系统或冒口设置不正确，补缩不足 (2) 浇注温度过高，金属液态收缩大 (3) 铸铁中碳、硅含量低，其他合金元素含量高时易出现缩松
	气孔：铸件内部出现的孔洞，常为梨形、圆形和椭圆形，孔的内壁较光滑	(1) 砂型紧实度过高 (2) 型砂太湿，起模、修型时刷水过多 (3) 砂芯未烘干或通气道堵塞 (4) 浇注系统不正确，气体排不出去
	砂眼：铸件内部或表面带有砂粒的孔洞	(1) 型砂太干、韧性差，易掉砂 (2) 局部没舂紧，型腔、浇口内散砂未吹净 (3) 合箱时砂型局部挤坏，掉砂 (4) 浇注系统不正确，冲坏砂型
	渣气孔：铸件浇注时的上表面充满熔渣的孔洞，常与气孔并存，大小不一，成群集结	(1) 浇注温度太低，熔渣不易上浮 (2) 浇注时没挡住熔渣 (3) 浇注系统不正确，挡住作用差

(续)

类别	缺陷名称及特征	主要原因分析
表面缺陷类	机械粘砂：铸件表面黏附着一层砂粒和金属的机械混合物，使表面粗糙	(1) 砂型舂得太松，型腔表面不致密 (2) 浇注温度过高，金属液渗透力大 (3) 砂粒过粗，砂粒间空隙过大
表面缺陷类	夹砂：铸件表面有局部突出的长条疤痕，其边缘与铸件本体分离，并夹有一层型砂。多产生在大平板铸件的上表面	(1) 型砂的热湿强度较低，特别在型腔表层受热后，水分向内部迁移形成的高水层处更低 (2) 表层石英砂受热膨胀拱起，与高水层处分离直至开裂 (3) 砂型局部过紧、不均匀，易出现表层拱起 (4) 浇注温度过高，型腔烘烤厉害
形状差错类	偏芯：铸件内腔和局部形状位置偏错	(1) 砂芯强度不足，受金属液的浮力而变形 (2) 下芯时放偏 (3) 砂芯没固定好，浇注时被冲偏
形状差错类	错箱：铸件的一部分与另一部分在分型面处相互错开	(1) 合箱时上、下型错位 (2) 定位销或泥记号不准 (3) 造型时上、下模有错动
裂纹冷隔类	热裂：铸件开裂，裂纹断面严重氧化，呈暗蓝色，外形曲折而不规则 冷裂：裂纹表面不氧化并发亮，有时有轻微氧化。呈连续直线状	(1) 砂型(芯)退让性差，阻碍铸件收缩而引起过大的内应力 (2) 浇注系统开始不当，阻碍铸件收缩 (3) 铸件设计不合理，薄厚差别大
裂纹冷隔类	冷隔：铸件上有未完全熔合的缝隙，边缘呈圆角	(1) 浇注温度过低 (2) 浇注速度过慢 (3) 内浇道截面尺寸过小，位置不当 (4) 远离浇口的铸件的壁厚过薄

(续)

类别	缺陷名称及特征	主要原因分析
残缺类	浇不到(足)：铸件残缺，或轮廓不完整，形成形状完整但边角圆滑光亮，其浇注系统是充满的	(1) 浇注温度过低 (2) 浇注速度过慢 (3) 内浇道截面尺寸和位置不当 (4) 未开出气口，金属液的流动受型内气体的阻碍

2.4.2 铸件质量检验的方法

铸件质量检验的方法很多，检验方法的选取主要取决于对铸件质量的要求。常用的铸件质量检验的方法有以下几种：

(1) 外观检验法

外观检验法是用肉眼或借助简单工具或用低倍放大镜观察毛坯，以发现表面缺陷以及测量毛坯外形尺寸的方法。这种检验方法简单、迅速、使用广泛。

(2) 无损检测法

无损检测法诊断技术是一门新兴的综合性应用学科。它是在不破坏被检查材料或成品的性能和完整性的情况下利用材料内部结构异常或缺陷存在所引起的对热、声、光、电、磁等反应的变化，来探测铸件内部和表面缺陷并对缺陷的类型、性质、数量、形状、位置、尺寸、分析及其变化作出判断和评价的方法。这类检验方法不损坏工件，也不影响工件将来的使用，它是对重要工件不可缺少的检验方法。常用的无损检验的方法有：磁力探伤、射线探伤、超声波探伤等。

(3) 理化性能检验

①化学成分检验：是测定铸件材质的化学成分是否符合技术要求。由于近年来金属熔炼过程的强化和质量控制要求，对化学分析法要求越快越好。常用的检验方法有化学分析法和光谱分析法。

②力学性能检验：这种方法是用来检查工件的力学性能是否符合技术条件。一般包括检查、确定硬度、强度指标(强度极限σ_b、屈服强度σ_s)、塑性指标(断后伸长率δ、断面收缩率Ψ)、韧性指标(冲击韧性α_K)等。对于一些重要锻件还要进行持久、蠕变和疲劳试验。

③金相显微组织检验：这种方法是在光学显微镜下观察、辨认和分析铸件试样的微观组织状态和分布情况，判定铸件组织是否符合质量要求。

④残余应力检验：在铸件生产过程中，由于变形不均、相变不均、温度不均等都会引起内应力。最终形成残余应力。当铸件内部存在过大的残余应力时，不但在机械加工

时，由于残余应力失去平衡而使铸件产生变形，而且影响装配。残余应力检验需在专用仪器设备上进行。

2.5 现代铸造技术及其发展方向

随着各领域科学技术的飞速发展，特别是计算机、信息技术的广泛应用，铸造技术也有了长足的进步，各种铸造新工艺、新方法层出不穷。传统铸造行业的面貌正在发生着巨大的变化。工艺的复合化，制品的精密化和强韧化，生产过程的自动化、信息化、柔性化，以及绿色化正在逐步成为现实。

2.5.1 近净成形技术——半固态加工

(1) 近净成形技术概述

近净成形技术是指零件成形后，仅需少量加工或不再加工，就可用作机械构件的成形技术。它是建立在新材料、新能源、机电一体化、精密模具技术、计算机技术、自动化技术、数值分析和模拟技术等多学科高新技术成果基础上，改造了传统的毛坯成形技术，使之由粗糙成形变为优质、高效、高精度、轻量化、低成本的成形技术。

零件近净成形技术，其基本特征是优质、高效、低成本，乃至清洁和敏捷型。其表现形式是学科交叉和融合。

半固态加工是利用金属从液态向固态或固态向液态转变时固液共存的特性，在成形中降低了加工温度，例如铝合金，与铸造相比，加工温度可降低120℃；变形抗力小，可一次加工形状复杂、精度要求高的零件。这些特性，为零件近净成形实现，提供了一条新途径。

(2) 近净成形技术国内外发展现状

半固态加工技术目前国外已获得初步应用，并显示巨大生命力和诱惑力。例如，美国 Alumax 公司生产的半固态模锻铝合金汽车制动总泵体，由于毛坯尺寸接近零件尺寸，机加工量只占铸件质量的13%，同样的金属型铸件的加工量则占铸件质量的40%，除此之外，机加工后的半固态成形的汽车制动总泵体最终的零件比机加工后金属型铸造的零件还轻13%左右；半固态金属触变压铸是当今金属半固态成形中主要的工艺方法之一，成形设备主要是压铸机和压力机。对半固态铝合金触变成形的专用设备，通过对压铸过程实时控制研究，使整个压铸过程处于动态监控之中，改善压铸件性能，降低压铸件废品，且可使普通压铸机用于半固态金属成形，扩大了普通压铸机的使用范围。

近年来，近净成形技术在我国得到迅速发展。在近净成形铸造技术方面，重点发展了熔模精密铸造、陶瓷精密铸造、消失模铸造等先进技术。采用消失模铸造技术生产的铸件质量好，铸件壁厚公差达到了±0.15 mm，表面粗糙度 Ra25 mm。电渣熔铸工艺已用于大型水轮机的导叶生产。但我国近净成形技术在整个成形制造生产中所占的比重还是比较低的。不少复杂的难成形件在我国还不能生产，部分先进成套设备以及自动化生产线国内还不能成套提供。因此总体水平和国外发达国家相比处于劣势。

(3) 近净成形技术发展趋势

随着科学技术的发展，社会产品材料性质及成形技术要求将越来越严格，近净成形技术必然得到进一步的改进和提高。近净成形技术将有以下的发展趋势：

① 现代科学技术与传统成形技术结合并改进。近净成形技术生产的机械产品的形状和尺寸精度得到极大的提高，可以做出形状更加复杂的成形件，实现了接近或完全达到成品最终形状，工件的微观组织和性能可以进行预测和控制，可以优质、高效、低成本地进行工业化生产。

② 近净成形技术会不断地发展，一方面原有的工艺方法不断地改进提高，另一方面综合利用各种成形手段会出现新的各种类型的复合成形新工艺。如激光、电子束、离子束、等离子体等多种新能源及能源载体的引入，形成多种近净成形，使一些特殊材料(如超硬材料、复合材料、陶瓷等)产生一批新型复合加工工艺。

③ 计算机的发展、非线性问题的计算方法的发展，推动了非线性有限元等技术发展，近净成形向虚拟制造和网络制造方向发展，并且将由宏观模拟进一步向微观的组织模拟和质量预测方向发展。

④ 柔性化解决自动化大批量生产与用户对产品个性化需求的矛盾，近净成形工艺依靠先进的装备和管理技术得以实现。

⑤ 成形质量控制朝过程智能化方向发展。质量控制是为了保证优化的工艺，提高产品质量，保证稳定不变的工艺条件得到分散度极小均一的产品质量。为此，在生产过程自动化、工艺参数在线控制，生产工艺因素对工艺效果影响模拟的基础上，实现控制过程智能化，并实现上述目标，是当前近净成形技术发展的主要方向。

⑥ 由于高效、节能、节材带来的材料和资源的节约和有效利用、成形技术和装备的进步、无污染工艺材料的采用，使成形技术由污染严重的加工转变为清洁生产技术。近净成形技术符合现代绿色加工的理念。

2.5.2　发展提高铸件质量的技术

随着国民经济各部门对机械装备性能的要求日益提高，为其配套的各类铸件的质量也必须有相应改善，铸件性能的提高是其中的一个主要方面。

提高铸件质量主要体现在造型材料，铸件合金化、造型方法和铸造设备的改进方面。

(1) 造型材料及造型方法的选用

建立新的与高密度黏土型砂相适应的原辅材料体系，根据不同合金、铸件特点、生产环境、开发不同品种的原砂、少无污染的优质壳芯砂。开展取代特种砂的研究和开发人造铸造用砂。将湿型砂黏结剂发展重点放在新型煤粉及取代煤粉的附加物开发上。

在大批量中小铸件的生产中，采用微机控制的高密度静压、射压或气冲造型机械化、自动化高效流水线湿型砂造型工艺，砂处理采用高效连续混砂机、人工智能型砂在线控制专家系统，造芯工艺普遍采用树脂砂热、温芯盒法和冷芯盒法。

（2）铸件合金化技术

以强韧化、轻量化、精密化、高效化为目标，开发铸铁新材料，例如研究奥贝球墨铸铁。研制耐磨、耐蚀、耐热特种合金新材料；开发铸造合金钢新品种（如含氮不锈钢等性价比高的铸钢材料），提高材质性能。开发铸造复合新材料，如金属基复合材料、母材基体材料和增强强化组分材料；加强颗粒、短纤维、晶须非连续增强金属基复合材料、原位铸造金属基复合材料研究。

（3）铸造设备及检测仪器的使用

铸铁熔炼使用大型、高效、除尘、微机测控、外热送风无炉衬水冷连续作业冲天炉，普遍使用铸造焦，冲天炉或电炉与冲天炉双联熔炼，采用氮气连续脱硫或摇包脱硫使铁液中硫含量达 0.01% 以下；熔炼合金钢精炼多用氩氧脱碳精炼炉（AOD）、真空脱氧炉外精炼炉（VOD）等设备。

在重要铸件生产中，对材质要求高，如球墨铸铁要求 P 元素含量小于 0.04%、S 元素含量小于 0.02%，铸钢要求 P、S 含量小于 0.025%。采用热分析技术及时准确控制 C、S 元素含量，用直读光谱仪 2~3 min 可以分析出十几种元素的含量，检测精度高。

采用先进的无损检测技术可以有效控制铸件质量。普遍采用的液态金属过滤技术，过滤器可适应高温诸如钴基、镍基合金及不锈钢液的过滤。过滤后的钢铸件经射线探伤 A 级合格率提高了 13 个百分点。铝镁合金经过滤，铸件抗拉强度提高 50%，伸长率提高 100% 以上。

2.5.3 计算机技术在铸造工程中的应用

计算机的广泛应用正从各方面推动着铸造业的发展和变革，用计算机信息技术改造并带动传统铸造行业的发展是铸造技术发展的必然趋势。运用计算机对铸造过程进行建模与模拟仿真、设计、质量控制及信息管理，可以达到优化工艺设计、缩短产品试制周期、降低生产成本、提高材料利用率和确保铸件质量的效果。计算机在铸造技术中的应用在下述几个方面发挥着前所未有的作用。

（1）铸造过程计算机辅助工程分析

计算机技术在铸造工程中的研究和应用经历了近 40 年的发展之后，其中的铸造过程计算机辅助工程分析（简称铸造 CAE）技术已逐渐成熟，并已大量用于铸造过程的宏观及微观模拟仿真和铸造工艺设计的分析及优化。

铸造过程计算机模拟仿真主要是指温度场、流动充型过程、应力场以及凝固过程的计算机数值模拟。运用相应的数值模拟技术可对设计好的工艺方案进行屏幕试浇，这可以帮助工作人员在实际铸造之前，对铸件可能出现的各种缺陷（如缩孔、缩松、热裂、变形及残余应力等）及其大小、部位和发生的时间予以有效的预测，也可以预测出铸件的凝固态微观组织(晶粒大小、晶粒形态,如球墨铸铁中石墨球的数量、尺寸,铁素体、珠光体数量等),以及由此决定的力学性能和使用性能,以便对工艺方案进行全面的评价,从而提出工艺改进措施,进行新一轮工艺设计、屏幕试浇、工艺校核,直至取得最佳工艺方案。

铸造 CAE 正在与并行工程、敏捷化工程及虚拟制造相结合,已成为网络化异地设计与制造的重要内容。

(2)铸造工艺计算机辅助设计

铸造工艺计算机辅助设计(简称铸造 CAD)是指在对铸造工艺方案包含的全部项目(其中最主要的是浇注系统及冒口的设计)进行分析研究而建立起的设计理论的指导下,开发相应的计算机辅助设计程序,把传统的工艺设计问题转化为计算机辅助设计。程序要求将铸件图样、铸型材料、铸造合金热物性参数、凝固特性等有关数输入计算机,通过计算机辅助造型、绘图和计算,调用工艺数据库及各种标准件库的数据,即可完成工艺设计与分析优化。图 2-44 为铸造 CAD 的流程图。显然,运用铸造 CAD 可以大大提高铸造工艺方案的科学性、可靠性。

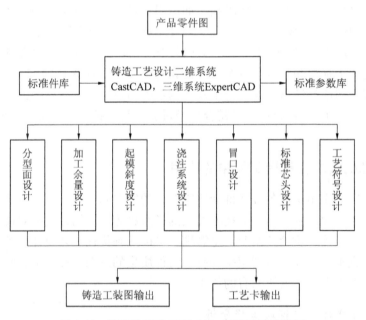

图 2-44 铸钢件铸造工艺 CAD 程序系统结构图

(3)铸造工程中并行工程的应用

20 世纪 80 年代中期以来,旨在加速产品开发过程、提高产品质量、降低产品成本而提出的并行工程(简称 CE)的定义是:"CE 是对产品压相关过程包括制造过程和支持过程)进行并行一体化设计的一种系统化的工作模式,这种模式力图使开发者从一开始就考虑到产品的全部生命周期(从概念形成到产品报废)中的所有因素,包括质量、成本、进度与用户需求。"CE 既是一种系统化的工作模式,又是一种追求 TQCS(Time,Quality,Cost,Service,即缩短新产品开发周期、提高质量、压缩成本、提供优质服务)的经营哲理。对产品及相关过程实施集成的并行设计是 CE 的核心环节。

采用铸造方法进行生产的毛坯(或零件)要实现并行设计,必然要使产品设计与铸造工艺设计同步进行,提供信息的共享(这是 CE 的基本要素之一),使铸造人员也进入到产品设计的初期阶段。其系统流程见图 2-45。在产品设计部分,设计人员利用结构分析软件对产品原始设计的强度性能、抗疲劳性能、结构稳定性等进行分析,优化结构;在工艺设计部分,铸造人员利用模拟软件模拟铸件的充型凝固过程,进行缺陷分析,改进工艺设计,并在必要时与设计部门联系修改产品结构。

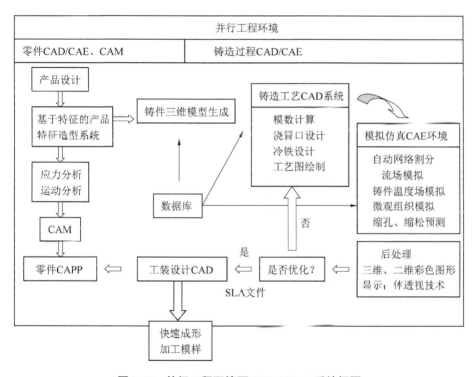

图 2-45 并行工程环境下 CAD/CAM 系统框图

(4)铸造专家系统(铸造 Expert System)

铸造过程中大多数问题都非常适合于专家系统的开发,目前主要为应用于铸件缺陷分析的诊断型专家系统。它是应用人工智能(Atificial Intelligence)技术根据诸多铸造专家的经验知识进行推理和判断,模拟人类专家作决策的思维过程,来解决原来只有工业专家自己才能解决的复杂问题。例如,清华大学开发的"型砂质量分析和管理专家系统"可对型砂质量进行评估,分析因造型材料质量引起的铸造缺陷,建立造型材料性能数据库。

(5)计算机技术在铸造设备上的应用

计算机技术在铸造设备和铸造厂中的应用,可大大提高设备的可靠性和效率,同时计算机还可以具有人工智能,把技术人员长期积累的经验以及其他有关信息输入计算机,从而实现生产过程的集成化、智能化控制,最终实现生产高质量铸件的目的。

例如,在一般的造芯车间往往由人工进行更换芯盒和砂芯组装的工作,更换一个芯盒往往需要一个甚至几个小时,效率很低。德国 Laempe 公司开发的带有机器人的自动化造芯中心可完成砂芯的取出、去毛刺、检查、上黏接胶或固定钉组装及上涂料,最后将组合砂芯放到芯架或输送带上,实现了无人操作。芯盒的自动更换时间仅用 3min。

本章小结

本章主要介绍了以砂型铸造工艺为主的铸造工艺包括造型和造芯、熔炼与浇注以及铸件的质量检验;介绍了提高铸件质量的技术以及计算机在铸造工艺中的应用。

思考题

1. 什么是铸造?铸造包括哪些主要工序?
2. 湿型砂应具备哪些性能?这些性能是如何影响铸件质量的?
3. 铸型由哪几部分组成?
4. 按照模样特征的不同,手工造型方法有哪些?
5. 机器造型有哪些优点?其应用范围如何?
6. 为什么机器造型不能用三箱造型,也不宜用活块造型?
7. 芯盒有几种型式?造芯的一般过程是怎样的?
8. 冲天炉由哪几部分组成?
9. 什么是冒口,其作用是什么?冒口应安置在铸件的什么部位?
10. 怎样辨别气孔、缩孔、砂眼和渣气孔 4 种缺陷?产生以上缺陷的主要原因各有哪些?如何防止?
11. 什么是快速成形?主要的工艺方法有哪些?
12. 发展提高铸件质量技术的方法有哪些?

第 3 章
锻 压

[**本章提要**]

　　锻压是锻造和冲压的总称,它是利用外力使金属坯料产生塑性变形,获得所需尺寸、形状及性能的毛坯或零件的加工方法。了解金属锻压的特点、分类及应用,初步掌握自由锻、模锻和板料冲压的基本工序、操作方法、特点及应用是本章的重点内容。

3.1　概述

3.2　金属的加热及锻件的冷却

3.3　自由锻造

3.4　胎模锻

3.5　模锻

3.6　板料冲压

3.1 概述

锻压是锻造和冲压的总称,是压力加工的主要方式。金属压力加工的基本方法除了锻造和冲压之外,还有轧制、挤压、拉拔等,如图3-1所示。其中,轧制主要用以生产板材、型材和无缝管材等原材料;挤压主要用于生产低碳钢、有色金属及其合金的型材或零件;拉拔主要用于生产低碳钢、有色金属及其合金的细线材、薄壁管或特殊形状的型材等;而锻造主要用来制作力学性能要求较高的各种机器零件的毛坯或成品;板料冲压则主要用来制造各类薄板结构零件。

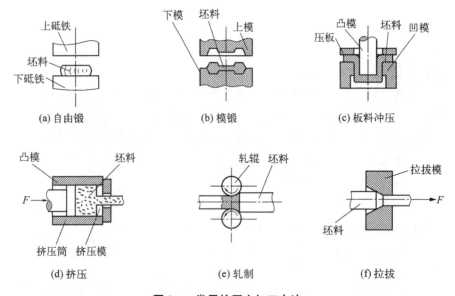

图 3-1 常用的压力加工方法

锻造是在加压设备及工(模)具的作用下,使金属坯料或铸锭产生局部或全部的塑性变形,以获得一定形状、尺寸和质量的锻件的加工方法。

按所用的设备和工(模)具不同,锻造可分为自由锻造、模型锻造和胎模锻造等。根据锻造温度不同,锻造又可分为热锻、温锻和冷锻3种。其中热锻应用最为广泛。

锻造与其他加工方法相比,具有以下特点:

①改善金属的组织、提高力学性能:金属材料经锻压加工后,其组织、性能都得到改善和提高,锻压加工能消除金属铸锭内部的气孔、缩孔和树枝状晶等缺陷,得到致密的金属组织,从而提高金属的力学性能。因此,承受冲击或交变应力的重要零件(如机床主轴、齿轮、曲轴、连杆、飞机起落架、起重机吊钩等),都应采用锻件毛坯加工。

②材料的利用率高:金属塑性成形主要是靠金属体积的转移和分配成形,而不需要

切除金属。

③较高的生产率：锻造一般是利用压力机和模具进行成形加工的。例如，利用多工位冷镦工艺加工内六角螺钉，比用棒料切削加工工效提高400倍以上。

④毛坯或零件的精度较高：应用先进的技术和设备，可实现少切削或无切削加工。例如，精密锻造的伞齿轮齿形部分可不经切削加工直接使用，复杂曲面形状的叶片精密锻造后只需磨削便可达到所需精度。

⑤锻造所用的金属材料应具有良好的塑性，以便在外力作用下，能产生塑性变形而不破裂：常用的金属材料中，铸铁属脆性材料，塑性差，不能用于锻造。钢和非铁金属中的铜、铝及其合金等可以在冷态或热态下压力加工。

⑥不适合成形形状较复杂的零件：锻造加工是在固态下成形的，与铸造相比，金属的流动受到限制，一般需要采取加热等工艺措施才能实现。对制造形状复杂，特别是具有复杂内腔的零件或毛坯较困难。

冲压又称板料冲压，它是利用装在冲床上的冲模，在外力作用下使金属或非金属板料产生分离或塑性变形，以获得一定形状、尺寸和性能的制件的加工方法。

用于冲压的材料一般为塑性良好的各种金属材料(如低碳钢，铜及其合金，铝及其合金、银及其合金、镁合金及塑性高的合金钢)或非金属板料(如胶木板，皮革，硬橡胶，云母板等)。

冲压件的厚度一般小于6 mm，冲压前不需要加热，故又称冷冲压。只有板料厚度超过8~10 mm时，为了减少变形抗力，才用热冲压。

板料冲压与其他加工方法相比具有以下特点：

①板料冲压所用原材料必须有足够的塑性。

②冲压件尺寸精度高，表面光洁，质量稳定，互换性好，一般不需要进行机械加工，可直接装配使用。

③可加工形状复杂的薄壁零件。

④生产率高，操作简便，成本低，工艺过程易实现机械化和自动化。

⑤可利用塑性变形的加工硬化提高零件的力学性能，在材料消耗少的情况下获得强度高、刚度大、质量好的零件。

⑥冲压模具结构复杂，加工精度要求高，制造费用大。因此，板料冲压只适合于大批量生产。

3.2 金属的加热及锻件的冷却

3.2.1 加热的目的和锻造温度范围

用于锻造的原材料必须具有足够的塑性。除了少数具有良好塑性的金属在常温下锻造成形外，大多数金属均需通过加热来提高塑性和降低变形抗力，以便锻造时能用较小的锻造力来获得较大的塑性变形，称为热锻。热锻的工艺过程包括：下料、坯料加热、锻造成形、锻件冷却、热处理、清理、检验的过程。

加热温度越高金属变得越软越韧，变形抗力越小。但温度过高会产生过热或过烧等缺陷。金属开始锻造的最高温度称为始锻温度。在保证不出现加热缺陷的前提下，始锻温度应取高一些，以便有较充裕的时间锻造成形，减少加热次数，降低材料、能源消耗，提高生产率。

在锻造过程中金属的热量会渐渐散失，温度下降。温度下降到一定程度后，不但锻造费力，而且容易锻裂，必须停止锻造，重新加热。金属不宜再锻造的温度称为终锻温度。在保证坯料还有足够塑性的前提下，终锻温度应尽量低一些，这样能使坯料在一次加热后完成较大变形，减少加热次数，提高锻件质量。

锻造温度范围是指始锻温度和终锻温度之间的温度间隔。金属材料的锻造温度范围一般可查阅锻造手册，国家标准或企业标准。常用钢材的锻造温度范围如表 3-1 所列。

锻造加热温度，通常用目测钢的表面颜色来判断，即火色鉴定法。当对某牌号的钢，要求严格控制加热温度时，就需要用热电偶高温计或光学高温计进行测量。碳素钢加热温度和火色的关系如表 3-2 所列。

表 3-1　常用钢材的锻造温度范围

材料种类	牌号举例	始锻温度/℃	终锻温度/℃
低碳钢	20、Q235	1 200～1 250	800
中碳钢	35、45	1 150～1 200	800
碳素工具钢	T8、T10A	1 050～1 150	750～800
合金结构钢	40Cr、30Mn2	1 150～1 200	800～850

表 3-2　钢加热到各种温度范围的颜色

火色	暗红色	樱红色	橘红色	橙红色	深黄色	亮黄色	亮白色
温度/℃	650～750	750～800	800～900	900～1 050	1 050～1 150	1 150～1 250	1 250～1 300

3.2.2　加热设备

锻造生产中加热设备根据热源不同，可分为火焰炉和电加热设备两大类。前者用煤、重油或煤气等燃烧时的高温火焰直接加热金属；后者用电能转化为热能加热金属。

火焰炉包括手锻炉、反射炉和油炉或煤气炉。手锻炉常用烟煤作燃料，其结构简单，容易操作，但生产率低，加热质量不高。

（1）反射炉

反射炉是以煤为燃料的火焰加热炉，其结构如图 3-2 所示，燃烧室 1 中产生高温炉气，越过火墙 2 进入加热室 3 加热坯料 4，废气经烟道 7 排出，燃烧所需空气，由鼓风

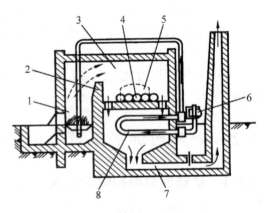

图 3-2　反射炉结构示意图
1—燃烧室　2—过火墙　3—加热室　4—坯料
5—炉门　6—鼓风机　7—烟道　8—换热器

机 6 供给,经换热器 8 预热后送入燃烧室 1。坯料 4 经炉门 5 装入和取出。这种设备加热均匀,加热室面积大,加热质量较好,生产率高,适用于中小批量生产。

(2) 油炉和煤气炉

室式重油炉的结构如图 3-3 所示。重油和压缩空气分别由两个管道送入喷嘴,压缩空气从喷嘴喷出时所造成的负压将重油带出并喷成雾状,在炉膛内燃烧。煤气炉的构造与重油炉基本相同,主要区别在于喷嘴的结构不同。

(3) 电阻炉

电阻炉是常用的电加热设备,是利用电流通过加热元件时产生的电阻热加热坯料的,它分为中温电炉(加热元件为电阻丝,最高使用温度为 1 000℃)和高温电炉(加热元件为硅碳棒,最高使用温度为 1 350℃)2 种。图 3-4 为箱式电阻加热炉,其特点是结构简单,操作方便,炉温及炉内气氛容易控制,坯料表面氧化小,加热质量好,坯料加热温度适应范围较大等特点,但热效率较低,适合于自由锻或模锻合金钢、有色金属坯料的单件或成批件的加热。

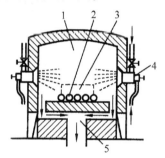
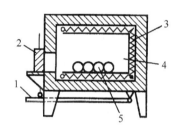

图 3-3 室式重油炉结构　　　　　图 3-4 箱式电阻加热炉
1—炉膛　2—坯料　3—炉门　　　1—踏杆　2—炉门　3—电热元件
4—喷嘴　5—烟道　　　　　　　　4—炉膛　5—坯料

电加热包括电阻加热(如电阻炉)、接触加热和感应加热装置。接触加热是利用大电流通过金属坯料产生的电阻热加热。具有加热速度快、金属烧损少、热效率高、耗电少等特点,但坯料端部必须规则平整,适合于模锻坯料的大批量加热。感应加热通过交流感应线圈产生交变磁场,使置于线圈中的坯料产生涡流损失和磁滞损失热而升温加热。具有加热速度快、加热质量好、温度控制准确、易实现自动化等特点,但投资费用高。感应器能加热的坯料尺寸小,适合于模锻或热挤压高合金钢、有色金属的大批量零件的加热。

3.2.3 加热缺陷及防止方法

在加热过程中,由于加热时间、炉内温度、扩散气氛、加热方式等选择不当,坯料可能产生各种加热缺陷,影响锻件质量。常见的缺陷有氧化、脱碳、过热、过烧和裂纹。

(1) 氧化

在高温下坯料的表层金属与炉气中的氧、二氧化碳、水蒸气等氧化性气体发生氧化反应，使坯料表面产生氧化皮，这种现象称为氧化。氧化造成金属烧损，每加热一次（火次），氧化烧损量约占坯料重量的2%~3%。严重的氧化会造成锻件表面质量下降，模锻时还会加剧锻模的磨损。

减少氧化和脱碳的措施是严格控制送风量，快速加热，避免坯料在高温下停留时间过长，或采用中性、还原性气体加热。

(2) 脱碳

脱碳是指金属坯料表层的碳在高温下与氧或氢产生化学反应而烧损，造成金属表层碳的降低的现象。脱碳后，金属表层的硬度与强度会明显降低，影响锻件质量。一般的脱碳层可以在机械加工过程中切削掉。减少脱碳的方法与减少氧化的措施相同。

(3) 过热和过烧

加热时如果温度过高，保温时间过长，则坯料内部晶粒会变得粗大，这种现象称为过热。过热组织的力学性能变差，脆性增加，锻造时易产生裂纹，所以应当避免。过热的钢料可以在随后的锻造过程中，将粗大的晶粒打碎，也可以在锻造后进行正火或调质处理，使晶粒细化。

当坯料加热到更高温度或接近熔点时，炉气中的氧气就会渗入金属内部，使晶粒的边界氧化，在晶粒周围形成硬壳，削弱了晶粒间联系，这种现象称为过烧。过烧是无法挽救的缺陷。过烧的金属一经锻打便会破碎成废料。碎块断面晶粒明显粗大，并呈浅灰色。为防止过热和过烧，要严格控制加热温度、加热速度和炉气成分，尽量缩短坯料在高温下停留的时间。

(4) 裂纹

尺寸较大的坯料及形状复杂或导热性差的锻件在重复加热的过程中，由于加热速度过快，装炉温度过高，造成坯料或锻件的各部分之间温差较大，同一时间的膨胀量不一致而产生内应力，严重时会使坯料内部产生裂纹。防止裂纹的办法是制定和遵守正确的加热规范（包括入炉温度、加热速度、保温时间等）。

3.2.4 锻件的冷却

为了保证锻件的质量，锻造后必须按冷却规范冷却。冷却过快，会使锻件发生翘曲，表面硬度提高，内应力增大，甚至产生裂纹，使锻件报废。根据坯料的化学成分、锻造前原材料的状态（钢锭或轧材）、锻件形状和截面尺寸等的不同，一般常采用下列3种冷却方法：

①空冷：是将工件放在无过堂风的干燥地面上冷却。空冷一般多用于含碳量小于0.5%的碳钢和含碳量小于0.3%的低合金钢的中小型锻件。

②坑冷：是将锻件放在坑（箱）中，用砂子、炉灰，石棉灰等绝热材料覆盖下冷却。坑冷适用于中碳钢、碳素工具钢、大多数低合金钢的中型锻件。

③炉冷：是将工件放在500~700℃的加热炉中，随炉冷却。炉冷适用于中碳钢和

低合金钢的大型锻件和高合金钢的重要零件。

3.2.5 锻后热处理

锻件在切削加工前,一般都要进行热处理。热处理的作用是使锻件的内部组织进一步细化和均匀化,消除锻造残余应力,降低锻件硬度,便于进行切削加工等。常用的锻后热处理方法有正火、退火和球化退火等。具体的热处理方法和工艺要根据锻件的材料和化学成分确定。

3.3 自由锻造

利用冲击力或压力,使坯料在上下2个砧铁间产生变形,从而得到所需形状及尺寸的锻件,称为自由锻造。自由锻造分为手工锻造和机器锻造2种,手工锻造只适合单件生产小型锻件,机器锻造则是自由锻造的主要生产方法。

自由锻造生产率低,劳动强度大,锻件精度较低,对操作工人的技术水平要求高。但其所用的设备及工具的结构简单,通用性强,工艺灵活,故广泛用于单件、小批量生产。对于制造重型锻件,自由锻造则是唯一的加工方法。

3.3.1 自由锻造的主要设备及工具

自由锻造常用的设备有空气锤、蒸汽空气锤、水压机等。

(1) 空气锤

空气锤是生产小型锻件及胎膜锻的常用设备,其外形、主要结构及工作原理如图3-5所示。电动机通过减速机构和曲柄连杆机构,带动压缩气缸内的压缩活塞作往复运动,生产压缩空气。通过踏杆或手柄,操纵上下旋阀,接通不同气路,可使锤头实现5个动作。

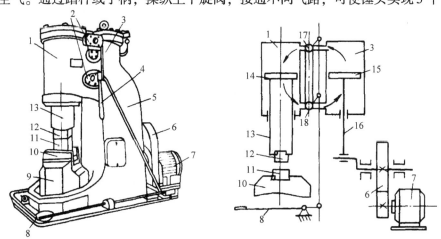

图 3-5 空气锤结构示意图

1—工作缸 2—旋阀 3—压缩缸 4—手柄 5—锤身 6—减速机构 7—电动机 8—脚踏板 9—砧座 10—砧垫
11—下砧铁 12—上砧铁 13—锤杆 14—工作活塞 15—压缩活塞 16—连杆 17—上旋阀 18—下旋阀

①空转:压缩气缸和工作气缸的上下部分都与大气相通,锤头靠自重停在下砧铁上。此时电动机及减速器空转,锻锤不工作。

②锤头上悬:压缩气缸上部和工作气缸上部都经上旋阀与大气相通。压缩空气只能经下旋阀进入工作缸下部,下旋阀内的逆止阀可防止压缩空气倒流,使锤头保持在上悬位置。这时可在锤上更换或安装锻件及工具,检查锻件尺寸,清除氧化皮等。

③锤头下压:压缩气缸上部及工作缸下部与大气相通。压缩空气由压缩气缸下部经逆止阀和中间通道进入工作缸上部,使锤头向下压紧工件。此时可进行弯曲或扭转等操作。

④连续打击:工作气缸和压缩气缸均不与大气接通。压缩活塞将空气交替压入工作缸上下腔,推动锤头上、下往复运动(此时逆止阀不起作用),进行连续打击。

⑤单次打击:将踏杆踩下后立即抬起,或将手柄由上悬位置推到连续打击位置,再迅速退回到上悬位置,就成为单次打击。此时压缩气缸及工作气缸内气体流动路线与连续打击时相同。所不同的只是由于手柄迅速返回,使锤头打击后又迅速回到上悬位置。

单次打击和连续打击的轻重大小是通过下旋阀中气道孔开启的大小来调节的。手柄扳转角度小,打击力量就小,反之,打击力量就大。

空气锤的规格、吨位是用落下部分质量来表示(工作活塞、锤头和上砧铁质量之和称为落下部分质量)。锻锤的打击力是落下部分质量的 100 倍左右。最常用的空气锤吨位为 65~750 kg 之间。常用空气锤的锻造能力如表 3-3 所列。

表 3-3 空气锤的锻造能力

型号		C41-65	C41-75	C41-150	C41-200	C41-250	C41-400	C41-560	C41-750
落下部分质量/kg		65	75	150	200	250	400	560	750
能锻工件尺寸/mm	方截面	65	—	130	150	—	200	270	270
	圆截面	85	85	145	170	175	220	280	300
能锻工件质量/kg	最大	2	2	4	7	8	18	30	40
	平均	0.5	0.5	1.5	2	2.5	6	9	12
电动机功率/kW		7	7.5	17	22	22	40	40	55

(2) 自由锻工具

自由锻常用的工具:打击工具、摔模、压肩切割工具、冲子、手钳、漏盘弯曲垫模等,如图 3-6~图 3-11 所示。

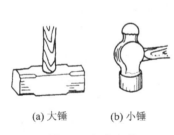

(a) 大锤　　(b) 小锤

图 3-6　打击工具

图 3-7　摔模

(a) 单面冲孔扩孔冲子　(b) 踏孔冲子　(c) 空心冲子

图 3-8　冲子

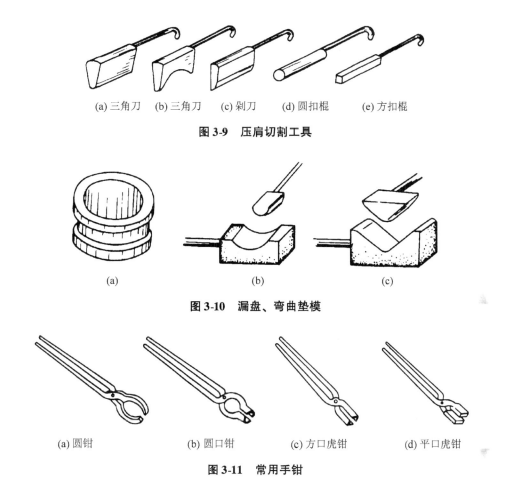

图 3-9 压肩切割工具

图 3-10 漏盘、弯曲垫模

图 3-11 常用手钳

3.3.2 自由锻造基本工序及操作

自由锻的工序分为基本工序、辅助工序和精整工序 3 类。任何形状的锻件都是用基本工序锻造而成的。自由锻造基本工序有：镦粗、拔长、冲孔、扩孔、弯曲、扭转、错移、切割等。前 3 种工序应用最多。

（1）镦粗

镦粗是使坯料长度减小，截面增加的工序。镦粗有完全镦粗、局部镦粗、垫环镦粗 3 种，如图 3-12 所示。完全镦粗是将坯料直立在下砧上进行锻打，使其沿整个高度产生高度减小。局部镦粗分为端部镦粗和中间镦粗，需要借助于工具如胎模或漏盘(或称垫环)来进行。镦粗操作的工艺要点如下：

① 坯料的高径比，即坯料的高度 H_0 和直径 D_0 之比，应小于等于 2.5。高径比过大的坯料容易镦弯或造成双鼓形，甚至发生折叠现象而使锻件报废。

② 为防止镦歪，坯料的端面应平整并与坯料的中心线垂直，坯料要加热均匀，镦

打时要不断地将坯料旋转。端面不平整或不与中心线垂直的坯料,镦粗时要用钳子夹住,使坯料中心与锤杆中心线一致。

③ 镦粗过程中如发现镦歪、镦弯或出现双鼓形应及时矫正。

④ 局部镦粗时要采用相应尺寸的漏盘或胎模等工具。用漏盘镦粗时,为了便于取出锻件,漏盘应作成5°~7°的斜度。为了防止在锻件截面过度处产生缺陷,漏盘的相应处应作成圆角。

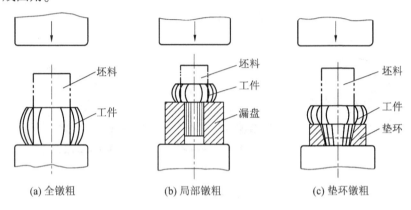

图 3-12 镦粗种类

(2) 拔长

拔长是使坯料横截面减少而长度增加的锻造工序。操作中还可以进行局部拔长、芯轴拔长等。拔长操作的工艺要点如下:

① 送进:锻打过程中,坯料沿砧铁宽度方向(横向)送进,每次送进量不宜过大,以砧铁宽度的 0.3~0.7 倍为宜,如图 3-13(a)所示。送进量过大,金属主要沿坯料宽度方向流动,反而降低延伸效率,如图 3-13(b)所示。送进量太小,又容易产生夹层,如图 3-13(c)所示。

② 翻转:拔长过程中应不断翻转坯料,除了图 3-14 所示按数字顺序进行的 2 种翻转方法外,还有螺旋式翻转拔长方法。为便于翻转后继续拔长,压下量要适当,应使坯料横截面的宽度与厚度之比不要超过 2.5,否则易产生折叠。

③ 锻打:将圆截面的坯料拔长成直径较小的圆截面时,必须先把坯料锻成方形截面,在拔长到边长接近锻件的直径时,再锻成八角形,最后打成圆形,如图 3-15 所示。

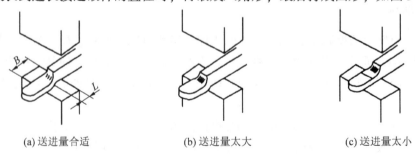

图 3-13 拔长时的送进方向和送进量

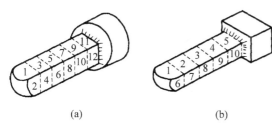 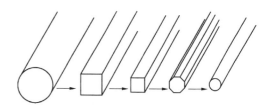

图 3-14 拔长时锻件的翻转方法　　　图 3-15 圆截面坯料拔长时截面的变化

④锻制台阶或凹档:要先在截面分界处压出凹槽,称为压肩。

⑤修整:拔长后要进行修整,以使截面形状规则。修整时坯料沿砧铁长度方向(纵向)送进,以增加锻件与砧铁间的接触长度和减少表面的锤痕。

(3) 冲孔

冲孔是在锻件上冲出通孔或不通孔的工序。分单面冲孔和双面冲孔。单面冲孔适用于坯料较薄场合。冲孔操作的工艺要点如下:

①为了减小孔的深度并使端面平整,冲孔前坯料应先镦粗。

②由于冲孔时锻件局部变形量很大,为了防止冲裂,应将工件加热到始锻温度。

③为了保证孔的位置应先试冲,当位置准确后再冲深。

④冲孔过程中应保证冲子的轴线与锤杆中心线(锤击方向)平行,以防将孔冲歪。

⑤锻件高度和孔径之比小于 0.125 的薄锻件,多采用图 3-16(a)的实心冲头单面冲孔法;厚锻件多采用双面冲孔法。试冲孔找正位置,加入煤粉,继续冲到孔深 2/3 ~ 3/4 时,取出冲头。翻转锻件,然后从反面将孔冲透,如图 3-16(b)、(c)所示。

(4) 弯曲

弯曲是使坯料弯成一定角度或形状的工序。常用的弯曲方法有:

①用大锤将压紧的坯料打弯;

②在胎模中弯曲,如图 3-17 所示。

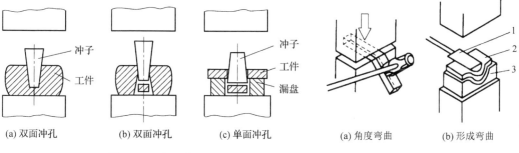

(a) 双面冲孔　　(b) 双面冲孔　　(c) 单面冲孔　　　(a) 角度弯曲　　(b) 形成弯曲

图 3-16　冲　孔　　　　　　　　　　图 3-17　弯　曲

1—成形压铁　2—工件　3—成形垫铁

(5) 扭转

扭转是将坯料的一部分相对另一部分绕着轴线旋转一定角度的工序。扭转操作的工艺要点如下：

① 受扭部分表面必须光滑，断面全长须均匀，交界处须有圆角过渡，以免扭裂。
② 受扭部分应加热到金属允许的较高的始锻温度，并且加热均匀。
③ 扭转后，应缓慢冷却或热处理。

(6) 切割

切割是将坯料分割开或部分割裂的工序。方料切割如图 3-18(a) 所示。先将剁刀垂直切入锻件，至快断时，将锻件翻转，再用剁刀或克棍截料。切断圆料时，如图 3-18(b) 所示，先将锻件放在圆形槽的剁垫中，边切割边旋转坯料。

(7) 错移

错移是将坯料一部分相对另一部分平移错开，但两部分轴线仍保持平行的锻造工序。错移前，应先在错移部位压肩，然后再锻打错开，最后再修整，如图 3-19 所示。

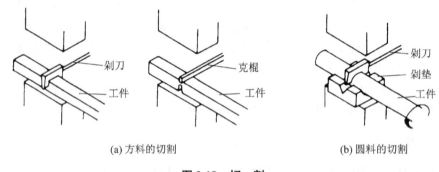

(a) 方料的切割　　　　　(b) 圆料的切割

图 3-18　切　割

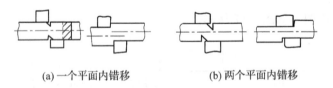

(a) 一个平面内错移　　　(b) 两个平面内错移

图 3-19　错　移

除上述基本工序外，还有压肩、修整等辅助工序和精整工序。

3.3.3　自由锻件结构工艺性

由于自由锻设备和工具简单，锻件外形受到很大限制，因此设计自由锻件时，除应满足使用性能外，还必须考虑锻造工艺的特点，一般应力求简单和规则，这样可使自由锻成形方便，节约金属，保证质量和生产率。其具体要求如表 3-4 所列。

表 3-4 自由锻件结构工艺性

结构要求	不合理的结构	合理的结构
尽量避免锥体或斜面		
避免几何体的交接处形成空间曲线(圆柱面与圆柱面相交或非规则外形)		
避免筋肋和凸台		
截面有急剧变化或形状较复杂时,采用几个简单件锻焊结合方式		

3.3.4 自由锻件常见缺陷及产生原因

自由锻造过程中常见缺陷及产生原因的分析如表 3-5 所列,产生的缺陷有的是坯料质量不良引起的,尤其以铸锭为坯料的大型锻件更要注意铸锭有无表面或内部缺陷;有的是加热不当、锻造工艺不规范、锻后冷却和热处理不当引起的。对锻造缺陷,要根据不同情况下产生不同缺陷的特征进行综合分析,并采取相应的纠正措施。

表 3-5 自由锻件常见缺陷主要特征及产生原因

缺陷名称	主要特征	产生原因
表面横向裂纹	拔长时,锻件表面及角部出现横向裂纹	原材料质量不好;拔长时进锤量过大
表面纵向裂纹	墩粗时,锻件表面出现纵向裂纹	原材料质量不好;墩粗时压下量过大
中空纵裂	拔长时,中心出现较长甚至贯穿的纵向裂纹	未加热透,内部温度过低;拔长时,变形集中于上下表面,心部出现横向拉应力
弯曲、变形	锻造、热处理后弯曲与变形	锻造矫直不够;热处理操作不当
冷硬现象	锻造后锻件内部保留冷变形组织	变形温度偏低;变形速度过快;锻后冷却过快

3.3.5 典型自由锻件工艺举例

图 3-20 为齿轮坯自由锻件图,其自由锻工艺过程如表 3-6 所列。

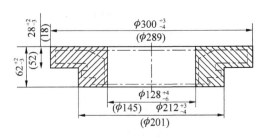

图 3-20 齿轮锻件图

表 3-6 齿轮坯的自由锻工艺过程

序号	工序名称	工序简图	使用工具	操作要领
①	镦粗	$\phi 160 \times 124$	火钳	为除去氧化铁皮用平砧镦粗至 $\phi 160mm \times 124mm$
②	垫环局部镦粗	$\phi 288$, $\phi 160$, 40	火钳 镦粗垫环	由于锻件带有单面凸肩,坯料直径比凸肩直径小,采用垫环局部镦粗
③	冲孔	$\phi 80$	火钳 $\phi 80mm$ 冲子	双面冲孔
④	扩孔	$\phi 128$	火钳 $\phi 105mm$ 和 $\phi 128mm$ 冲子	扩孔分两次进行,每次径向扩孔量分别为 $25mm$,$23mm$
⑤	修整	$\phi 212$, 62, $\phi 128$, $\phi 300$, 28	火钳 冲子 镦粗漏盘	边旋边轻打至外圆 $\phi 30^{+3}_{-4}mm$ 后,轻打平面至 $62^{+2}_{-3}mm$

3.4 胎模锻

胎模锻是用自由锻的设备,并使用简单的非固定模具(胎模)生产模锻件的一种工艺方法。与自由锻相比,胎模锻具有生产率高、粗糙度值低、节约金属等优点;与模锻相比,既节约了设备投资,又大大简化了模具制造。但是胎模锻生产率和锻件质量都比模锻差,劳动强度大,安全性差,模具寿命低。因此,这种锻造方法只适合于小型锻件的中、小批量生产。在缺乏模锻设备的中小型工厂大多采用。常用的胎模结构有：

①摔子：如图 3-21 所示。摔子主要用于回转体锻件的制坯及局部成形。它工作时应不断的旋转坯料；锻造时既不产生飞边，又不产生毛刺。

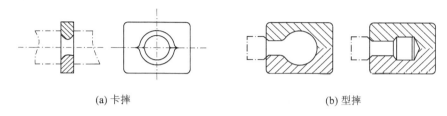

(a) 卡摔　　　　　　　　　　(b) 型摔

图 3-21　摔子结构图

②扣模：如图 3-22 所示。扣模主要用于非回转体锻件的对称或不对称形的制坯或成形。

③套模：套模有分开式套模和闭式套模 2 种，如图 3-23 所示。开式套模只有下模，锻造时上砧铁起上模的作用。坯料在套模中以镦粗或镦挤方式成形。常用的有无下垫开式套模、跳模、有下垫开式套模、组合套模等。闭式套模一般由模套、冲头和下垫组成。锤击力通过冲头作用在坯料上，使之在封闭的模膛内成形。闭式套模主要用于锻造端面带有凸凹形状或中部具有凹挡的回转体锻件，如齿轮、法兰盘、工字齿轮等，有时也用于锻造非回转体锻件。

④合模：通常由上模和下模两部分组成，为了使上下模吻合及避免产生错模，经常用导柱等定位。主要用于形状复杂的非回转体锻件的终锻成形，如图 3-24 所示。

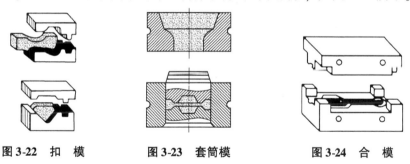

图 3-22　扣　模　　　　图 3-23　套筒模　　　　图 3-24　合　模

3.5　模锻

将加热的金属坯料，放在与锻件形状相适应的锻模模膛内，在冲击力或压力作用下，使坯料在模膛所限制的空间内变形，最终得到和模膛形状相符的锻件的方法称为模锻。

模锻与自由锻相比有以下特点：
①锻件形状可以比较复杂，用模膛控制金属的流动，可生产较复杂锻件（图 3-25）。
②力学性能高，模锻使锻件内部的锻造流线比较完整。
③锻件加工质量较高，表面光洁，尺寸精度高，节约材料与机加工工时。

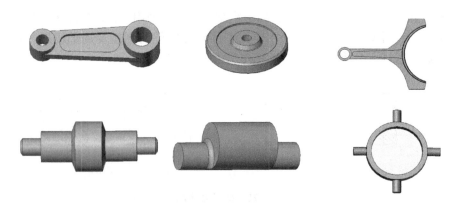

图 3-25 典型模锻件

④生产率较高,操作简单,易于实现机械化,批量越大成本越低。

⑤设备及模具费用高,设备吨位大,锻模加工工艺复杂,制造周期长。

⑥模锻件不能太大,质量一般不超过 150 kg。

因此,模锻只适合中、小型锻件批量或大批量生产。

按所用设备不同,模锻可分为:锤上模锻及压力机上模锻等。

3.5.1 模锻设备

按所使用设备的不同,模锻分为锤上模锻、曲柄压力机上模锻、摩擦压力机上模锻、平锻机上模锻等。下面主要介绍锤上模锻。

锤上模锻所用设备为模锻锤,由它产生的冲击力使金属变形,图 3-26 所示为一般常用的蒸汽-空气模锻锤,它的砧座 3 比相同吨位自由锻锤的砧座增大约 1 倍,并与锤身 2 连成一个封闭的刚性整体,锤头 7 与导轨之间的配合也比自由锻精密,因锤头的运动精度较高,使上模 6 与下模 5 在锤击时对位准确。

蒸汽-空气模锻锤有 3 个工作循环。

①锤头上下摇动:锤头在导轨上部做上下往复运动,上升时,到达最高位置,下降时,上锻模并不接触下锻模。

②单次锤击:当锤头上升到近于行程上顶点时,踩下脚踏板,锤头便向下打击,根据脚踏板压下高度的不同,就能得到不同力量的打击。

③调节的连续锻击:连续锻击不能自动进行,必须不断调节操纵机构,即松开脚踏板在锤头上升到近于行程上顶点时,马上再踩下脚踏板,这样连续地踩下和松开脚踏板,使在两次锻击之间不插入上下摇动循环,便得到调节的连续锻击。

3.5.2 锻模

3.5.2.1 锻模结构

锤上模锻生产所用的锻模如图 3-27 所示。带有燕尾的上模 2 和下模 4 分别用楔铁 10、7 固定在锤头 1 和模垫 5 上,模垫用楔铁 6 固定在砧座上。上模随锤头做上下往复运动。

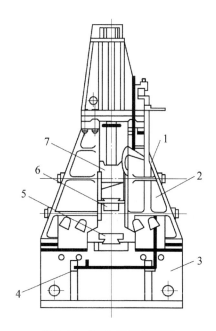
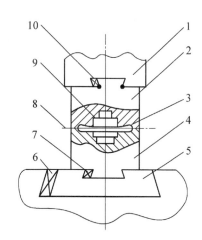

图 3-26 蒸汽-空气模锻锤
1—操纵机构 2—锤身 3—砧座
4—踏杆 5—下模 6—上模 7—锤头

图 3-27 锤上锻模
1—锤头 2—上模 3—飞边槽 4—下模 5—模垫
6、7、10—楔铁 8—分模面 9—模膛

3.5.2.2 模膛的类型

根据模膛作用的不同，可分为制坯模膛和模锻模膛 2 种。

（1）制坯模膛

对于形状复杂的模锻件，为了使坯料形状基本接近模锻件形状，使金属能合理分布和很好地充满模锻模膛，就必须预先在制坯模膛内制坯。制坯模膛（图 3-28）有以下几种：

①拔长模膛：用来减小坯料某部分的横截面积，以增加该部分的长度。

②滚压模膛：在坯料长度基本不变的前提下，用它来减小坯料某部分的横截面积，以增大另一部分的横截面积。

③弯曲模膛：对于弯曲的杆类模锻件，需采用弯曲模膛来弯曲坯料。

④切断模膛：它是在上模与下模的角部组成的一对刀口，用来切断金属，如图 3-29 所示。

(a) 拔长模膛　　(b) 滚压模膛　　(c) 弯曲模膛

图 3-28 常见的制坯模膛

(2) 模锻模膛

由于金属在此种模膛中发生整体变形，故作用在锻模上的抗力较大。模锻模膛又分为终锻模膛和预锻模膛 2 种。

终锻模膛的作用是使坯料最后变形到锻件所要求的形状和尺寸，因此它的形状应和锻件的形状相同。考虑到收缩，终锻模膛的尺寸应比锻件尺寸放大一个收缩量，钢件收缩率取 1.5%。另外，模膛四周有飞边槽，用以增加金属从模膛中流出的阻力，使金属更好地充满模膛，同时容纳多余的金属。对于具有通孔的锻件，由于不可能靠上、下模的凸起部分把金属完全挤压到旁边去，故终锻后在孔内留有一薄层金属，称为冲孔连皮（图 3-30）。因此，把冲孔连皮和飞边冲掉后，才能得到具有通孔的模锻件。

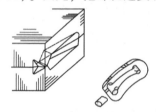

图 3-29　切断模膛

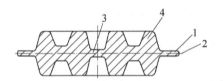

图 3-30　带有飞边槽和冲孔连皮的模锻件

1—飞边　2—分模面　3—冲孔连皮　4—锻件

预锻模膛的作用是使坯料变形到接近于锻件的形状和尺寸，然后进入终锻模膛。预锻模膛与终锻模膛的主要区别是，前者的圆角和斜度较大，没有飞边槽。对于形状简单或批量不够大的模锻件也可以不设预锻模膛。

根据模锻件的复杂程度不同，所需变形的模膛数量不等，可将锻模设计成单膛锻模或多膛锻模。多膛锻模是在一副锻模上具有两个以上模膛的锻模。如弯曲连杆模锻件的锻模即为多膛锻模，如图 3-31 所示。

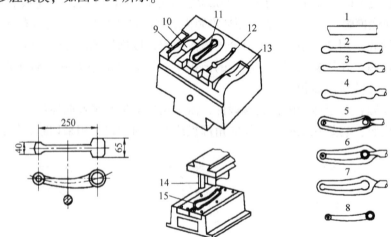

图 3-31　弯曲连杆多膛模锻

1—原始坯料　2—拔长　3—滚压　4—弯曲　5—预锻　6—终锻　7—飞边　8—锻件　9—拔长模膛
10—滚压模膛　11—终锻模膛　12—预锻模膛　13—弯曲模膛　14—切边凸模　15—切边凹模

3.6 板料冲压

利用装在压力机上的冲模,使板料分离或变形,从而获得所需形状和尺寸的毛坯或零件的加工方法,称作板料冲压。通常不需加热,故又称冷冲压。冲压件尺寸精确,表面粗糙度 Ra 值较小,一般不需要再进行机械加工。

3.6.1 冲压设备

冲压设备有压力机、剪板机、弯曲成形机等。

剪板机的用途是将板料切成一定宽度的条料或块料,为冲压生产作坯料准备。

压力机是冲压的基本设备,又称冲床。常用的开式双柱可倾式压力机如图 3-32 所示。电动机通过 V 形传动带、齿轮等减速系统带动大齿轮旋转。踩下踏板后,离合器闭合,曲轴旋转,再经连杆带动滑块,沿导轨作上、下往复运动,进行冲压工作。如果踏板踩下后立即抬起,滑块冲压一次后便在制动器作用下,停止在最高位置;如果踏板不抬起,滑块就连续进行冲压。

表示冲床性能的主要参数:

① 公称压力:是冲床工作时,滑块上所允许的最大作用力,常用吨(t)表示。

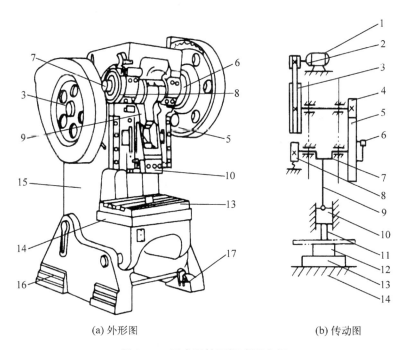

(a) 外形图   (b) 传动图

图 3-32 开式双柱可倾式压力机

1—电动机 2—小带轮 3—大带轮 4—小齿轮 5—大齿轮 6—离合器
7—曲轴 8—制动器 9—连杆 10—滑块 11—上模 12—下模
13—垫板 14—工作台 15—机身 16—底座 17—脚踏板

②滑块行程：是滑块从最上位置到最下位置所走过的距离。行程等于曲柄半径的2倍，单位用 mm 表示。

③封闭高度：是滑块在行程达到最下位置时，其下表面到工作台面的距离(mm)。冲床的封闭高度应与冲模的高度相适应。冲床连杆的长度一般都是可调的、调节连杆的长度即可对冲床的封闭高度进行调整。

3.6.2 冲模

冲模是使板料分离或变形的工具。典型冲模的结构如图3-33所示。冲模一般分上模和下模两部分。上模用模柄固定在冲床滑块上；下模用螺栓紧固在工作台上。

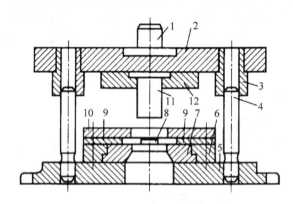

图 3-33　典型的冲模结构
1—模柄　2—上模板　3—导套　4—导柱　5—下模板　6、12—压板
7—凹模　8—定位销　9—导料板　10—卸料板　11—凸模

冲模各部分的作用如下：

①凸模与凹模：凸模又称冲头，它与凹模共同作用，使板料分离或变形，是冲模的核心部分。

②导板和定位销：导板用以控制坯料的进给方向；定位销用来控制坯料的进给量。

③卸料板：其作用是冲压后使凸模从工件或坯料中脱出。

④模架：由上、下模板、导柱和导套等组成。上模板用以固定凸模、模柄等零件；下模板用以固定凹模、送料和卸料构件等。导套和导柱分别固定在上、下模板上，用以保证上、下模对准。

3.6.3 板料冲压基本工序

板料冲压工序可分为两大类：

①分离工序：是使坯料的一部分与另一部分产生分离的工序。如落料、冲孔、切断和修整等，其工序实质及应用如表3-7所列。

②成形工序：是使坯料的一部分相对另一部分产生位移而不破裂的工序，如弯曲、拉深、成形和翻边等。成形工序的种类、特点及应用如表3-8所列。

第3章 锻压 69

表 3-7 分离工序

工序名称	简 图	实质及应用
落料	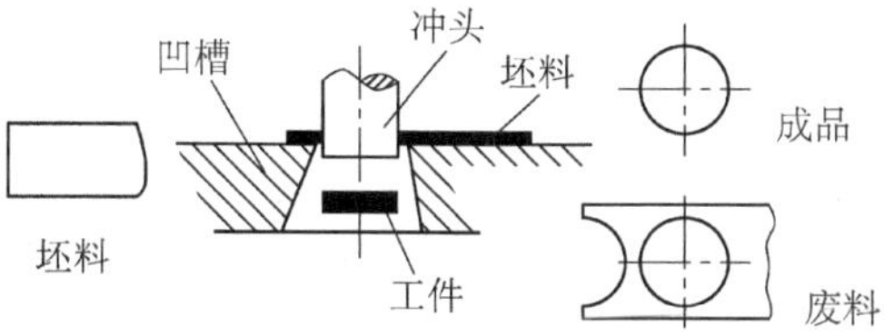	用冲模沿封闭轮廓分离的工序，冲下部分是成品，剩下部分是废品。凸模和凹模之间的间隙很小，刃口锋利
冲孔	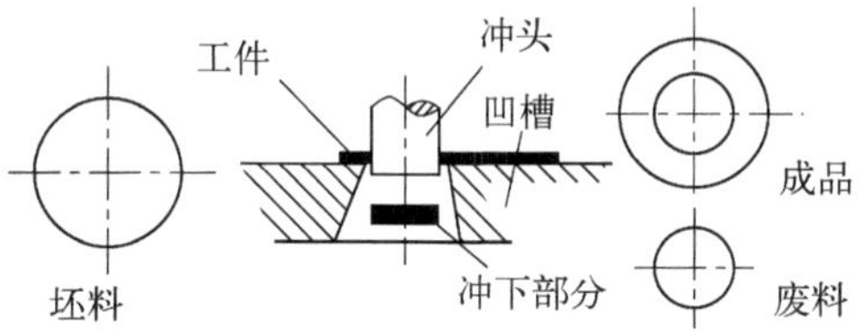	冲孔是用冲模沿封闭轮廓分离的工序，冲下部分是废料，剩下部分是成品。凸模和凹模之间的间隙很小，刃口锋利
切断	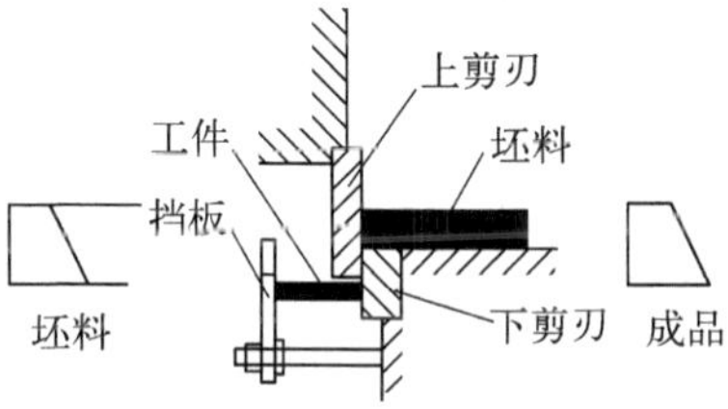	切断是用剪刃或冲模沿不封闭轮廓切断，多用于加工形状简单的平板工件或废料

表 3-8 成形工序

工序	定 义	示 意 图	特点及操作注意事项	应 用
弯曲	将板料、型材或管材在弯矩作用下弯成具有一定曲率和角度的成形工序	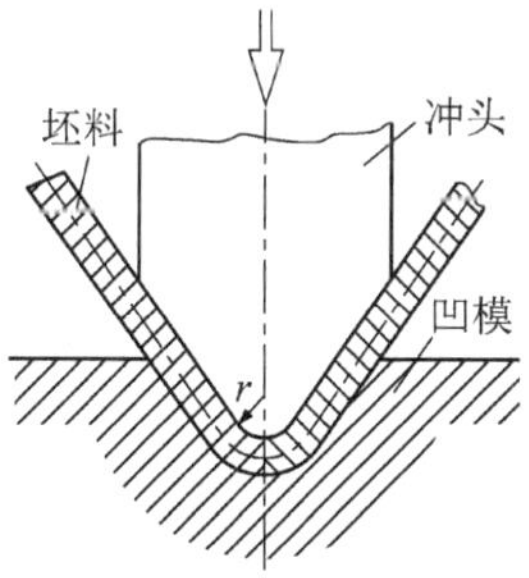	(1) 弯曲件有最小弯曲半径的限制 (2) 凹模工作部位的边缘要有圆角，以免拉伤冲压件	制造各种弯曲形状的冲压件
拉深（拉延）	将冲裁后得到的平板坯料制成杯形或盒形冲压件，而厚度基本不变的加工工序	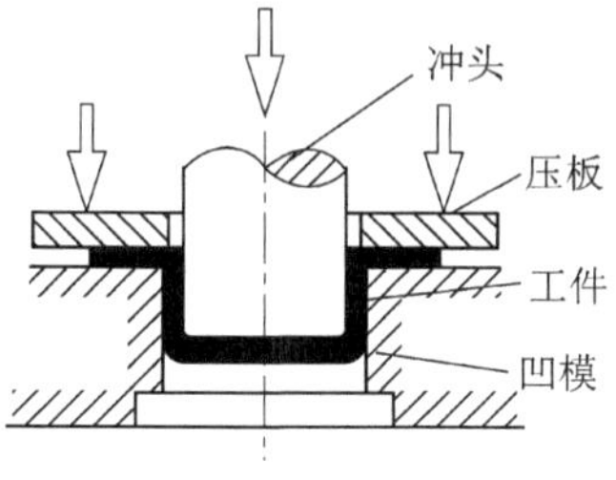	(1) 凸凹模的顶角必须以圆弧过渡 (2) 凸凹模的间隙较大，等于板厚的 1.1~1.2 倍 (3) 板料和模具间应有润滑剂 (4) 为防止起皱，要用压板将坯料压紧	制造各种杯形或盒形冲压件

（续）

工序	定义	示意图	特点及操作注意事项	应用
翻边	在带孔的平坯料上用扩孔的方法获得凸缘或把边缘按曲线或圆弧弯成竖直的边缘的工序	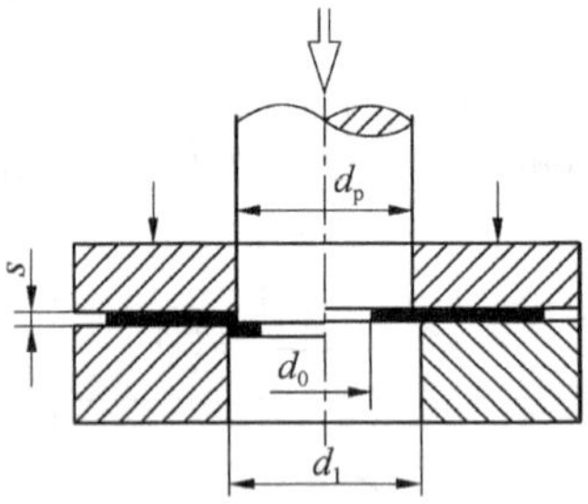	(1) 如果翻边孔的直径超过允许值，会使孔的边缘造成破裂 (2) 对凸缘高度较大的零件，可采用先拉深后冲孔再翻边的工艺来实现	制造带有凸缘或具有翻边的冲压件

本章小结

锻压包括锻造和冲压两大类：

① 锻造是将金属坯料放在砧铁或模具之间，施加锻压力以获得毛坯或零件的方法。锻件的生产过程主要包括下料—加热—锻打成形—冷却—热处理等。锻造可分为自由锻造、胎模锻造和模型锻造等。

② 冲压是利用装在冲床上的冲模，使金属板料产生塑性变形或分离，以获得零件的方法。冲压包括冲裁、拉深、弯曲、成形和胀形等，属于金属板料成形。

思考题

1. 锻件和铸件相比有哪些不同？
2. 锻造前，金属坯料加热的作用是什么？加热温度是不是越高越好？
3. 什么叫锻造温度范围？常用钢材的锻造温度范围大约是多少？
4. 氧化、脱碳、过热、过烧的实质是什么？它们对锻件质量有何影响？应如何防止？
5. 自由锻、模锻、胎模锻各有哪些特点？
6. 锻件锻造后有哪几种冷却方式？各自的适用范围如何？
7. 胎模按结构形式不同，可分为哪几种类型？
8. 镦粗有哪几种，它们对坯料高度和直径之比有何限制？
9. 拔长时送进量大小，对拔长效率和质量有何影响？合适的送进量是多少？
10. 板材成形工序有哪几种？各自特点是什么？
11. 板料冲压有何特点？应用范围如何？

第 4 章
焊接与切割实训

[本章提要]

　　焊接是工业生产中一种重要的生产方法。了解焊接与切割作业的安全操作知识，掌握手工电弧焊、气焊、气割的基本操作方法以及焊接工艺与焊接缺陷的方法是本章重点的内容。

4.1　焊接基础知识

4.2　焊条电弧焊

4.3　气焊和气割

4.4　其他焊接简介

4.5　焊接质量分析

4.1 焊接基础知识

4.1.1 焊接原理

焊接是现代工业生产中广泛使用的一种金属的连接方法。它是利用加热或加压(或加热并加压)，并且利用或不用填充材料，通过原子间的结合与扩散，使同种或异种材质的两部分金属牢固、永久地结合起来的工艺。

在焊接方法广泛应用以前，连接金属的主要方法是铆接。与铆接相比，焊接具有节省金属材料、连接质量优良、生产率高、劳动条件好等优点。

在机械制造工业中，广泛应用焊接技术制造各种金属构件，如厂房屋架、桥梁、船体、机车车辆、汽车、飞机、火箭、锅炉、压力容器、管道、起重机等的构件；焊接也常用来制造及其零件(或毛坯)，如重型机械、冶金和锻压设备的机架、底座、箱体、轴、齿轮等。此外，焊接还常用于修补铸件、锻件缺陷和局部受损坏的零件，具有很高的经济性。

焊接也存在一些缺点，比如焊缝及热影响区受到焊接热的影响容易出现贝氏体、马氏体等淬硬组织，导致焊接接头的韧性下降；焊件容易残留焊接应力；焊接质量受到焊接工人水平和管理水平的影响等。但是这些缺陷随着焊接工艺和焊接设备技术的发展已得到很大的改善。

4.1.2 焊接方法的分类

(1) 焊接方法的分类

按照焊接过程的特点，焊接可以分为熔化焊、压力焊和钎焊三大类。

①熔化焊：是将待连接的金属在连接处局部加热到熔化状态，然后冷却凝固成一体，整个过程不需要加压。常用的熔化焊的方法有焊条电弧焊、气焊、埋弧焊、CO_2气体保护焊、氩弧焊和电渣焊等。

②压力焊：是焊接过程中必须对焊件施加一定的压力(加热或不加热)的焊接方法。常用的有电阻焊、摩擦焊、扩散焊等。

③钎焊：是采用比母材熔点低的金属材料作钎料，将钎料加热到熔点温度，但又低于母材熔点的温度，利用钎料的流动填充到接头的间隙，并与母材相互扩散实现连接焊件的方法。钎焊主要分为软钎焊和硬钎焊。

(2) 常见焊接方法的基本原理及主要用途

其基本原理及主要用途如表4-1所列。

表 4-1　金属焊接的基本原理及应用范围

焊接方法		基本原理	应用范围
熔化焊	焊条电弧焊	利用电弧作为电源熔化焊条和母材而形成焊缝的一种手工操作方法。焊条电弧电弧作业的温度可达 6 000~8 000℃	应用范围较广，尤其适用于焊接短焊缝及全位置焊接
	埋弧焊	电弧在焊剂层下燃烧，利用焊剂覆盖在熔池表面，使空气不能进入熔池。焊丝的送进及电弧的移动可实现自动化、机械化操作，焊缝质量稳定，成形美观	适用水平位置焊接的长、直以及环焊缝的焊接。比如锅炉的焊接
	气焊	利用氧气—乙炔火焰或其他火焰加热母材、焊丝和焊剂而达到焊接的目的。火焰温度约为 3 000℃	适用于焊接薄件、有色金属和铸铁等材料
	等离子弧焊	利用气体充分电离后，再经过机械收缩、气流收缩和磁收缩效应而产生的一束高温热源来进行焊接。焊接温度可达 20 000℃	适用于焊接不锈钢、耐热钢，铜及铜合金，钛及钛合金以及钼、钨及其合金
	激光焊	利用偏光镜反射激光产生的光束使其集中在聚焦装置中产生巨大能量的光束，在几毫秒内将焊接部位熔化而达到焊接的目的	适用于绝缘材料、异种金属、金属与非金属的焊接。主要用在微型精密、排列密集和热敏感焊件上的焊接
	电子束焊	利用加速和聚焦的电子束轰击置于真空或非真空中的焊件所产生的热能进行焊接的方法	适用于各种难熔金属（钛、钼等）、活性金属（除锡、锌等低沸点元素含量多的合金外）以及各种合金钢、不锈钢等的焊接。即可用于焊接薄壁、微型结构，又焊接接厚板结构。如微型电子线路组件、大型导弹外壳、原子能设备的厚壁结构以及轴承、齿轮组合件等
	气体保护焊	利用气体作为电弧介质并保护电弧和焊接区的电弧焊。分为 CO_2 体保护焊和氩弧焊	CO_2 体保护焊主要用于焊接 30 mm 以下厚度的低碳钢和部分低合金结构钢焊件；氩弧焊主要用于不锈钢以及有色金属的焊接
	电渣焊	利用电流通过熔渣产生的熔渣电阻热加热、熔化母材与电极（填充金属）的一种焊接方法	适用于板厚 40mm 以上结构的焊接。一般用于直缝焊接，也可用于环缝焊接，如水压机、轧钢机、水轮机等重型机械的焊接
压力焊	电阻焊	利用电流通过焊件接触面时产生的电阻热，并加压进行的焊接方法。分为点焊、对焊和缝焊。点焊和缝焊是焊接加热到局部熔融状态；对焊时焊件加热到塑性状态或表面熔化状态	适用于薄板、棒材、管材等的焊接。比如汽车车门的焊接、密封容器的焊接
	摩擦焊	利用焊件接相互摩擦产生的热量将母材加热到塑性状态，然后加压形成焊接接头	适用于钢及有色金属及异种金属材料的焊接
	扩散焊	将焊件紧密贴合，在一定温度和压力下保持一段时间，使接触面之间的原子相互扩散形成连接的焊接方法	可焊接多种同类金属及其合金以及气体焊接方法难以连接成形的材料
	爆炸焊	利用炸药爆炸产生的冲击力造成工件迅速碰撞而实现焊接的方法	适用于焊接异种金属，如铝、铜、钛、镍、钽、不锈钢与碳钢的焊接，铝与铜的焊接等
	钎焊	利用比母材熔点低的金属材料作为钎料，用液态钎料润湿母材和填充工件接口间隙并使其与母材相互扩散的焊接方法	适用于制造精密仪表、电气零部件、异种金属构件以及复杂薄板结构，也用于钎焊各类硬质合金刀具

4.1.3 焊接设备的分类和选用原则

(1) 焊接设备的分类

焊接设备为焊接过程提供了焊接所需的能量。主要的焊接设备的外形如图4-1所示。其分类如下：

①焊条电弧焊机：交流弧焊机、整流弧焊机、发电式弧焊机、逆变弧焊机。

②埋弧焊机：丝级埋弧焊机、带级埋弧焊机。

③气体保护焊机：CO_2体保护焊机、氩弧焊机（熔化极氩弧焊机、钨极氩弧焊机）。

④电阻焊机：点焊机、凸焊机、缝焊机、对焊机。

⑤其他焊机：电渣焊机、等离子弧焊机、高频焊机、电子束焊机、激光焊机、超声波焊机、摩擦焊机、真空扩散焊机、钎焊机。

图4-1 主要的焊接设备外形

图 4-1 （续）

(2) 焊接设备的选用原则

①适用性原则：应当从焊接工程生产实际的需要和施工条件出发按对焊接接头的质量要求、拟采用的焊接方法和焊接工艺合理选用焊接设备使其在焊接生产中充分发挥应有的效能。

②经济性原则：经济性为一种综合性指标应考虑设备的性价比在技术特性和质量与价格之间作出选择时首先应服从前者。其次考虑设备的可靠性、使用寿命和可维修性。

③先进性原则：选购技术先进自动化程度高的焊接设备不仅可提高焊接生产率改善焊接质量，而且可降低生产成本产生相当高的经济效益。虽然先进焊接设备的投资额较高，但设备投运后所产生的效益将成倍翻番。

④安全性原则：所有工业生产中使用的焊接设备必须完全符合相应国家标准和行业标准中有关安全技术的规定。

4.1.4 安全生产和劳动保护知识

安全生产是指企事业单位在生产经营活动中，为避免造成人员伤害和财产损失的事故而采取相应的事故预防和控制的措施。以保证从业人员的人身安全，保证生产活动得以顺利进行的相关活动。

安全生产是安全与生产的统一，其宗旨是安全促进生产，生产必须安全。搞好安全工作，改善劳动条件，可以调动职工的生产积极性；减少职工伤亡，可以减少劳动力的损失；减少财产损失，可以增加企业效益，无疑会促进生产的发展；而生产必须安全，则是因为安全是生产的前提条件，没有安全就无法生产。尤其是焊接操作工人经常与可燃气体、火焰、电弧光以及不同的钢结构件打交道。因此，必须要严格执行安全技术规程，严禁违反科学规律，以免造成设备和人身事故。

(1) 焊工安全生产的 10 个不焊

①非指定人员及无证人员禁止进行焊、割作业。

②重点要害部门及重要场所未经消防安全部门批准，未落实安全措施的，不能进行焊、割作业。

③不了解焊、割地点及周围情况（如该处是否能动用明火，有无易燃、易爆物品等）的，不能进行焊、割作业。

④不了解焊、割件内部是否有易燃、易爆危险性的，不能进行焊、割作业。

⑤盛装过易燃、易爆液体、气体的容器（如钢瓶、油箱、槽车、储罐等），未经过彻底置换、清洗，不能进行焊、割作业。

⑥用可燃材料（如塑料、软木等）作保温层、冷却层、隔音、隔热的部位或火星能飞溅到的地方，在未采取切实可靠的安全措施之前，不能进行焊、割作业。

⑦有压力或密封的导管、容器等，不能进行焊、割作业。

⑧焊、割部位附近还有易燃、易爆物品，在未作清理、未采取有效的安全措施之前，不能进行焊、割作业。

⑨未经消防、安全部门批准，在禁火区内，不能进行焊、割作业。

⑩附近有与明火作业相抵触的工种在作业（如油漆等）时，不能进行焊、割作业。

(2) 焊工操作的安全注意事项

①电焊机外壳，必须有良好的接零或接地保护，其电源的装拆应由电工进行。

②电焊机应放在防雨和通风良好的地方，焊接现场不准堆放易燃、易爆物品，使用电焊机和施焊时必须按规定穿戴防护用品。

③焊钳与把线必须绝缘良好、连接牢固，更换焊条应戴手套。在潮湿地点工作。应站在绝缘胶板或木板上。

④在梁段仓内施焊时，设备必须可靠接地、仓内通风良好，并应有人监护。严禁仓内输入氧气。

⑤焊接预热工件时，应有石棉布或挡板等隔热措施。

⑥把线、地线，禁止与钢丝绳接触，更不得用钢丝绳或机电设备代替零线。所有地线接头，必须连接牢固。

⑦更换场地移动把线时，应切断电源，并不得手持把线和机头爬梯登高。

⑧清除焊渣，采用电弧气刨清根时，应戴防护眼镜或面罩，防止铁渣飞溅伤人。

⑨雷雨天时，应立即停止露天焊接作业；更换场地移动把线机头时应切断电源。

⑩移动设备时应用手动叉车提升移动，不能强行推，拉和翻滚，以免造成设备损坏和电路漏电故障。

4.2 焊条电弧焊

利用电弧作为焊接热源的熔焊方法称为电弧焊。用手工操纵焊条进行焊接的电弧焊方法称为焊条电弧焊。操作时焊条和焊件分别作为 2 个电极,利用焊条和焊件之间产生的电弧热量来熔化焊件金属并形成熔池,待熔池金属冷却后形成焊缝。焊条电弧焊焊接过程如图 4-2 所示。

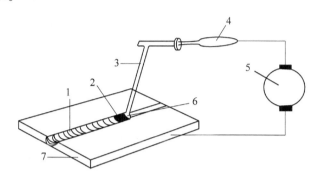

图 4-2　焊条电弧焊焊接过程示意图
1—焊缝　2—熔池　3—焊条　4—焊钳　5—电焊机　6—电弧　7—阴极区

焊条电弧焊所需要的设备简单,操作方便、灵活,是工业生产中应用最广泛的一种焊接方法,适用于厚度 2 mm 以上各种金属材料的焊接。

4.2.1 焊接电弧及焊接过程

(1) 焊接电弧

①电弧的产生:电弧是在焊条(电极)和工件之间强烈、稳定而持久的放电现象。当焊条与工件瞬时接触时发生短路,瞬间有强大的电流流经焊条与焊件的接触点,产生强烈的电阻热,并将焊条与工件表面加热到熔化。在焊条与工件间电场力的作用下,高温金属从负极表面发射电子,并撞击空气中的分子和原子,使空气电离成正离子和负离子。电子、负离子流向正极,正离子流向负极。这些带电质子的定向运动形成了焊接电弧。焊接电弧最高温度可达 6 000~8 000K,并散发出大量紫外线和红外线,对人体有害。因此,焊接时,要佩戴面罩及手套来保护眼睛和皮肤。

②焊接电弧的结构:焊接电弧由阴极区、阳极区和弧柱区 3 部分组成。其结构如图 4-3 所示。阳极区的温度约 2 600K,阴极区的温度约 2 400K,弧柱区的温度较高,一般为 5 000~50 000K。对于直流焊机而言,工件接阳极,焊条接阴极称为正接法,主要用于厚大工件的焊接;工件接阴极,焊条接阳极称为反接法,主要用于薄板件以及碱性 7 号焊条的焊接。直流焊机电源接法示意图如图 4-4 所示。

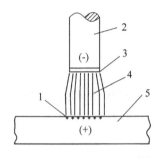

图 4-3 焊接电弧结构示意图
1—阳极区 2—焊条 3—阴极区
4—弧柱区 5—焊件

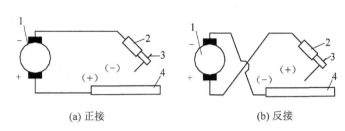

图 4-4 直流正接和反接接法
1—直流电焊机 2—焊钳 3—焊条 4—工件

(2) 焊条电弧焊的操作过程

用敲击法、滑擦法等引燃电弧,如图 4-5 所示。电弧使母材和焊条熔化形成熔池。熔化的药皮进入熔池形成熔渣浮在熔池表面,保护熔池不受空气侵害。药皮分解产生的气体围绕在电弧周围,起到隔绝空气的作用,从而保护了电弧和熔池。焊条向前移动,新的熔池形成,原来的熔池和熔渣冷却凝固形成焊缝和渣壳。

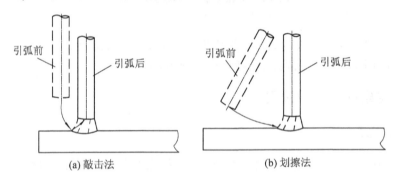

图 4-5 引弧方法

4.2.2 焊条电弧焊设备与工具

(1) 弧焊机

焊条电焊机的主要设备是弧焊机(即弧焊电源)。按电源的种类不同,可以分为弧焊变压器、直流弧焊发电机和弧焊整流器。

① 弧焊变压器:弧焊变压器实际上就是一个特殊的降压变压器。可以将 220V 或 380V 的电源电压降到 60~80V,以满足引弧的需要。焊接时,电压会自动下降到电弧正常工作所需的电压 20~40V。输出电流从几十安到几百安,可根据焊接的实际情况调节电流的大小。弧焊变压器结构简单、价格便宜、工作噪声小、使用可靠、维修方便。主要缺点是焊接时电弧不稳定,一般用于焊条电弧焊、埋弧焊和钨极惰性气体保护电弧焊等方法。

②直流弧焊发电机：电动机带动直流弧焊发电机旋转，发出满足焊接要求的直流电。直流弧焊发电机的制造较复杂，造价高、有运转噪声、消耗材料较多且效率较低，有渐被弧焊整流器取代的趋势。

③弧焊整流器：弧焊整流器是将交流电经降压器降压，并经整流元件整流变为直流电的形式输出而对焊接回路供电的一种弧焊电源。根据整流元件和获得外特性的控制方式不同，弧焊整流器可以分为硅整流弧整流器、晶闸管式弧焊整流器、晶体管式弧焊整流器和逆变式弧焊整流器。它既弥补了交流电焊机电弧稳定性不好的缺点，又比一般直流弧焊发电机结构简单、维修容易、噪声小。在焊接质量要求高或焊接 2 mm 以下薄钢件、有色金属、铸铁和特殊钢件时，适宜选用弧焊整流器。

电焊机的型号按统一规定编制，如图 4-6 所示，具体的含义如表 4-2 所列。

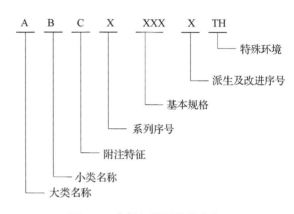

图 4-6　电焊机型号编排次序

表 4-2　电焊机型号代表字母及数字

第一字位		第二字位		第三字位		第四字位	
代表字母	大类名称	代表字母	小类名称	代表字母	附注特征	代表字母	系列序号
A	弧焊发电机	X P D	下降特性 平特性 多特性	省略 D Q C T H	电动机驱动 单纯的弧焊发电机 汽油机驱动 柴油机驱动 拖拉机驱动 汽车驱动	省略 1 2	直流 交流发电机整流 交流
B	弧焊变压器	X P	下降特性 平特性	L	高空载电压	省略 1 2 3 4 5 6	磁放大器或饱和电抗器式 动铁芯式 串联电抗器式 动圈式 晶闸管式 变换抽头式

(续)

第一字位		第二字位		第三字位		第四字位	
代表字母	大类名称	代表字母	小类名称	代表字母	附注特征	代表字母	系列序号
Z	弧焊整流器	X P D	下降特性 平特性 多特性	省略 M L E	一般电源 脉冲电源 高空载电压 交直流两用电源	省略 1 2 3 4 5 6 7	磁放大器或饱和电抗器式 动铁芯式 动圈式 晶体管式 晶闸管式 交换抽头式 逆变式

例1 BX1-330 型弧焊机。其含义是：B—交流变压器；X1—下降特性；330—额定电流为 330A。

例2 AX1-500 型弧焊发电机。其含义是：A—焊接发电机；X—下降特性；1—该品种中的序列号；500—额定电流为 500A。

例3 ZXG-330 型弧焊整流器。其含义是：Z—焊接整流器；X—下降特性；G—焊机采用硅整流元件；300—额定电流为 300A。

(2)焊接工具及防护用品

①焊接电缆：要求良好的导电性，线芯用紫铜制成，线皮为绝缘性橡胶。
②焊钳：作用是夹持焊条和传导电流。
③面罩：是防止焊接时的飞溅、弧光以及熔池和焊接的高温对焊工面部及颈部灼伤的遮蔽工具。用红色或褐色硬纸板，正面开有长方形孔，内嵌白玻璃或黑玻璃。
④敲渣锤：作用是敲掉覆盖在焊缝表面的焊渣以及周边的飞溅物。
⑤辅助工具：錾子、钢丝刷、锉刀、烘干箱、焊条保温筒等。
⑥其他防护用品：焊工专用手套、护脚、工作服和平光眼镜。

4.2.3 焊条

(1)焊条的组成及作用

焊条由焊芯和药皮两部分组成：

焊芯(埋弧焊时为焊丝)是组成焊缝金属的主要材料，其化学成分和非金属夹杂物的多少将直接影响焊缝质量。因此，结构钢焊条的焊芯应符合国家标准 GBI 300—1994《焊接用钢丝》的要求。常用的结构钢焊条焊芯的牌号和成分如表4-3所列。

焊芯具有较低的含碳量和一定的含锰量，硅的含量控制较严，硫、磷的含量较低。焊芯牌号中带"A"字符号者，其硫、磷含量不超过 0.03%。焊芯的直径即称为焊条直径，最小为 1.6 mm，最大为 8 mm，其中以 3.2~5 mm 的焊条应用最广。

表 4-3 碳素钢焊接钢丝的牌号和成分

钢号	化学成分/%							用途
	碳	锰	硅	铬	镍	硫	磷	
H08	≤0.10	0.30~0.55	≤0.03	≤0.20	≤0.30	<0.04	<0.04	一般焊接结构
H08A	≤0.10	0.30~0.55	≤0.03	≤0.20	≤0.30	<0.03	<0.03	重要的焊接结构
H08MnA	≤0.10	0.80~1.10	≤0.07	≤0.20	≤0.30	<0.03	<0.03	用作埋弧自动焊钢丝

在手工电弧焊时焊条中的药皮的主要作用是：善焊接工艺性能，使电弧燃烧稳定，飞溅少，焊缝成形好，易脱渣等；机械保护作用，利用药皮熔化后释放出的气体和形成的熔渣隔离空气，防止有害气体侵入熔池；冶金处理作用，去除有害杂质（如氧、氢、硫、磷）和添加有益的合金元素，使焊缝获得合乎要求的化学成分和力学性能要求。焊条药皮原料的种类、名称及其作用见表4-4。

表 4-4 焊条药皮原料的种类、名称及其作用

原料种类	原料名称	作用
稳弧剂	碳酸钾、碳酸钠、长石、大理石、钛白粉、钠水玻璃、钾水玻璃	改善引弧性能，提高电弧燃烧的稳定性
造气剂	淀粉、木屑、纤维素、大理石	造成一定量的气体，隔绝空气，保护焊接熔滴与熔池
造渣剂	大理石、萤石、菱苦土、长石、锰矿、钛铁矿、黏土、钛白粉、金红石	造成具有一定物理、化学性能的熔渣，保护焊缝。碱性渣中的CaO还可起脱硫、磷作用
脱氧剂	锰铁、硅铁、钛铁、铝铁、石墨	降低电弧气氛和熔渣的氧化性，脱除金属中的氧。锰还起脱硫作用
合金剂	锰铁、硅铁、铬铁、钼铁、钒铁、钨铁	使焊缝金属获得必要的合金成分
稀渣剂	萤石、长石、钛白粉、钛铁矿	增加熔渣流动性，降低熔渣黏度
黏结剂	钾水玻璃、钠水玻璃	将药皮牢固的粘在钢芯上

(2) 焊条的种类及牌号

焊接的应用范围非常广泛。为适应各个行业，各种材料和达到不同性能要求的焊条品种非常多。我国将焊条按化学成分划分为七大类，即碳钢焊条、低合金钢焊条、不锈钢焊条、堆焊焊条、铸铁焊条及焊丝、铜及铜合金焊条、铝及铝合金焊条等。其中应用最多的是碳钢焊条和低合金钢焊条。

焊条型号是国家标准中的焊条代号。碳钢焊条型号见 GB/T 5117—1995，如 E4303、E5015、E5016 等。"E"表示焊条；前两位数字表示焊缝金属的抗拉强度等级（单位为 kgf/mm^2，$1kgf/mm^2 = 9.80605MPa$）；第三位数字表示焊条的焊接位置，"0"及"1"表示焊条适用于全位置焊接（平、立、仰、横），"2"表示焊条适用于平焊及平角焊，"4"表示焊条适用于向下立焊；第四位数字组合时表示焊接电流种类及药皮类型，如"3"为钛钙型药皮，交流或直流正、反接，"6"为低氢钾型药皮，交流或直流反接。

焊条还可按熔渣性质分为酸性焊条和碱性焊条两大类。药皮熔渣中酸性氧化物（如

SiO_2、TiO_2、Fe_2O_3)比碱性氧化物(如 CaO、FeO、MnO、Na_2O)多的焊条为酸性焊条。此类焊条适合各种电源,操作性较好,电弧稳定,成本低,但焊缝塑性、韧性稍差,渗合金作用弱,故不宜焊接承受动载荷和要求高强度的重要结构件。熔渣中碱性氧化物比酸性氧化物多的焊条为碱性焊条。此类焊条一般要求采用直流电源,焊缝塑性、韧性好,抗冲击能力强,但操作性差,电弧不够稳定,价格较高,故只适合焊接重要结构件。

焊条牌号是焊条行业统一的焊条代号。焊条牌号一般用一个大写拼音字母和3个数字表示,如 J422、J507 等。拼音字母表示焊条的大类,如"J"表示结构钢焊条(碳钢焊条和普通低合金钢焊条用"A"表示奥氏体不锈钢焊条,"Z"表示铸铁焊条等;焊条前2位数字表示焊缝金属抗拉强度等级,最后一个数字表示药皮类型和电流种类,如表 4-5 所示。其中 1~5 为酸性焊条,6 和 7 为碱性焊条。

表 4-5 焊条药皮类型和电源种类编号

编号	1	2	3	4	5	6	7	8
药皮类型	钛型	钛钙型	钛铁矿型	氧化铁型	纤维素型	低氢钾型	低氢钾型	石墨型
电源种类	直流或交流	交、直流	交、直流	交、直流	交、直流	交、直流	直流	交、直流

(3)焊条的选用原则

选用焊条通常是根据焊件化学成分、力学性能、抗裂性、耐腐蚀性以及高温性能等要求,选用相应的焊条种类。再考虑焊接结构形状、受力情况、焊接设备条件来选定具体型号。

低碳钢和普通低合金钢构件,一般都要求焊缝金属与母材等强度,因此可根据钢材的强度等级来选用相应的焊条。

同一强度等级的酸性焊条或碱性焊条的选定,主要应考虑焊接件的结构形状(简单或复杂)、钢板厚度、载荷性质(静载或动载)和钢材的抗裂性能而定。通常对要求塑性好、冲击韧度高、抗裂能力强或低温性能好的结构,要选用碱性焊条。如果构件受力不复杂、母材质量较好,应尽量选用较经济的酸性焊条。

铸钢的含碳量一般都比较高,而且厚度较大,形状复杂,很容易产生焊接裂纹。一般应选用碱性焊条,并采取适当的工艺措施(如预热)进行焊接。

焊接不锈钢或耐热钢等有特殊性能要求的钢材,应选用相应的专用焊条,以保证焊缝的主要化学成分和性能与母材相同。

4.2.4 焊条电弧焊工艺及其操作

焊条电弧焊工艺主要包括焊接接头形式、焊缝空间位置和焊接工艺参数等。

(1)焊接接头形式

有对接、搭接、角接和T形接4种。接头形式的选择要根据焊件的厚度和工作条件不同来确定,如图 4-7 所示。

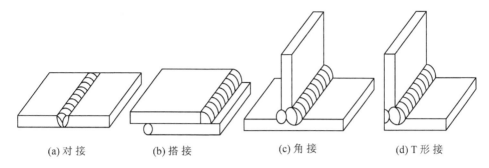

(a) 对接　　　(b) 搭接　　　(c) 角接　　　(d) T形接

图 4-7　焊接接头形式

接接头受力比较均匀,是用得最多的接头形式,重要受力焊缝应尽量选用这种接头。搭接接头因两工件不在同一平面,受力时将产生附加弯矩,而且金属消耗量也大,一般应避免采用。但搭接接头不需开坡口,装配时尺寸要求不高,对某些受力不大的平面连接与空间架构采用搭接接头可节省工时。角接接头与 T 形接头受力情况都较对接接头复杂些,但接头成直角或一定角度连接时,必须采用这类接头形式。

(2) 焊接坡口形式

坡口是根据设计或工艺需要,在焊件上的待焊部位加工并装配成的一定几何形状的沟槽。焊接坡口的基本形式和尺寸已经标准化,具体可查阅 GB/T 985.1—2008。选择坡口形式时,在保证工件焊透的情况下,必须考虑焊缝的熔合比、加工坡口的难易程度以及焊接的生产效率和焊接后焊接的变形情况等。

坡口常采用气割、刨削、车削等方法加工。手工电弧焊坡口形式如图 4-8 所示。

(a) I形坡口　　(b) V形坡口　　(c) U形坡口　　(d) X形坡口　　(e) K形坡口

图 4-8　焊接接头坡口形式

①I 形坡口:用于焊接板厚为 1~6 mm 焊件的焊接。为了保证焊透,接头处要留有 0~0.25 mm 的间隙。

②V 形坡口:用于板厚 6~30 mm 焊件的焊接。这种坡口加工方便。

③X 形坡口:用于板厚 12~40 mm 焊件的焊接。由于焊缝两面对称,所以这种坡口焊接时产生的焊接应力和变形小。

④U 形坡口:用于板厚 20~60 mm 焊件的焊接。这种坡口容易焊透,工件变形小,但是坡口的加工比较困难,需在专用设备上进行坡口的加工。

⑤K 形坡口:用于板厚 12~40 mm 焊件的焊接。

(3) 焊缝的空间位置

焊缝根据空间位置的不同,可以分为平焊、立焊、横焊和仰焊等,如图 4-9 所示。

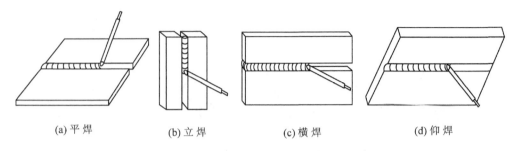

(a) 平焊　　　　(b) 立焊　　　　(c) 横焊　　　　(d) 仰焊

图 4-9　焊接空间位置示意图

(4) 焊接工艺参数的确定

焊接工艺参数是焊接时选定的诸多物理量的总称。合适的焊接工艺参数，对提高焊接质量和提高生产效率十分重要。

焊接工艺参数主要包括：焊条直径、焊接电流、电弧电压、焊接速度和焊道层数等。

① 焊条直径：根据焊件厚度来选择焊条直径。一般厚度越大，选用的焊条直径越粗。焊条直径与焊件厚度的关系如表 4-6 所示。

表 4-6　平焊时焊条直径的选择

焊件厚度/mm	2	3	4~5	6~12	>12
焊条直径/mm	2	3.2	3.2~4	4~5	5~6

② 焊接电流的确定：选择焊接电流时，要考虑的因素很多，如焊条直径、药皮类型、工件厚度、接头类型、焊接位置、焊道层次等。但主要由焊条直径来决定。焊条直径与焊接电流的关系如表 4-7 所列。

表 4-7　焊条直径与焊接电流的选择

焊条直径/mm	1.6	2.0	2.5	3.2	4.0	5.0	6.0
焊接电流/A	25~45	40~65	50~80	100~130	160~210	260~270	260~300

③ 电弧电压：电弧电压主要决定于弧长（焊芯端部与熔池之间的距离）。电弧长，则电弧电压高，电弧燃烧不稳定，熔池减小，飞溅增加，保护效果不好，容易产生焊接缺陷；电弧越短，电压越低，对保证焊接质量有利。在焊接过程中，焊接电弧一般不超过焊条直径。

④ 焊接速度：在保证焊缝所要求尺寸和质量的前提下，由操作者灵活掌握。速度过慢，热影响区加宽，晶粒粗大，变形也大；速度过快，易造成未焊透，未熔合，焊缝成形不良等缺陷。

⑤ 焊道层数的选择：焊件较厚时，为了焊满坡口，要采用多层焊或多层多道焊，如图 4-10 所示。焊道层数的选择主要考虑要保证焊缝金属有足够的塑性。

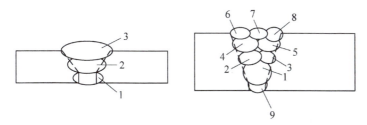

图 4-10 对接接头 Y 形坡口多层焊

(5) 焊条电弧焊的操作步骤

①引弧：电弧焊开始时，引燃焊接电弧的过程称为引弧。引弧的方法包括敲击法和划擦法。

敲击法：使焊条与焊件表面垂直地接触，当焊条的末端与焊件的表面轻轻一碰，便迅速提起焊条并保持一定的距离，立即引燃了电弧。操作时焊工必须掌握好手腕上下动作的时间和距离。

划擦法：先将焊条末端对准焊件，然后将焊条在焊件表面划擦一下，当电弧引燃后趁金属还没有开始大量熔化的一瞬间，立即使焊条末端与被焊表面的距离维持在 2~4mm 的距离，电弧就能稳定地燃烧。

如果发生焊条和焊件粘在一起时，只要将焊条左右摇动几下，就可脱离焊件，如果这时还不能脱离焊件，就应立即将焊钳放松，使焊接回路断开，待焊条稍冷后再拆下。

②运条：接过程中，焊条相对焊缝所做的各种动作的总称为运条。

运条包括沿焊条轴线的送进、沿焊缝轴线方向纵向移动和横向摆动 3 个动作。焊条沿轴线向熔池方向送进使焊条熔化后，能继续保持电弧的长度不变，因此要求焊条向熔池方向送进的速度与焊条熔化的速度相等。如果焊条送进的速度小于焊条熔化的速度，则电弧的长度将逐渐增加，导致断弧；如果焊条送进的速度太快，则电弧长度迅速缩短，焊条末端与焊件接触发生短路，同样会使电弧熄灭。

沿焊缝轴线方向纵向移动，此动作使焊条熔敷金属与熔化的母材金属形成焊缝。

焊条横向摆动的作用是为获得一定宽度的焊缝，并保证焊缝两侧熔合良好。其摆动幅度应根据焊缝宽底与焊条直径决定。横向摆动力求均匀一致，才能获得所要求的焊缝宽底和速度的焊缝。

③收尾：焊缝的收尾是指一条焊缝焊完后如何收弧。焊接结束时，要做好焊缝的收尾。收尾时还要维持正常的熔池温度，以利于焊缝的接头。收尾方式有多种，常用的有反复断弧收尾法、划圈收尾法、回焊收尾法以及转移收尾法等。

反复断弧收尾法：焊条移到焊缝终点时，在弧坑处反复熄弧、引弧数次，直到填满弧坑为止。此方法适用于薄板和大电流焊接时的焊缝收尾，但不适于碱性焊条的收尾。

划圈收尾法：焊条移到焊缝终点时，在弧坑处作圆圈运动，直到填满弧坑再拉断电弧，此方法适用于厚板的收尾。

转移收尾法：焊条移到焊缝终点时，在弧坑处稍作停留，将电弧慢慢抬高，再引到焊缝边缘的母材坡口内。这时熔池会逐渐缩小，凝固后一般不出现缺陷。适用于更换焊

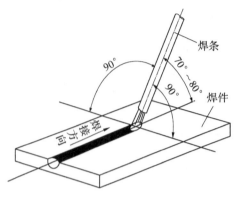
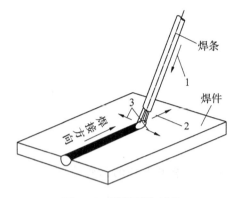

图 4-11 平焊的焊条角度

图 4-12 运条基本动作
1—向下送进 2—沿焊接方向移动 3—横向摆动

条或临时停弧的收尾。

在平焊位置的焊件表面上堆焊焊道称为堆平焊波。这是焊条电弧焊最基本的操作。初学者练习时,关键是要掌握好焊条角度和运条基本动作,保持合适的电弧长度和均匀的焊件速度,如图 4-11 和图 4-12 所示。

4.3 气焊和气割

4.3.1 气焊的特点和应用

气焊是利用气体火焰作热源,来熔化母材和填充金属的一种焊接方法。最常用的是氧乙炔焊,即利用乙炔(可燃气体)和氧(助燃气体)混合燃烧时所产生氧乙炔焰,来加热熔化工件与焊丝,冷凝后形成焊缝的焊接的方法,如图 4-13 所示。

乙炔利用纯氧助燃,与在空气中相比,能大大提高火焰温度(达 3 000℃以上)。它与电弧焊相比,气焊火焰的温度低,热量分散,加热速度缓慢,故生产率低,工件变形严重,焊接的热影响区大,焊接接头

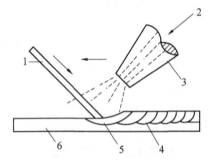

图 4-13 气焊过程示意图
1—焊丝 2—乙炔+氧气 3—焊嘴
4—焊缝 5—熔池 6—焊件

质量不高。但是气焊设备简单、操作灵活方便,火焰易于控制,不需要电源。所以气焊主要用于焊接厚度小于 3mm 以下的低碳钢薄板,铜、铝等有色金属及其合金,以及铸铁的焊补等。

4.3.2 气焊的设备与工具以及辅助器具

气焊设备有乙炔发生器(或乙炔瓶)、氧气瓶、减压器、回火保险器及焊炬等。

(1)气焊的设备与工具

①氧气瓶:氧气瓶是贮存和运输高压氧气的容器,容积一般为 40L,储氧的最大压力为 15MPa(兆帕)。按规定氧气瓶外表漆呈天蓝色,并用黑漆标明"氧气"字样。

氧气的助燃作用很大，如在高温下遇到油脂，就会有燃爆炸的危险。所以要正确地使用和保管氧气瓶：氧气瓶放置必须平稳可靠，不应与其他气瓶混在一起；气焊工作地与其他火源要距氧气瓶 5m 以上；禁止撞击氧气瓶；严禁沾染油脂等。

② 乙炔瓶：是贮存和运输乙炔的容器，其外形与氧气瓶相似，但其表面涂成白色，并用红漆写上"乙炔"字样。

在乙炔瓶内装有浸满丙酮的多孔性填料，丙酮对乙炔有良好的溶解能力，可使乙炔稳定而安全地贮存在瓶中。在乙炔瓶上装有瓶阀，用方孔套筒扳手启闭。使用时，溶解在丙酮中的乙炔就分离出来。通过乙炔瓶阀流出，而丙酮仍留在瓶内，以便溶解再次压入的乙炔。

③ 焊炬：是使乙炔和氧气按一定比例混合，并获得稳定气焊火焰的工具。常用的焊炬有低压焊炬和射吸式焊炬，如图 4-14 所示。

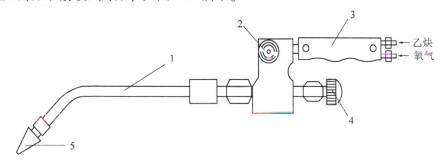

图 4-14　射吸式焊炬
1—混合管　2—乙炔阀门　3—手柄　4—氧气阀门　5—喷嘴

④ 减压器：减压器的作用是将高压氧气瓶中高压氧气减压至焊炬所需要的工作压力（0.1~0.3MPa）供焊接使用；同时减压器还有稳压作用，以保证火焰能稳定燃烧。减压器使用时，先缓慢打开氧气瓶阀门，然后旋转减压器的调节手柄，待压力达到所需要时为止；停止工作时，先松开调节螺钉，再关闭氧气瓶阀门。减压器有氧气减压器和乙炔减压器。减压器结构示意图如图 4-15 所示。

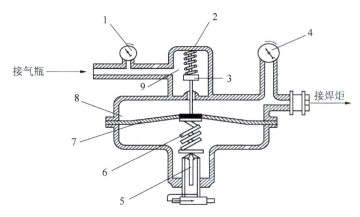

图 4-15　减压器结构示意图
1—高压表　2—活门弹簧　3—活门　4—低压表　5—调压螺钉
6—调压弹簧　7—薄膜　8—低压室　9—高压室

⑤回火保险器：是指装在乙炔发生器(或乙炔瓶)与焊炬之间的保险装置。它的主要作用是在氧气和气割过程中，由于气体供给不足、管道或焊嘴阻塞，发生火焰倒燃(回火)时，截留回火气体，防止乙炔发生器(或乙炔瓶)发生爆炸。

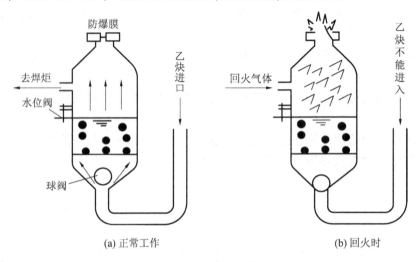

图 4-16 回火保险器

回火保险器一般有水封式和干式 2 种。水封式回火保险器原理如图 4-16 所示。用前先将水位加到水位阀高度。正常工作时，乙炔气推开球阀，经清洗后从气管送往焊炬。回火时，高温高压的回火气体，从出气管倒流回回火保险器，将水下压，使球阀关闭，切断气源，同时推开防爆膜将回火气体排入大气中，这样使乙炔不致回烧到乙炔发生器(或乙炔瓶)而造成事故。

(2)辅助器具与防护用具

①辅助器具：通针、橡皮管、点火器、钢丝刷、手锤、锉刀等。
②防护用具：气焊眼镜、工作服、手套、工作鞋、护脚布等。
气焊设备的连接如图 4-17 所示。

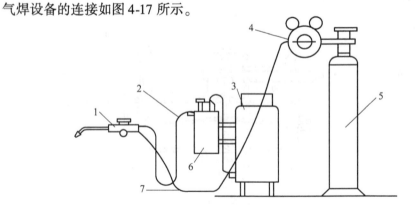

图 4-17 气焊设备及连接示意图

1—焊炬(枪)　2—乙炔胶管(红色)　3—乙炔发生器　4—减压器
5—氧气瓶　6—回火保险器　7—氧气胶管(黑色)

4.3.3 焊丝与焊剂

(1) 焊丝

焊丝是气焊时起填充作用的金属丝。焊丝的化学成分直接影响到焊接质量和焊缝的力学性能。各种金属焊接时,应采用相应的焊丝。在焊接低碳钢时,常用的气焊丝的牌号有 H08 和 H08A 等。焊丝的直径要根据焊件厚度来选择。焊丝使用前,应清除表面上的油脂和铁锈等。焊丝直径与焊件厚度的关系如表 4-8 所示。

表 4-8　焊丝直径与焊件厚度的关系

焊件厚度/mm	0.5~2	2~3	3~5	5~10
焊丝直径/mm	1~2	2~3	3~4	3~5

(2) 焊剂

焊剂在气焊时的作用是:保护熔池,减少空气的侵入,去除气焊时熔池中形成的氧化杂质;增加熔池金属的流动性。焊剂可预先涂在焊件的待焊处或焊丝上,也可在气焊过程中将高温的焊丝端部在盛装焊剂的器具中定时沾到焊丝上,再添加到熔池。

低碳钢气焊时一般不使用焊剂。在气焊铸铁、合金钢和有色金属时则需用相应的焊剂。用于气焊铸铁、铜合金时的焊剂为硼酸、硼砂和碳酸钠等;用于焊接不锈钢的焊剂为 101 等。

4.3.4 气焊火焰(氧乙炔焰)

氧与乙炔混合燃烧所形成的火焰称为氧乙炔焰。通过调节氧气阀门和乙炔阀门,可改变氧气和乙炔的混合比例得到 3 种不同的火焰:中性焰、氧化焰和碳化焰,如图 4-18 所示。

(a) 中性焰　　　　(b) 碳化焰　　　　(c) 氧化焰

图 4-18　气焊火焰

(1) 中性焰

当氧气与乙炔的体积比为 1~1.2 时,所产生的火焰称为中性焰,又称为正常焰。它由焰芯、内焰和外焰组成,靠近焊嘴处为焰芯,呈白亮色;其次为内焰,呈蓝紫色,此处温度最高,约 3 150℃,距焰心前端 2~4mm 处,焊接时应用此处加热工件和焊丝,最外层为外焰,呈橘红色。

中性焰是焊接时常用的火焰,用于焊接低碳钢、中碳钢、合金钢、紫铜、铝合金等材料。

(2) 碳化焰

当氧气和乙炔的体积比小于1时，则得到碳化焰。由于氧气较少，燃烧不完全。整个火焰比中性焰长，且温度也较低。碳化焰中的乙炔过剩，适用于焊接高碳钢、铸铁和硬质合金材料。用碳化焰焊接其他材料时，会使焊缝金属增碳，变得硬而脆。

(3) 氧化焰

当氧气和乙炔的体积比大于1.2时，则形成氧化焰。由于氧气较多，燃烧剧烈，火焰长度明显缩短，焰心呈锥形，内焰几乎消失，并有较强的丝丝声，氧化焰中由于氧多，易使金属氧化，故用途不广，仅用于焊接黄铜，以防止锌的蒸发。

4.3.5 气焊的基本操作

气焊操作时，一般右手持焊炬，将拇指位于乙炔开关处，食指位于氧气开关处，以便于随时调节气体流量。用其他三指握住焊炬柄，右手拿焊丝气焊的基本操作有：点火、调节火焰、施焊和熄火等几个步骤。

(1) 点火、调节火焰与熄火

点火时先微开氧气阀门，然后打开乙炔阀门，用明火(可用的电子枪或低压电火花等)点燃火焰。这时的火焰为碳化焰，然后逐渐开大氧气阀，将碳化焰调整为中性焰，如继续增加氧气(或减少乙炔)就可得到氧化焰。

点火时，可能连续出现"放炮"声，原因是乙炔不纯，应放出不纯残炔，重新点火；有时出现不易点火，原因是氧气量过大，这时应重新微关氧气阀门。点火时，拿火源的手不要正对焊咀，也不要指向他人，以防烧伤。

焊接完毕需熄火时，应先关乙炔阀门，再关氧气阀门，以免发生回火和减少烟尘。

(2) 堆平焊波

①焊件准备：将焊件表面的氧化皮、铁锈、油污和脏物等用钢丝刷、砂布等进行清理，使焊件露出金属表面。

②焊缝起头：一般低碳钢用中性火焰，左向焊法。即将焊炬自左向右焊接，使火焰指向待焊部分，填充的焊丝端头位于火焰的前下方一起焊时，由于刚开始加热，焊炬倾斜角应大些(50°~70°)，有利于工件预热，且焊嘴轴线投影与焊缝重合。同时在起焊处应使火焰往复运动，保证焊接区加热均匀。待焊件由红色熔化成白亮而清晰的熔池，便可熔化焊丝，而后立即将焊丝抬起，火焰向前均匀移动，形成新的熔池。

③正常焊接：为了获得优质而美观的焊缝和控制熔池的热量，焊炬和焊丝应作出均匀协调的运动。即沿焊件接缝的纵向运动；焊炬沿焊缝做横向摆动；焊丝在垂直焊缝方向送进并作上下移动。

④焊缝收尾：当焊到焊缝终点时，由于端部散热条件差，应减小焊炬与焊件的夹角（20°～30°），同时要增加焊接速度和多加一些焊丝，以防熔池扩大，形成烧穿。

(3) 熄火

焊接完毕熄火时应先关闭乙炔阀门，再关氧气阀门，以免发生回火和减少烟尘。

4.3.6 气割

气割是利用气体火焰的热能将工件切割处预热到一定温度后，喷出高速切割氧气流，使其燃烧并放出热量实现切割的方法，它与气焊是本质不同的过程，气焊是熔化金属，而气割是金属在纯氧中燃烧。

(1) 金属氧气切割的条件

①金属材料的燃烧点必须低于其熔点，这是金属氧气切割的基本条件，否则切割是金属先熔化而变为熔割过程，使割口过宽也不整齐。

②燃烧生成的金属氧化物的熔点，应低于金属本身的熔点，同时流动性要好，否则切割过程不能正常进行。

③金属燃烧时释放大量的热，而且金属本身的导热性要低。

只有满足上述条件的金属材料才能进行气割，如纯铁、低碳钢、中碳钢、普通钢、合金钢等。高碳钢、铸铁、高合金钢、铜、铝等有色金属与合金均难进行气割。

(2) 切割的过程

气割时用割炬代替焊炬，其余设备与气焊相同，割炬的外形与结构如图4-19所示。气割时先用氧乙炔火焰将割口附近的金属预热到燃点（约1 300℃，呈黄白色），然后打开割炬上的切割氧气阀门，高压氧气射流使高温金属立即燃烧，生成的氧化物（即氧化铁、呈熔融状态）同时被氧气流吹走。金属燃烧产生的热量和氧乙炔火焰一起又将邻近的金属预热到燃点，沿切割线以一定的速度移动割炬，即可形成割口。

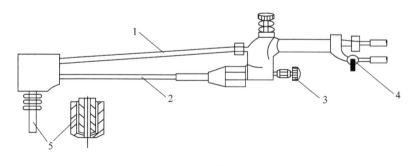

图4-19 割 炬

1—切割氧气管 2—预热混合气体管 3—预热氧气阀 4—乙炔阀门 5—割嘴

4.4 其他焊接简介

4.4.1 埋弧自动焊

埋弧自动焊(简称埋弧焊)是电弧在焊剂层下燃烧,用机械自动引燃电弧并进行控制,自动完成焊丝送进和电弧移动的一种电弧焊方法。焊接时,焊接机头上的送丝机构将焊丝送入电弧区并保持选定的弧长。电弧在颗粒状熔剂(焊剂)层下面燃烧,焊机带着焊丝均匀地沿坡口移动,或者焊机机头不动,工件匀速运动。在焊丝前方,焊剂从漏斗中不断流出撒在被焊部位。焊接时,部分焊剂熔化形成熔渣覆盖在焊缝表面,大部分焊剂不熔化,可重新回收使用。埋弧焊工艺过程示意图如图4-20所示。

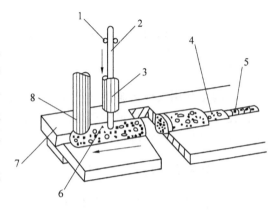

图 4-20 埋弧焊工艺过程示意图
1—送丝滚轮 2—焊丝 3—导电嘴 4—焊渣
5—焊缝 6—焊剂 7—焊件 8—焊剂斗

(1) 埋弧自动焊的优点

①生产效率高:埋弧自动焊的生产率可比手工焊提高5~10倍。因为埋弧自动焊时焊丝上无药皮,焊丝可很长,并能连续送进而无须更换焊条。故可采用大电流焊接(比手工焊大6~8倍),电弧热量大,焊丝熔化快,熔深也大,焊接速度比手工焊快得多。板厚30 mm以下的自动焊可不开坡口,而且焊接变形小。

②焊剂层对焊缝金属的保护好,所以焊缝质量好。

③节约钢材和电能:钢板厚度一般在30 mm以下时,埋弧自动焊可不开坡口,这就大大节省了钢材,而且由于电弧被焊剂保护着,使电弧的热得到充分利用,从而节省了电能。

④改善了劳动条件:除减少劳动量之外,由于自动焊时看不到弧光,焊接过程中发出的气体量少,这对保护焊工眼睛和身体健康很有益。

(2) 埋弧自动焊的缺点

埋弧自动焊适应能力差,只能在水平位置焊接长直焊缝或大直径的环焊缝。

埋弧自动焊焊机有多种型号,MZ-1000型是应用最广的一种。型号中的M表示埋弧焊机,Z表示自动焊机,1000表示额定焊接电流为1 000 A。

4.4.2 气体保护电弧焊

气体保护电弧焊简称气体保护焊或气电焊,它是利用电弧作为热源,气体作为保护介质的熔化焊。在焊接过程中,保护气体在电弧周围形成气体保护层,将电弧、熔池与空气隔开,防止有害气体的影响,并保证电弧稳定燃烧。气体保护焊,可以按电极的状态、操作方式、保护气体种类、电特性、极性、适用范围等不同加以分类。

(1) 氩弧焊

氩弧焊是以氩气作为保护气体的电弧焊。氩气是惰性气体,可保护电极和熔池金属不受空气的有害作用。在高温下,氩气不与金属起化学反应,也不溶于金属,因此氩弧焊的焊接质量比较高。

氩弧焊按所用电极的不同,可分为不熔化极氩弧焊和熔化极氩弧焊2种。氩弧焊示意图如图4-21所示。

① 熔化极氩弧焊:以连续送进的焊丝作为电极进行焊接,如图4-21(a)所示。此时可用较大电流焊接厚度为25 mm以下的工件。

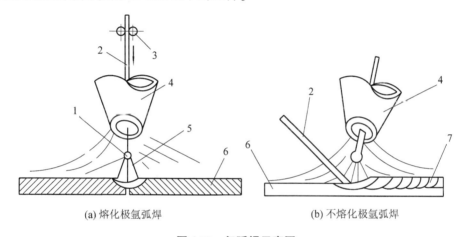

(a) 熔化极氩弧焊 (b) 不熔化极氩弧焊

图4-21 氩弧焊示意图
1—钨极 2—焊丝 3—送丝轮 4—喷嘴 5—电弧 6—焊件 7—焊缝

② 不熔化极氩弧焊:钨极氩弧焊以高熔点的铈钨棒作为电极。焊接时,铈钨棒不熔化,只起导电与产生电弧的作用,易于实现机械化和自动化焊接。

手工铈钨极氩弧焊的操作与气焊相似。焊接3 mm以下薄件时,常采用卷边接头直接熔合。焊接较厚工件时,需用手工添加填充金属,如图4-21(b)所示;焊接钢材时,多用直流电源正接,以减少钨极的烧损。焊接铝、镁及其合金时,则希望用直流反接或交流电源。因极间正离子撞击工件熔池表面,可使氧化膜破碎,有利于焊件金属熔合和保证焊接质量。

③ 氩弧焊的特点:适于焊接各类合金钢、易氧化的非铁金属及锆、钽、钼等稀有金属材料。氩弧焊电弧稳定,飞溅小,焊缝致密,表面没有熔渣,成形美观。电弧和熔池区受气流保护,明弧可见,便于操作,容易实现全位置自动焊接。现已开始应用于焊接生产的弧焊机器人,都是实现氩氦弧焊或 CO_2 保护焊的先进设备。电弧在气流压缩下燃烧,热量集中,熔池较小,焊接速度较快,焊接热影响区较窄,因而工件焊后变形小。

由于氩气价格较高,氩弧焊目前主要用于焊接铝、镁、钛及其合金,也用于焊接不锈钢、耐热钢和一部分重要的低合金结构钢焊件。

(2) 二氧化碳气体保护电弧焊

二氧化碳气体保护电弧焊简称 CO_2 气体保护焊或 CO_2 焊，属于熔化极气体保护焊。它是利用 CO_2 气体保护电弧，使电弧与空气隔离，电弧在焊丝和工件之间燃烧，焊丝自动送进，熔化了的焊丝和母材形成焊缝。CO_2 气体保护焊分为半自动焊和自动焊两类。CO_2 气体保护焊示意图如图 4-22 所示。

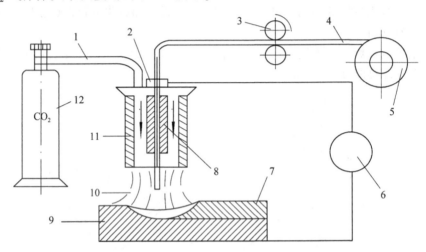

图 4-22　CO_2 气体保护焊示意图

1—送气软管　2—焊枪　3—送丝机构　4—焊丝　5—绕丝盘　6—电焊机
7—焊缝　8—导电嘴　9—工件　10—CO_2　11—喷嘴　12—气瓶

CO_2 气体保护焊的特点是：

①成本低：因采用廉价易得的 CO_2 代替焊剂，焊接成本仅是埋弧焊和焊条电弧焊的 40% 左右。

②生产率高：由于焊丝送进是机械化或自动化进行，电流密度较大，电弧热量集中，故焊接速度较快。此外，焊后没有渣壳，节省了清渣时间，故其效率可比焊条电弧焊生产率提高 1~3 倍。

③操作性能好：地保护焊是明弧焊，焊接中可清楚地看到焊接过程，容易发现问题并及时调整处理。地保护焊如同焊条电弧焊一样灵活，适合于各种位置的焊接。

④质量较好：由于电弧在气流压缩下燃烧，热量集中，因而焊接热影响区较小，变形和产生裂纹的倾向性小。

CO_2 保护焊目前已广泛用于造船、机车车辆、汽车、农业机械等工业部门，主要用于焊接 30 mm 以下厚度的低碳钢和部分低合金结构钢焊件，尤其适宜于薄板焊接。

4.4.3　电阻焊的基础知识

电阻焊是将被焊工件压紧于两电极之间，并通以电流，利用电流经过工件接触面及邻近区域产生的电阻热效应将其加热到熔化或塑性状态，在外力作用下形成金属结合的一种方法。

(1) 电阻焊的特点

①加热时间短，热量集中，热影响区小，变形与应力也小，通常在焊后不必安排校正和热处理工序。
②不需要焊丝、焊条等填充金属，以及氧、乙炔、氢等焊接材料，焊接成本低。
③操作简单，易于实现机械化和自动化，改善了劳动条件。
④生产率高，且无噪声及有害气体，在大批量生产中，可以和其他制造工序一起编到组装线上。但闪光对焊因有火花喷溅，需要隔离。

(2) 电阻焊的分类

按照电阻焊工艺方法的不同，电阻焊分为点焊、缝焊和对焊，如图4-23所示。

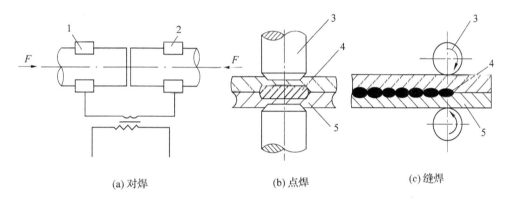

图 4-23　电阻焊示意图
1—固定电极　2—移动电极　3—电极　4—熔池　5—焊件

①点焊：是将焊件装配成搭接接头，并压紧在两柱状电极之间，利用电阻热熔化母材金属，形成焊点的电阻焊方法。点焊主要用于薄板焊接。

电焊的工艺过程：将焊件表面清理并装配好后，送入两电极之间。施加压力，使接触面良好接触；通电使两工件接触面受热，局部熔化，形成熔核；断电后继续保持压力，使熔核在压力下结晶形成组织致密、无缩孔、裂纹的焊点；去除压力，取出工件。

②缝焊：焊接的过程与点焊相似，只是以旋转的圆盘状滚轮电极代替柱状电极，将焊件装配成搭接或对接接头，并置于两滚轮电极之间，滚轮加压焊件并转动，连续或断续送电，形成一条连续焊缝的电阻焊方法。

缝焊主要用于焊接焊缝较为规则、要求密封的结构，板厚一般在3 mm以下。

③对焊：全称为闪光对焊，是将焊件装配成对接接头，接通电源，使其端面逐渐移近达到局部接触，利用电阻热加热这些接触点，在大电流作用下，产生闪光，使端面金属熔化，直至端部在一定深度范围内达到预定温度时，断电并迅速施加顶锻力完成焊接的方法。

闪光对焊的接头质量比电阻焊好，焊缝力学性能与母材相当，而且焊前不需要清理接头的预焊表面。闪光对焊常用于重要焊件的焊接。可焊同种金属，也可焊异种金属；可焊 0.01 mm 的金属丝，也可焊 20 m 的金属棒和型材。

4.4.4　摩擦焊

摩擦焊是利用焊件表面相互摩擦所产生的热，使端面达到热塑性状态，然后迅速顶锻，完成焊接的一种压焊方法，如图 4-24 所示。

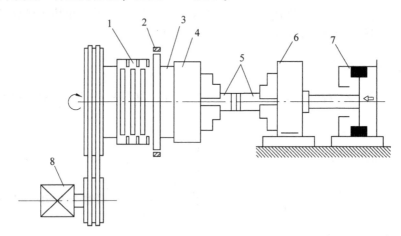

图 4-24　摩擦焊示意图
1—离合器　2—制动器　3—主轴　4—回转夹具　5—焊件　6—非回转夹具
7—轴向加压油缸　8—电动机

摩擦焊通常由如下 4 个步骤构成：机械能转化为热能；材料塑性变形；热塑性下的锻压力；分子间扩散再结晶。

摩擦焊的特点是：

①质量好：摩擦过程中，焊接接触表面的氧化膜与杂质被清除，因此接头组织致密，不易产生气孔、夹杂等缺陷。

②焊接金属范围广：焊接相同金属，也适用于异种金属的对接，如紫铜—不锈钢，铜—铝，中碳钢—高速钢等。

③生产率高：焊接操作简单，不需焊接材料，易实现自动控制。

④电能消耗少：只有闪光对焊的 1/10～1/15。

4.4.5　钎焊

钎焊是利用熔点比焊件低的钎料作填充金属，适当加热后，钎料熔化而将处于固态的焊件连接起来的一种焊接方法。

钎焊的具体过程是：将表面清洗好的工件以搭接形式（见图 4-25）装配在一起，把钎料放在接头间隙附近或接头间隙之间。将工件与钎料加热到稍高于钎料的熔点温度，钎料熔化（此时工件未熔化）并借助毛细管作用被吸入和充满固态工件间隙间，液态钎料与工件金属相互扩散溶解，冷凝后即形成钎焊接头。

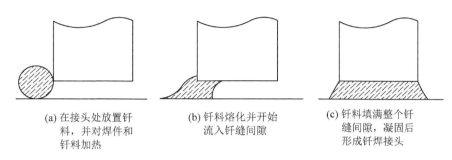

图 4-25　钎焊过程示意图

(1) 钎焊的分类

根据钎料熔点或加热温度的不同，钎焊可分为硬钎焊与软钎焊 2 种。

①硬钎焊：钎料熔点在 450℃ 以上，接头强度在 200 MPa 以上的钎焊属于硬钎焊，主要用于受力较大的钢铁和铜合金构件的焊接以及工具、刀具的焊接。硬钎焊的钎料有铜基、银基和镍基等。银基钎料钎焊的接头具有较高的强度、导电性和耐蚀性，而且熔点较低、工艺性好，但银钎料较贵，仅用于要求高的焊件。镍铬合金钎适用于钎焊耐热的高强度合金与不锈钢，工作温度高达 900℃，所以钎焊的温度要高于 1 000℃ 以上，而且工艺要求很严格。

②软钎焊：钎料熔点在 450℃ 以下，接头强度较低，一般不超过 70 MPa，所以只用于钎焊受力不大、工作温度较低的工件。常用的钎料是锡钎合金，所以统称锡焊。这类钎料熔点低（一般低于 230℃），渗入接头间隙的能力较强，具有较好的焊接工艺性能。锡铅钎料还有良好的导电性。因此，软钎焊广泛用于焊接受力不大的常温工作的仪表、导电元件以及钢铁、铜及铜合金等制造的构件。

(2) 钎焊特点

①钎焊过程中，工件加热温度较低，因此组织和机械性能变化很小，变形也小。接头光滑平整，工件尺寸精确。

②钎焊可以焊接性能差异很大的异种金属，对工件厚度差没有严格限制。

③对工件整体加热钎焊时，可同时钎焊由多条（甚至上千条）接缝组成的复杂形状构件，生产率很高。

④钎焊设备简单，生产投资费用少。

4.5　焊接质量分析

4.5.1　焊接接头的组织和性能

熔化焊是局部加热过程，焊缝及其附近的母材都经历一个加热和冷却的热过程。焊接热过程要引起焊接接头组织和性能的变化，影响焊接的质量。

(1) 焊接热循环

焊接时,电弧沿着工件移动并对工件进行局部加热。因此在焊接过程中,焊缝及其附近的金属都是由常温状态被加热到较高的温度,然后再逐渐冷却到常温。由于各点离焊缝中心距离不同,所以各点的最高温度不同。图4-26给出了焊接时焊件横截面上不同点的温度变化情况。总的来说,在焊接过程中,焊缝的形成是一次冶金过程,而焊缝附近区域金属则相当于受到一次不同规范的热处理,因此会产生相应的组织与性能的变化。

受焊接热循环的影响,焊缝附近的母材组织或性能发生变化的区域,称为焊接热影响区。熔化焊焊缝与母材的交界线叫熔合线,熔合线两侧有一个很窄的焊缝与热影响区的过渡区,叫熔合区,亦称半熔合区。因此,焊接接头由焊缝区、熔合区和热影响区组成。

(2) 焊缝的组织与性能

当焊接热源移走后,熔池液体金属迅速冷却结晶。焊缝的结晶是从熔池底壁开始向中心生长的。从熔合区许多未熔化完的晶粒开始,垂直熔合线向熔池中心生长成柱状树枝晶,如图4-27所示。这样,低熔点物质将被推向焊缝最后结晶部位,容易形成成分偏析,影响焊缝的力学性能。

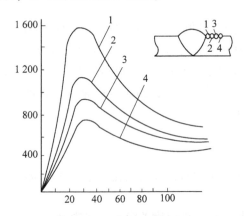

图4-26 焊件截面不同温度变化示意图

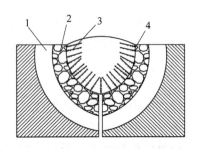

图4-27 焊缝及热影响区

1—热影响区 2—熔合区 3—柱状树枝晶
4—熔合线

焊接时,熔池底壁柱状晶体的生长受到电弧吹力和保护气体的压缩,柱状晶体呈倾斜状,晶粒有所细化。同时由于焊接材料的渗合金作用,焊缝金属中锰、硅等合金元素含量可能比母材金属高,因此焊缝金属的性能可能不低于母材金属的性能。

(3) 焊接热影响区的组织与性能

图4-28为低碳钢热影响区的组织变化,由于热影响区各点的最高加热温度不同,因此,其组织变化也不同。低碳钢的热影响区分为熔合区、过热区、正火区和部分相变区。

①熔合区：是焊缝和基体母材的交界区。熔合区温度处于固相线和液相线之间。由于焊接过程中母材部分熔化，所以又称半熔化区。熔化的金属凝固成铸态组织，未熔化金属因加热温度过高而成为过热粗晶。在低碳钢焊接接头中，熔合区虽然很窄（0.1~1 mm），但因其强度、塑性和韧性都下降，而且此处接头断面变化，易引起应力集中，所以熔合区在很大程度上决定着焊接接头的性能。

②过热区：被加热到 Ac_3 以上 100~200℃至固相线温度区间。由于奥氏体晶粒急剧长大，形成过热组织，故塑性及韧性降低，是热影响区中机械性能最差的部位。

③正火区：被加热到 Ac_1 ~ Ac_3 以上 100~200℃之间。加热时金属发生重结晶，转变为细小的奥氏体晶粒。冷却后得到细小而均匀的铁素体和珠光体正火组织，其力学性能优于母材。

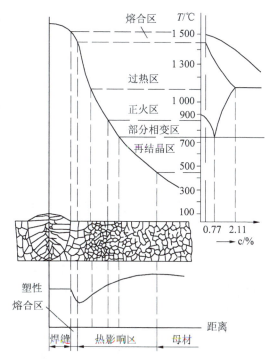

图 4-28　低碳钢焊接热影响区的组织和性能变化

④部分相变区：相当于加热到 Ac_1 ~ Ac_3 温度区间。珠光体和部分铁素体发生重结晶，转变成细小的奥氏体晶粒。部分铁素体不发生相变，但其晶粒有长大趋势。冷却后晶粒大小不均，因而力学性能比正火区稍差。

焊接接头中熔合区和过热区是焊接接头中力学性能最差的薄弱部位，会严重影响焊接接头的质量。

焊接热影响区的大小和组织性能变化的程度，决定于焊接方法、焊接参数、接头形式和焊后冷却速度等因素。表 4-9 所列是用不同焊接方法焊接低碳钢时，焊接热影响区的平均尺寸数值。

表 4-9　焊接热影响区的平均尺寸数值

焊接方法	过热区宽度/mm	热影响区总宽度/mm
焊条电弧焊	2.2~3.5	6.0~8.5
埋弧自动焊	0.8~1.2	2.3~4.0
手工钨极氩弧焊	2.1~3.2	5.0~6.2
气焊	21	27
电渣焊	18~20	25~30
电子束焊接	—	0.05~0.75

4.5.2 焊接应力与变形

焊接过程是一个极不平衡的热循环过程,在这个热循环过程中,焊件各部分的温度不同,随后的冷却速度也各不相同,因而焊件各部位在热胀冷缩和塑性变形的影响下,必将导致内应力、变形或裂纹的产生。

(1) 焊接应力与焊接变形产生的原因

低碳钢钢板加热时,焊缝区的加热温度最高,其两侧的温度随距焊缝距离的增大而降低。由于金属材料具有热胀冷缩的特性,所以当焊件各区加热温度不同时,其单位长度伸长量也不同。即受热时按温度分布的不同,焊缝及母材金属各有不同的自由伸长量。如果这种自由伸长不受任何阻碍,则钢板焊接时的变化如图4-29(a)中虚线所示。但实际上由于平板是一个整体,不可能各处都实现自由伸长,各部分伸长量必须相互协调,最后平板整体只能平衡伸长 ΔL。因此被加热到高温的焊缝区金属,因其自由伸长受到两侧低温金属自由伸长量的限制而承受压应力(-)。当压应力超过屈服点时产生压缩塑性变形,使平板整体达到平衡。此时,焊缝区以外的金属则需承受拉应力(+)。所以整个平板存在着相互平衡的压应力与拉应力。

焊缝成形后,金属随之冷却使其收缩,这种收缩如能自由进行则焊缝区将自由缩短至图4-29(b)所示虚线位置,而焊缝区两侧的金属则缩短至焊前的 L 端。实际上因整体作用,各部位仍然相互牵制,焊缝区两侧的金属同样会阻碍焊缝区的收缩,最后共同处于比原长短 ΔL 的平衡位置。于是,焊缝金属承受拉应力,焊缝两侧金属承受压应力,2 种应力相互平衡,一直保持到室温。此时的应力与变形称为焊接残余应力和变形(即焊接应力与变形)。

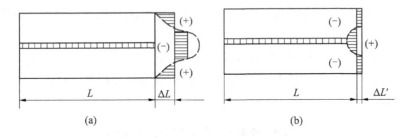

图4-29 焊接应力产生示意图

(2) 焊接变形的形式

焊接应力会导致变形的产生。焊接变形使结构件形状发生变化,会产生附加应力,降低承载能力焊接残余应力会增加工件工作时的内应力,降低承载能力;还会引起焊接裂纹,甚至造成脆断;此外,残余应力是一种不稳定状态,在一定条件下会衰减而产生一定的变形,引起构件形状、尺寸的不稳定,所以减少和防止焊接应力和变形是十分必要的。图4-30 为焊接变形的几种基本形式。

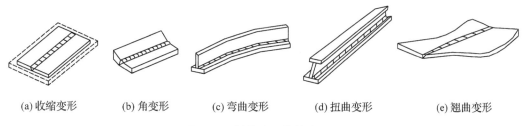

图 4-30　焊接变形的基本形式

(3) 防止焊接应力和变形的措施

防止焊接应力和变形的措施主要从焊件结构设计和工艺 2 方面来考虑。主要的措施有以下几种：

①尽量减少焊缝的数量：最好采用工字钢、槽钢、角钢和钢管等成形材料，以减少焊缝数量、简化焊接工艺，增加结构件的强度和刚度，如图 4-31 所示。

②焊缝应避免密集和交叉：焊缝的密集、交叉使接头处反复加热过热严重，热影响区增大，焊接应力增大（图 4-32）。一般两条焊缝间距应大于板厚的 3 倍。

③焊缝位置应尽可能对称分布：焊缝对称布置可使各条焊缝产生的焊接变形互相抵消。图 4-31 中(a)所示的箱形梁和 T 形梁，焊缝偏于截面重心一侧，会产生较大的弯曲变形；图 4-31(b)中的两条焊缝对称布置，变形较小。

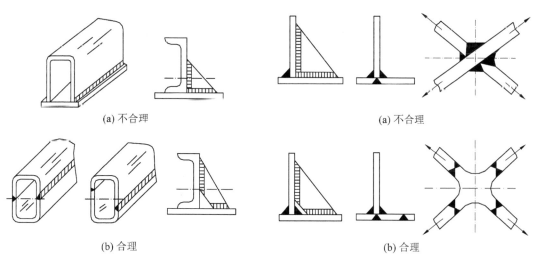

图 4-31　焊缝对称布置　　　　图 4-32　焊缝的分散布置

④合理安排焊接位置：焊缝应尽量避开应力集中和最大应力部位，如图 4-33 所示。

⑤选择合理的焊接顺序，使焊缝能自由地收缩，以减小应力，如图 4-34 所示。

⑥采用反变形法：一般按测定和经验估计的焊接变形方向和大小，在组装时工件反向变形（图 4-35），也可采用预留收缩余量来抵消尺寸收缩。

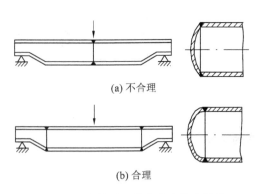

图 4-33 焊缝避开最大应力集中部位

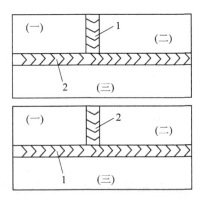

图 4-34 焊接顺序对焊接应力的影响

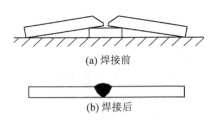

图 4-35 反变形法示意图

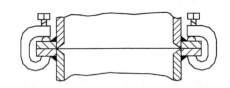

图 4-36 刚性固定防止发生变形

⑦采用刚性固定法：刚性固定焊接可以限制焊接变形（图 4-36），但这样会产生较大的焊接残余应力。这种方法适用刚性小的材料的焊接。

⑧焊前预热：采用焊前预热可以减少焊件各部分的温差，减少焊接热影响区，减小焊接应力。

⑨焊后热处理：焊后采用正火或去应力退火工艺可以有效减少焊接热影响区的影响以及消除焊接应力。

4.5.3 常见焊接缺陷

焊接生产除了要求较高的生产率外，更多的是要求得到高质量的焊接接头。然而焊接生产过程中的诸多工序如划线、切割、坡口加工、焊件装配、焊接材料、焊接工艺等，再加上工人的焊接水平的影响，焊接过程中很容易产生各种缺陷。常见的焊接缺陷如表 4-10 所列。

表 4-10 常见的焊接缺陷

焊接缺陷	图 例	特 征	产生的主要原因
未焊透	未焊透	母材金属未熔化，焊缝金属没有进入接头根部的现象	①焊接电流小，熔深浅 ②坡口和间隙尺寸不合理 ③层间及焊根清理不良

（续）

焊接缺陷	图　例	特　征	产生的主要原因
裂纹	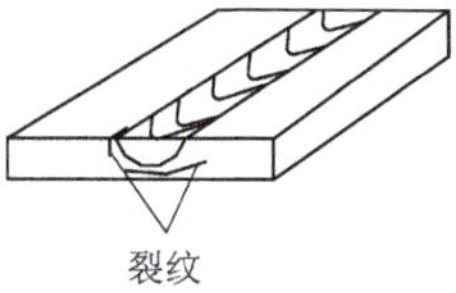	焊缝或焊接区的金属表面或内部产生横向或纵向的裂纹	①焊件冷却速度太快 ②焊件含硫、磷高 ③焊件结构或焊接顺序不合理
夹渣	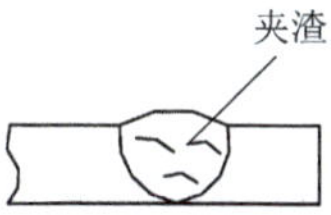	焊缝表面或内部有熔渣	①多层焊时清渣不彻底 ②电流过小、焊接速度过快 ③焊条质量不好，焊缝冷却速度快
气孔	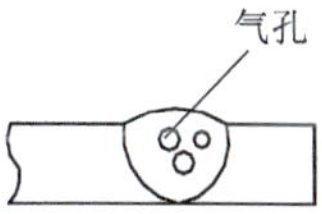	焊缝表面或内部有气孔	①焊条潮湿未烘干 ②焊件清理不干净 ③电流小、焊接速度快、熔池冷却速度太快
咬边	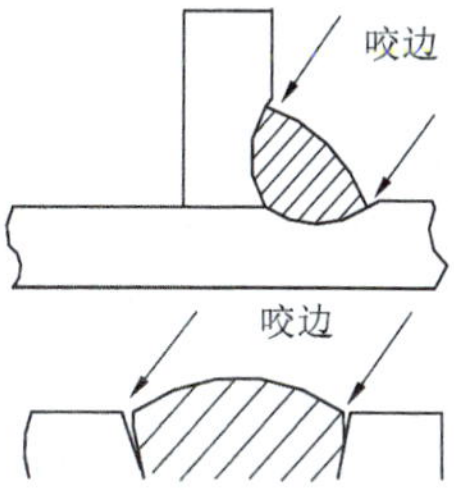	沿焊趾的母材部位产生沟槽或凹陷	①电流太大、电弧太长 ②焊条角度不正确 ③运条方法不正确
焊瘤	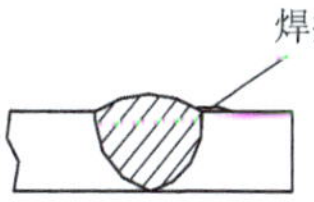	熔化金属流淌到焊缝之外未熔化的母材上所形成的金属瘤	①电流过大 ②熔池温度过高，凝固较慢，在铁水自重作用下下坠形成焊瘤 ③焊条角度不对或操作手势不当

4.5.4　焊接质量检验

焊接质量检验是焊接过程中一个重要的工序，是保证焊接质量优良，防止废品产生或出厂的重要措施。在焊接之前和焊接过程中，都应对影响焊接质量的因素进行认真检查，以防止和减少焊接缺陷的产生；焊后还应根据产品的技术要求，对焊接接头的缺陷情况和性能进行成品检验，以确保使用安全。

(1) 焊前检验

焊前检验主要是对原材料（焊接构件、焊条或焊丝、焊剂）检验，焊接结构设计检验，以及其他检验，如焊接工具的检验、焊工水平的检验等。

(2)焊接过程检验

①焊接规范的检验：焊接规范是指焊接过程中的工艺参数，如焊接电源、焊接电流、焊接电压、焊接速度、焊条(丝)的直径、焊接顺序、焊接层数等。焊接规范是否合理对焊接质量起着决定性的影响。

②焊缝尺寸的检查：焊缝尺寸的检查应根据焊接工艺卡或国家标准的要求进行。检查往往通过采用特制的量规或样板来测量。

③夹具的检查：夹具是焊接装配过程中用了固定、加紧工件的一种工艺装备。这个环节主要是检查夹具是否具有足够的刚度、强度和精度，检查夹具所放的位置是否正确，是否妨碍焊接工件的焊接和取出。

④结构装配质量的检验：焊接之前要根据图样的要求对焊接结构进行检验，包括各部分的尺寸、基准线及相对位置是否正确、坡口形式及尺寸是否正确等。

(3)焊后成品检验

焊后成品检验可以分为破坏性检验和非破坏性检验 2 类。

破坏性检验主要包括焊缝的化学成分分析、金相组织分析和力学性能试验，主要用于科研和新产品试生产。

非破坏性检验方法又称无损检验，它是在不破坏被检查材料或成品的性能和完整性的情况下利用材料内部结构异常或缺陷存在所引起的对热、声、光、电、磁等反应的变化，来探测各种工程材料、焊部件、结构件等内部和表面缺陷并对缺陷的类型、性质、数量、形状、位置、尺寸、分析及其变化作出判断和评价的方法。这类检验方法不损坏工件，也不影响工件将来的使用，它是对重要工件不可缺少的检验方法。

①外观检验：用肉眼或借助样板、低倍放大镜(5~20倍)检查焊缝成形、焊缝外形尺寸是否符合要求，焊缝表面是否存在缺陷，包括未熔合、气孔、咬边、夹渣、未焊透、焊瘤以及焊接裂纹等。所有焊缝在焊后都要经过外观检验。

②致密性检验：对于贮存气体、液体、液化气体的各种容器、反应器和管路系统，都需要对焊缝和密封面进行致密性试验，常用方法有：

水压试验：检查承受较高压力的容器和管道。这种试验不仅用于检查有无穿透性缺陷，同时也检验焊缝强度。试验时，先将容器中灌满水，然后将水压提高至工作压力的 1.2~1.5 倍，并保持 5 min 以上，再降压至工作压力，并用圆头小锤沿焊缝轻轻敲击，检查焊缝的渗漏情况。

气压试验：检查低压容器、管道和船舶舱室等的密封性。试验时将压缩空气注入容器或管道，在焊缝表面涂抹肥皂水，以检查渗漏位置。也可将容器或管道放入水槽，然后向焊件中通入压缩空气，观察是否有气泡冒出。若被检工件为大型焊接容器，不便放入水槽中时，可在焊接容器中通入 10% 的氨气，而在外壁焊缝面上贴一层宽于焊缝的硝酸汞溶液试纸。有渗漏时，氨与硝酸汞反应在试纸上会显示出黑色斑纹或斑点，即可确定容器有无渗漏存在。

煤油试验：用于不受压的焊缝及容器的检漏。方法是在焊缝一侧涂上白垩粉水溶液,待干燥后,在另一侧涂刷煤油。若焊缝有穿透性缺陷,则会在涂有白垩粉的一侧出现明显的油斑,由此可确定缺陷的位置。如在 15~30 min 内未出现油斑,即可认为合格。

③磁粉检验:用于检验铁磁性材料的焊件表面或近表面处缺陷(裂纹、气孔、夹渣等)。将焊件放置在磁场中磁化,使其内部通过分布均匀的磁力线,并在焊缝表面撒上细磁铁粉,若焊缝表面无缺陷,则磁铁粉均匀分布,若表面有缺陷,则一部分磁力线会绕过缺陷,暴露在空气中,形成漏磁场,则该处出现磁粉集聚现象。根据磁粉集聚的位置、形状、大小可相应判断出缺陷的情况。

④渗透探伤:渗透探伤是在工件表面上涂以黏度、表面张力小的着色油液,在毛细管作用下油液就会渗透到工件表面缺陷的缝隙中去。清除表面多余的油液后,在工件表面施加一层薄薄的显示剂(氧化镁、氧化锌或高岭土粉),在毛细管的作用下,缺陷缝隙中的残存的着色油液吸出,从而可显示出工件表面细小的缺陷。该法只适用于检查工件表面难以用肉眼发现的缺陷,对于表层以下的缺陷无法检出。常用荧光检验和着色检验 2 种方法。

荧光检验是把荧光液(含 MgO 的矿物油)涂在焊缝表面,荧光液具有很强的渗透能力,能够渗入表面缺陷中,然后将焊缝表面擦净,在紫外线的照射下,残留在缺陷中的荧光液会显出黄绿色反光。根据反光情况,可以判断焊缝表面的缺陷状况。荧光检验一般用于非铁合金工件表面探伤。

着色检验是将着色剂(含有苏丹红染料、煤油、松节油等)涂在焊缝表面,遇有表面裂纹,着色剂会渗透进去。经一定时间后,将焊缝表面擦净,喷上一层白色显像剂,保持 15~30 min 后,若白色底层上显现红色条纹,即表示该处有缺陷存在。

⑤超声波探伤:该法用于探测材料内部缺陷。当超声波通过探头从焊件表面进入内部遇到缺陷和焊件底面时,分别发生反射。反射波信号被接收后在荧光屏上出现脉冲波形,根据脉冲波形的高低、间隔、位置,可以判断出缺陷的有无、位置和大小,但不能确定缺陷的性质和形状。超声波探伤主要用于检查表面光滑、形状简单的厚大焊件,且常与射线探伤配合使用,用超声波探伤确定有无缺陷,发现缺陷后用射线探伤确定其性质、形状和大小。

⑥射线探伤:利用 X 射线或 γ 射线照射焊缝,根据底片感光程度检查焊接缺陷。由于焊接缺陷的密度比金属小,故在有缺陷处底片感光度大,显影后底片上会出现黑色条纹或斑点,根据底片上黑斑的位置、形状、大小即可判断缺陷的位置、大小和种类。X 射线探伤宜用于厚度 50 mm 以下的焊件,γ 射线探伤宜用于厚度 50~150 mm 的焊件。

本章小结

本章主要讲述焊接的基本概念,电焊机的种类、构造、性能、特点及使用方法。电焊焊条的构成,各部分的作用,常用的焊条的种类、牌号、含义,应用及选择方法。常见的焊接接头形式及坡口形式,焊接的空间位置,焊接时焊条角度。常见的焊接的变形,焊接缺陷产生的主要原因与检验方法。气焊气割设备构造原理及使用方法。常见的焊接方法的介绍。

思考题

1. 名词解释

电弧　焊接热影响区　酸性焊条与碱性焊条　电阻焊　氩弧焊　钎焊　正接与反接

2. 简答题

(1) 焊接的实质是什么？

(2) 什么是焊接接头？它由哪几部分组成？

(3) 弧焊机主要有哪几种？说出你在实习中使用的弧焊机的型号和主要技术参数。

(4) 电焊条的组成及其作用是什么？

(5) 焊条电弧焊的接头和坡口形式有哪些？

(6) 焊条电弧焊的焊接工艺参数有哪些？应该怎样选择焊接电流？

(7) 简述减压器和回火保险器的工作原理。

(8) 焊炬和割炬在构造上有什么不同？

(9) 氧乙炔火焰有哪几种？怎样区别？各自的应用特点是什么？

(10) 氧气切割的原理是什么？金属氧气切割的条件主要有哪些？

(11) 点焊与缝焊有什么异同？电阻堆焊和闪光对焊有何区别？

(12) 焊接变形有哪些基本形式？

(13) 焊接缺陷有什么危害？常见的焊接缺陷有哪些？各自产生的原因是什么？如何防止？

(14) 检查焊件内部缺陷的方法有哪些？

(15) 图 4-37 所示焊接梁，材料为 15 钢，现有钢板最大长度为 2 500 mm。要求：决定腹板与上下翼板的焊缝位置，选择焊接方法，画出各条焊缝接头形式和焊接顺序。

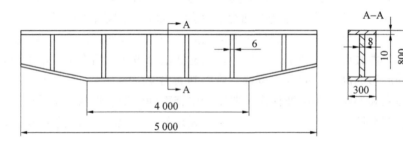

图 4-37　焊接梁

第 5 章
车削加工

[**本章提要**]

切削加工是利用刀具将工件上多余的金属去除以获得符合图纸要求的尺寸、形状和位置精度和表面质量的零件的加工方法。切削加工是目前机械制造的最主要的加工方法,车削加工是学习其他切削加工的基础,本章主要介绍了车床、车刀、车床附件和常用表面的车削加工方法及操作要点。

5.1 概述

5.2 车床

5.3 车刀

5.4 工件的安装及车床附件

5.5 车削加工

5.1 概述

车削加工是在车床上利用工件的旋转和刀具的移动来完成的对工件表面的各种加工。车削加工的主要特点是：①工件做旋转运动，是完成车削加工的主要运动，称作主运动。②刀具作直线移动或曲线移动，是完成车削加工的进给运动。

车削加工的主要特点：

①适应范围广：车削是具有回转表面零件的最主要的加工工序，无论是单件生产，还是大批量生产，车削加工都是最常用的加工，车床上能完成的工作如图 5-1 所示。另外，在车床上还可以绕制弹簧。

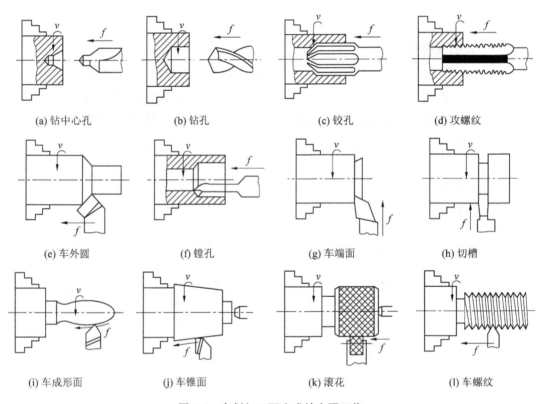

图 5-1 车削加工可完成的主要工作

②加工精度高：车削加工在一次安装过程中可以加多个回转表面及端面，容易保证各加工表面的同轴度、平行度、垂直度等位置精度车削的尺寸精度一般可达 IT8～IT7。表面粗糙度可达 $Ra1.6 \sim 0.8 \mu m$。

③生产效率高、成本低：车削加工是连续切削，切削过程平稳切削力变化小，可使

用较大的切削用量,切削效率较高。此外,车床附件较多,生产周期短,车刀结构简单,制造、安装方便,从而降低了生产成本。

5.2 车床

车床的种类很多,主要有卧式车床、立式车床、转塔车床、多刀车床、仿形车床、自动车床、仪表车床、数控车床等,其中卧式车床应用最广。

我国机床型号标准中规定以汉语拼音字母和数字组合编号表示机床的类型和规格,如我们车工实习中用到的车床型号为 C6132、C6136、C6140 等,C 读作"车",是汉语拼音的首字母;6 是机床的组别代号;表示落地及卧式车床;1 是系列代号,表示卧式车床类型,后面两位数字代表机床的主参数,是机床最大车削直径的1/10。

5.2.1 C6132 型车床的组成

C6132 型卧式车床的主要组成部分有床身、变速箱、主轴箱、进给箱、光杆和丝杠、溜板箱、刀架和尾座,如图5-2 所示。

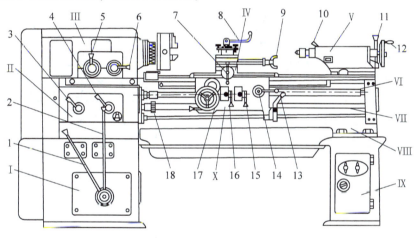

图 5-2 C6132 型卧式车床

Ⅰ—变速箱 Ⅱ—进给箱 Ⅲ—主轴箱 Ⅳ—刀架 Ⅴ—尾座
Ⅵ—丝杠 Ⅶ—光杠 Ⅷ—床身 Ⅸ—床腿 Ⅹ—溜板箱
1、2、6—主运动变速手柄 3、4—进给运动变速手柄 5—刀架纵向移动变速手柄
7—刀架横向运动手柄 8—方刀架锁紧手柄 9—小滑板移动手柄 10—尾座套筒锁紧手柄
11—尾座锁紧手柄 12—尾座套筒移动手轮 13—主轴正反转及停止手柄
14—开合螺母开合手柄 15—横向进给自动手柄 16—纵向进给自动手柄
17—纵向进给手动手柄 18—光杠、丝杠更换使用的离合器

①主轴箱:主轴箱的安装在床身的左上端,又称床头箱,主轴箱内装有一根空心主轴及部分变速机构,变速箱传来的 6 种转速通过变速机构变为主轴的 12 种不同的转速。主轴为空心机构,可穿入圆棒料,主轴前端的内圆锥面用来安装顶尖,外圆锥面用来安装卡盘等附件。主轴再经过齿轮带动交换齿轮,将运动传给进给箱。

②变速箱:变速箱内装变速机构。电动机的运动通过变速箱可变化成 6 种转速,可

减小齿轮传动产生的振动和热量对主轴的不利影响,提高切削加工质量。

③进给箱:进给箱是传递进给运动并改变进给速度的变速机构。传入进给箱的运动,通过进给箱的变速齿轮可使光杠和丝杠获得不同的转速,以得到所需要的进给量或螺距。

④溜板箱:溜板箱与床鞍连在一起,它将光杠传来的旋转运动变为车刀的纵向或横向的直线移动,可将丝杠传来的旋转运动通过"开合螺母"直接变为车刀的纵向移动,用以车削螺纹。

⑤尾座:安装在床身的内侧导轨上,可沿导轨移至所需的位置。其结构如图5-3所示。尾座由底座、尾座体、套筒等部分组成。套筒装在尾座体上,套筒的前端有莫氏锥孔,用于安装顶尖支承轴类工件或安装钻头、铰刀、钻夹头。套筒后端有螺母与一轴向固定的丝杠相连接,摇动尾座上的手轮使丝杠旋转,可以带动套筒向前伸或向后退。当套筒退至重点位置时,可将装在套筒锥孔中的刀具或顶尖顶出。移动尾座及其套筒前均需松开各自的锁紧手柄,移到合适位置后再锁紧。松开尾座与底座的固定螺钉,用调节螺钉调整尾座体的横向位置,可以使尾座顶尖中心与主轴顶尖中心对正,也可以使它们偏离一定距离,用来车削小锥度长锥面。

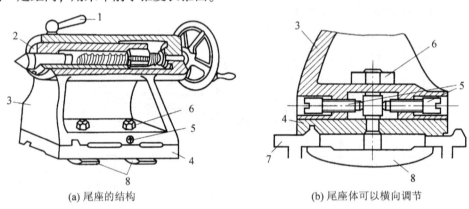

(a) 尾座的结构　　　　　　(b) 尾座体可以横向调节

图5-3 尾 座
1—套筒锁紧手柄　2—套筒　3—尾座体　4—底座　5—调节螺钉
6—固定螺钉　7—床身导轨　8—压板

⑥床身:车床床身是基础零件,用来安装车床各部件,并保证个部件之间准确的相对位置。床身上面有保证刀架正确移动的三角导轨和供尾座正确移动的平导轨。

⑦床腿:用于支撑机床床身。

⑧刀架:刀架是用来装夹刀具的,可带动刀具做纵向、横向或斜向进给运动。刀架由床鞍、中滑板、转盘、小刀架和方刀架组成,如图5-4所示。

a. 床鞍:与溜板箱连接,可带动车刀沿床身导轨做纵向移动。

b. 中滑板:可带动车刀沿床鞍上的导

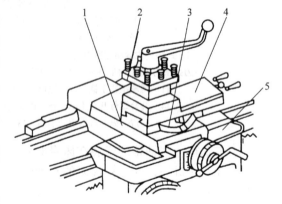

图5-4 刀架的组成
1—中溜板　2—方刀架　3—转盘
4—小溜板　5—大溜板

轨做横向移动。

c. 转盘：与中滑板连接，用螺栓紧固。松开螺母，转盘可在水平面内扳转任意角度。

d. 小刀架：可沿转盘上的导轨做短距离移动。当转盘扳转移动角度后，小刀架即可带动车刀做相应的斜向运动。

e. 方刀架：用来安装车刀，最多可同时装 4 把。松开锁紧手柄即可转位，选用所需的车刀。

⑨丝杠：实现螺纹加工传动，用于车螺纹时的自动进给。

⑩光杠：实现机动进给传动，用于车外圆、车端面等的自动进给。

5.2.2 车床传动

车床传动系统由两部分组成：主运动系统和进给运动系统，如图 5-5 所示。图 5-6 为 C6132 型车床的传动系统示意图。

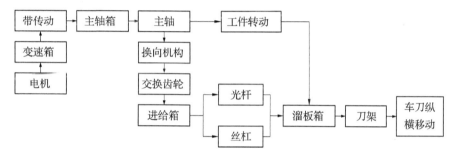

图 5-5 车床传动系统框图

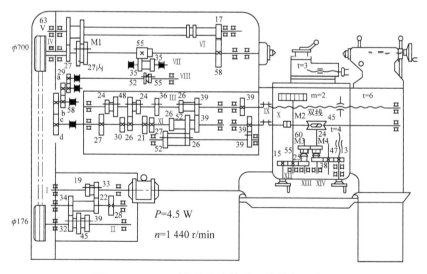

图 5-6 C6132 型普通车床传动系统简化示意图

①主运动传动系统：车床的主运动是机床主轴带动工作所作的旋转运动。从电动机经变速箱和主轴箱使主轴旋转的传动系统称为主运动传动系统，主运动的传动路线为：

$$\text{电动机} \rightarrow \text{I} \rightarrow \left\{\begin{array}{c}\frac{33}{32}\\ \frac{19}{34}\end{array}\right\} \rightarrow \text{II} \rightarrow \left\{\begin{array}{c}\frac{34}{32}\\ \frac{28}{39}\\ \frac{22}{45}\end{array}\right\} \rightarrow \text{III} \rightarrow \frac{\phi 176}{\phi 200} \rightarrow \text{IV} \rightarrow \left\{\begin{array}{c}\frac{27}{63} \rightarrow \text{V} \rightarrow \frac{17}{58}\\ \frac{27}{27}\end{array}\right\} \rightarrow \text{VI(主轴)}$$

可以算出，主轴有 $2 \times 3 \times 1 \times (1 \times 1 + 1) = 12$ 种转速。

主轴的最高转速是 $1\,440 \times \frac{33}{22} \times \frac{34}{32} \times \frac{176}{200} \times \varepsilon \times \frac{27}{27} = 1\,980$ r/min（取 V 带打滑系数 $\varepsilon = 0.98$）。

最低转速为 $1\,440 \times \frac{19}{34} \times \frac{22}{45} \times \frac{176}{200} \times 0.98 \times \frac{27}{63} \times \frac{17}{58} \approx 43$ r/min。

另外通过电动机的反转，主轴还有与正转相适应的12种反转速度。

②进给传动系统：车床的进给运动是刀具的移动，因此主轴的传动经进给箱和溜板箱使刀架移动的传动系统称为进给运动传动系统。进给运动的传动路线为：

$$\text{VI} \rightarrow \left\{\begin{array}{c}\frac{55}{55}\\ \frac{55}{35} \times \frac{35}{55}\end{array}\right\} \rightarrow \text{VII} \rightarrow \frac{29}{58} \rightarrow \frac{a}{b} \times \frac{a}{d} \rightarrow \text{XI} \rightarrow \left\{\begin{array}{c}\frac{27}{24}\\ \frac{30}{48}\\ \frac{26}{52}\\ \frac{21}{24}\\ \frac{27}{36}\end{array}\right\} \rightarrow \text{XII} \rightarrow \left\{\begin{array}{c}\frac{39}{39} \times \frac{52}{26}\\ \frac{26}{52} \times \frac{52}{26}\\ \frac{39}{39} \times \frac{26}{52}\\ \frac{26}{52} \times \frac{26}{52}\end{array}\right\} \rightarrow$$

$$\text{XIII} \rightarrow \left\{\begin{array}{l}\frac{39}{39} \rightarrow \text{XV(丝杠 } P = 6 \text{ 车螺纹)}\\ \frac{39}{39} \rightarrow \text{XIV(光杠)} \rightarrow \frac{2}{45} \rightarrow \text{XVI} \rightarrow \left\{\begin{array}{l}\frac{24}{60} \rightarrow M_{左} \rightarrow \text{XVII} \rightarrow \frac{25}{55} \rightarrow \text{刀架纵向自动进给}\\ M_{右} \rightarrow \frac{38}{47} \times \frac{47}{13} \text{(丝杠螺母)} \rightarrow \text{刀架横向自动进给}\end{array}\right.\end{array}\right.$$

对于给定的一组配换齿轮，传入进给箱的转速可得到20种不同的输出转速。当用光杠传动时，可获20种进给量，其范围是：纵向进给量 $f_{纵} = 0.06 \sim 3.349$ mm/r，横向进给量 $f_{横} = 0.04 \sim 2.25$ mm/r。若用丝杠传动就可实现车螺纹传动。另外，调节正反走刀手柄还可以获得相对应的反向进给的进给量。

5.2.3 主轴的转速及进给量的调整

车床的手柄可分为变速手柄、锁紧手柄、移动手柄、启停手柄及换向手柄5类，如图5-2所示。

主轴转速和刀架进给量用变速手柄来调整。

(1) 主轴转速调整

主轴的 12 种不同转速靠调整手柄 1、2、6 得到的。变速箱上的短手柄有左、右 2 个位置，长手柄有左、中、右 3 个位置。靠调整长、短可得到 6 种不同的转速。主轴箱上有 2 个手柄 5、6，手柄 5 可改变进给方向。手柄 6 有 2 个位置、配合手柄 1、2 将变速箱的 6 种转速变为主轴的 12 种转速。主轴的转动方向是由电动机的正反转来实现的。必须注意的是：①必须停车变速；②挡手柄扳不动时，应用手扳转一下卡盘，再扳手柄。

(2) 进给量的调整

不同的进给量是靠调整配换挂轮和手柄 3、4 得到的。手柄 3 可处于 5 个位置，分别使 5 对不同速比的齿轮啮合；手柄 4 可处于 4 个位置，分别同 4 对不同速比的齿轮啮合，在配换齿轮一定的情况下，2 个手柄配合使用，可得到 20 种进给量。改用不同的配换齿轮，则可得到更多种进给量，详见进给量标牌。

5.2.4 其他车床

①立式车床：立式车床的主轴是垂直布置的，图形的工作台在水平面内，方便直径较大，长度较短的中大型尺寸的工件加工。它在立柱和横梁上都有刀架，可以同时进行圆柱表面和端面的加工。

②转塔车床：转塔车床又称六角车床，用于加工复杂且有中心孔的零件，如图 5-7 所示，转塔车床在结构上没有丝杠和尾座，代替卧式车床尾座的是一个可转位的转塔刀架。该刀架可按加工顺序同时安装 6 把不同的刀具；在四方刀架上还可安装 4 把刀具，可各刀架配合使用，可同时对工件进行加工。机床上的定程装置，可控制加工尺寸。

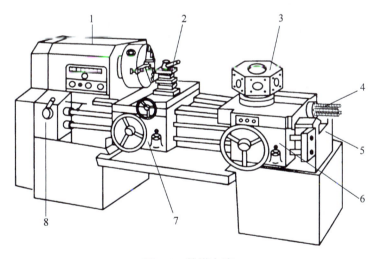

图 5-7 转塔车床
1—主轴箱 2—四方刀架 3—转塔刀架 4—定程装置 5—床身
6—转塔刀架溜板箱 7—四方刀架溜板箱 8—进给箱

5.3 车刀

5.3.1 车刀的分类

车刀的种类很多,按车刀的用途分有外圆车刀,内孔车刀(镗刀),端面车刀,螺纹车刀,切断刀(切槽刀),成形车刀等,如图 5-8 所示。

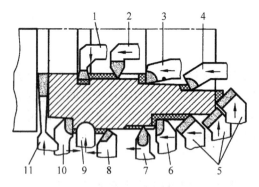

图 5-8 车刀种类

1—车槽镗刀 2—内螺纹车刀 3—盲孔镗刀 4—通孔镗刀
5—弯头外圆车刀 6—右偏刀 7—外螺纹车刀
8—直头外圆车刀 9—成形车刀 10—左偏刀 11—切断刀

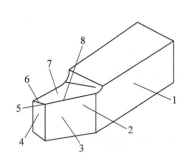

图 5-9 车刀的组成

1—夹持部分 2—切削部分 3—主后刀面 A_a
4—副后刀面 A'_a 5—刀尖 6—副切削刃 s'
7—前刀面 $A_γ$ 8—主切削刃 S

5.3.2 车刀的组成

车刀是由刀头和刀柄两部分组成,如图 5-9 所示。刀柄是用来将车刀夹固在车床刀架上。刀头是车刀的切削部分,由三面、两刃、一尖组成。

(1) 三面

前刀面:是切屑流出时所经过的表面。
主后刀面:切削时刀具与工件的切削面相对的表面。
副后刀面:切削时刀具与工件的以加工表面相对的表面。

(2) 两刃

主切削刃:前刀面与主后刀面的交线。它起主要的切削作用。
副切削刃:前刀面与副后刀面的交线。它起辅助的切削作用。

(3) 一尖

刀尖:主切削刃和副切削刃的交点。实际上刀尖是一段圆弧过渡刃。

5.3.3 车刀的结构形式

车刀的结构形式有整体式、焊接式、机夹式和机夹可转位式 4 种,如图 5-10 所示。其结构特点及适用场合如表 5-1 所列。

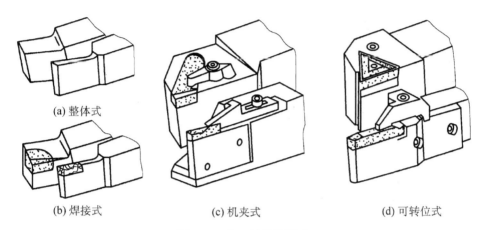

(a) 整体式　(b) 焊接式　(c) 机夹式　(d) 可转位式

图 5-10　车刀的结构形式

表 5-1　车刀不同结构类型的特点及用途

名　称	特　点	适用场合
整体式	用整体高速钢制造,刃口可磨得较锋利	小型车床或加工有色金属
焊接式	焊接硬质合金或高速钢刀片,结构紧凑,使用灵活	各类车刀特别是小刀具
机夹式	避免了焊接产生的应力、裂纹等缺陷,刀杆利用率高。刀片可集中刃磨获得所需参数;使用灵活方便	外圆、端面、镗孔、割断、螺纹车刀等
可转位式	避免了焊接刀的缺点,刀片可快换转位;生产率高;断屑稳定;可使用涂层刀片	大中型车床加工外圆、端面、镗孔,特别适用于自动线、控制机床

5.3.4 车刀的几何角度及其作用

为了确定车刀切削刃及前后刀面在空间的位置,即确定车刀的几何角度,必须要建立 3 个互相垂直的坐标平面(辅助平面):基面、切削平面和主剖面,如图 5-11 所示。

① 基面:通过切削刃选定点的平面,它平行或垂直于刀具在制造、刃磨及测量时适合于安装或定位的一个平面或轴线,一般说来其方位要垂直于假定的主运动方向。

② 切削平面:通过切削刃选定点与切削刃相切并垂直于基面的平面。

③ 正交平面:通过主切削刃选定点并同时垂直于基面和切削平面的平面。

车刀的主要角度有前角 γ_0、主后角 α_0、主偏角 k_r、副偏角 k_r' 和刃倾角 λ_s,如图 5-12 所示。

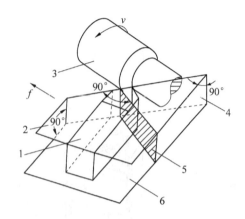
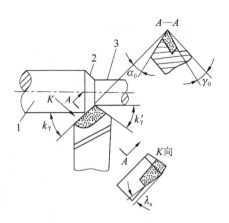

图 5-11 车刀的辅助平面
1—车刀　2—基面　3—工件
4—切削平面　5—主剖面　6—底平面

图 5-12 车刀的主要角度
1—待加工面　2—过渡表面　3—已加工面

①前角 γ_0：是前面与基面的夹角，在正交平面中测量，前角的大小主要影响切削刃的锋利程度和切削刃的强度。前角越大，刀刃锋利，越利于切削，但前角过大会削弱切削刃的强度，容易崩刃。前角的大小取决于工件材料、刀具材料及粗、精加工等情况。工件材料和刀具材料硬时，γ_0 取小值；精加工时，γ_0 取大值。如用高速钢车刀车削钢件时，其前角可取 15°～25°；车削铸铁时，因有冲击，前角应取小些；用硬质合金车刀车削钢件时，因硬质合金性脆，前角一般取 5°～15°。

②后角 α_0：是主后面与切削平面间的夹角，在正交平面中测量。后角影响主后面与工件过渡表面的摩擦及刀刃的强度和锋利程度。一般选择 α_0 = 3°～12°，粗加工或切削较硬材料时要求切削刃有足够的强度，应选小些；精加工或切削较软材料时应选大些。

③主偏角 k_r：主切削平面与假定工作平面间的夹角，在基面中测量。其大小主要影响切削条件和刀具寿命。减小主偏角，刀尖强度增加，散热条件改善，刀具使用耐用度提高，但会使刀具对工件的径向力加大，易将工件顶弯，不宜车削细长轴类工件。通常 k_r 选择 45°、60°、75° 和 90° 几种。

④副偏角 k_r'：副切削平面与假定工作平面的夹角，在基面中测量。其作用是影响副后面与工件已加工表面之间的摩擦及已加工表面的表面粗糙度。k_r' 较小时，可减小切削时的残留面积，减小表面粗糙度值，如图 5-13 所示。一般取 k_r' = 5°～15°，精加工时宜取小值。

⑤刃倾角 λ_s：在主切削平面内测量，主切削刃与基面的夹角。刀尖为切削刃最高点时为正，反之为负。刃倾角可控制切屑流出方向和刀头的强度。如图 5-14 所示，当 λ_s = 0 时，切屑沿垂直于主切削刃的方向流出；当 λ_s < 0 时，切屑向已加工表面流出，易刮伤已加工表面，但刀头强度较高，当 λ_s > 0 时，切屑向待加工表面流出。一般刃倾角 λ_s 取 -5°～5°。粗加工或切削硬、脆材料时，取负值，精加工取正值。

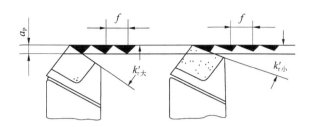

图 5-13 副偏角对表面粗糙度的影响

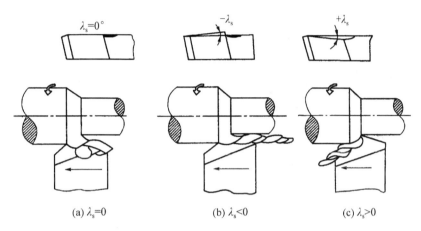

图 5-14 刃倾角对切屑流向的影响

5.3.5 车刀的刃磨

未经使用或用钝后的车刀必须进行刃磨，车刀一般在砂轮机上手工刃磨。磨高速钢车刀，用氧化铝（白色）砂轮，磨硬质合金刀头用碳化硅（绿色）砂轮，刃磨的步骤如图 5-15 所示。

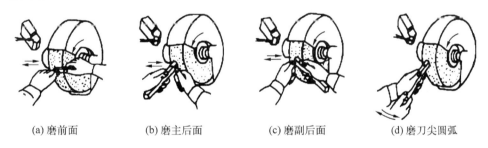

图 5-15 磨外圆车刀的步骤

刃磨车刀时应注意：

① 启动砂轮或磨刀时，人应站在砂轮侧面，防止砂轮破碎伤人。

② 刃磨时，双手拿稳车刀，用力要均匀，刀具应轻轻接触砂轮，防止砂轮破碎或车刀没有拿稳而飞出。

③ 刃磨刀具时，刀具应在砂轮圆周面上左、右移动，使砂轮磨损均匀。不要在砂轮

侧面用力刃磨车刀，防止砂轮偏斜、摆动、跳动甚至碎裂。

④刃磨高速钢车刀，刀头磨热后，放入水中冷却，防止刀头软化；刃磨硬质合金车刀，刀头磨热后，将刀杆置于水中冷却，刀头不能蘸水，防止产生热裂纹。

5.3.6 刀具的安装

为保证刀具有合理的几何角度，保证加工质量，必须正确安装车刀。车刀的安装如图 5-16 所示。

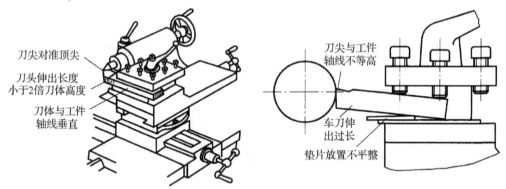

图 5-16 车刀的安装

装夹时注意：
①刀尖对准尾座顶尖，确保刀尖与车床主轴线等高。刀杆应与工件轴线垂直。
②刀头伸出长度小于刀具厚度的 2 倍，防止车削时振动。
③刀具应垫好、放正、夹牢。
④装好工件和刀具后，检查加工极限位置是否会干涉、碰撞。
⑤拆卸刀具和切削加工时，切记先锁紧方刀架。

5.4 工件的安装及车床附件

车床主要用于加工回转体表面，安装工件时应使被加工表面的回转中心和车床主轴的轴线重合，以保证工件加工时在机床上或夹具中占据正确的位置，即定位。工件定位后，还需夹紧，以承受切削力，重力，离心力等。工件的大小、形状不同时安装工件的方法和使用的车床附件也不相同，常用的附件用：三爪自定心卡盘，四爪单动卡盘，顶尖，中心架，跟刀架，心轴，花盘及压板等。

(1) 用三爪卡盘装夹工件

三爪自定心卡盘是在车床上最常用的附件，其外形与结构如图 5-17 所示。

三爪自定心卡盘能自动定心，因此工件装夹方便，但其定心精度不高，一般为 0.05~0.15mm，装夹直径较小的外圆表面用正爪进行，装夹直径较大的外圆表面，用反爪换到卡盘上即可进行。工件上同轴度要求较高的表面，应尽可能在一次装夹中车出。三爪自定心卡盘适合装夹轴、套、盘类或六角形等零件。

 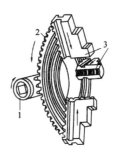

(a) 三爪卡盘外形　　(b) 反爪形式　　(c) 内部构造

图 5-17　三爪卡盘

1—大锥齿轮(背面有平面螺纹)　2—小锥齿轮(共三个)　3—卡爪　4—反爪

(2) 用四爪卡盘装夹工件

四爪卡盘外形如图 5-18(a)所示。它的 4 个卡爪通过 4 个调整螺杆分别独立移动。它不但可以装夹圆柱体工件,还可以装夹方形、长方形、椭圆或其他形状不规则的工件。装夹时,必须用划针盘或百分表进行找正,使工件回转中心对准车床主轴中心。如图 5-18(b)所示为用百分表找正,精度可达 0.01mm。

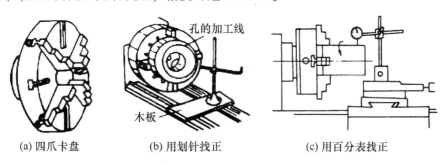

(a) 四爪卡盘　　(b) 用划针找正　　(c) 用百分表找正

图 5-18　四爪卡盘装夹工件

(3) 用顶尖装夹工件

在车床上加工长轴时,为了保证加工表面的位置精度,通常采用两顶尖来装夹工件。工件利用中心孔支承在前后顶尖之间,前顶尖一般是固定顶尖,安装在主轴锥孔内,后顶尖一般是回转顶尖,装在尾座的套筒内,工件通过拨盘和卡箍随主轴一起转动,如图 5-19 所示。

生产中经常用钢料夹在三爪自定心卡盘中并车成 60°圆锥体代替前顶尖,用三爪自定心卡盘代替拨盘,如图 5-20 所示。

用顶尖安装工件前,要先车平端面,并在工件的端面上用中心钻钻出中心孔。中心孔的形状有 A、B 2 种类型,如图 5-21 所示。A 型中心孔的用 60°锥孔与顶尖的 60°锥面相配合,里面的小孔可存储润滑油,B 型中心孔的外端多了一个 120°锥面,便于精车轴的端面。

常用的顶尖有普通顶尖(死顶尖)和活顶尖,其形状如图 5-22 所示。前顶尖用死顶尖。在高速切削、粗加工或半精加工时后顶尖用活顶尖;在加工精度要求比较高时,后顶尖用死顶尖,但要合理选择切削速度,以减小后顶尖的磨损和防止烧坏。

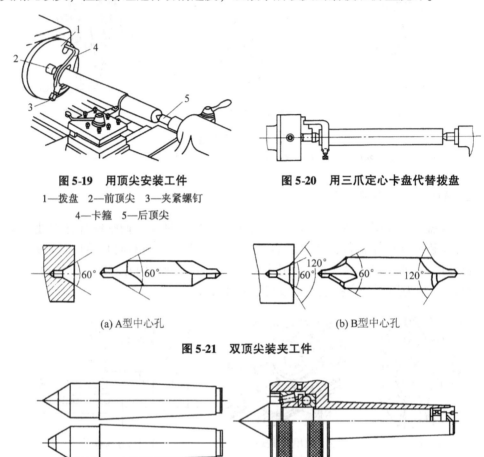

图 5-19 用顶尖安装工件
1—拨盘 2—前顶尖 3—夹紧螺钉
4—卡箍 5—后顶尖

图 5-20 用三爪定心卡盘代替拨盘

(a) A型中心孔　　(b) B型中心孔

图 5-21 双顶尖装夹工件

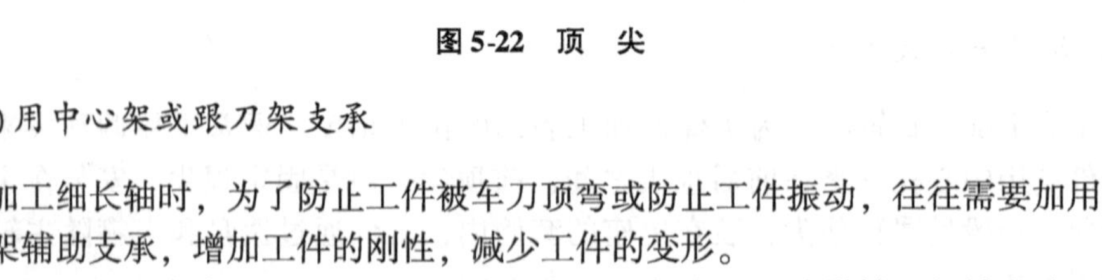

(a) 死顶尖　　(b) 活顶尖

图 5-22 顶　尖

(4) 用中心架或跟刀架支承

① 加工细长轴时,为了防止工件被车刀顶弯或防止工件振动,往往需要加用中心架或跟刀架辅助支承,增加工件的刚性,减少工件的变形。

中心架固定于床身上,有 3 个可调支承爪,一般多用于阶梯轴、长轴车端面,打中心孔及加工内孔等。中心架的应用如图 5-23 所示。

② 跟刀架固定在床鞍上,大刀架的左侧,可随大刀架一起移动,支承爪可调。跟刀架多用于加工细长的光轴和长丝杠等工件,如图 5-24 所示。

应用跟刀架或中心架时,工件的支承面应是加工过的外圆,各支承点受力应均匀,并要加机油润滑,工件的转速不应很高。

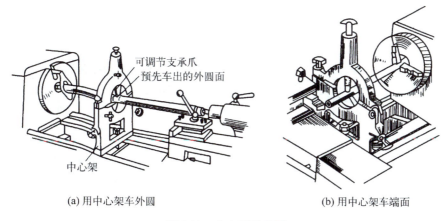

(a) 用中心架车外圆　　　　　(b) 用中心架车端面

图 5-23　中心架的应用

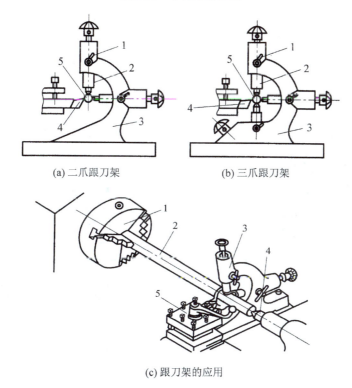

(a) 二爪跟刀架　　　　　(b) 三爪跟刀架

(c) 跟刀架的应用

图 5-24　跟刀架及其应用

1—三爪自定心卡盘　2—工件　3—跟刀架　4—尾顶尖　5—刀架

(5) 用心轴装夹工件

利用已加工过的孔，把零件装在心轴上，心轴安装在前后顶尖之间，以加工盘套类零件的外圆和端面。这样，有利于保证内外圆的同轴度和两端面与内外圆的垂直度。

锥度心轴和圆体心轴如图 5-25、图 5-26 所示。锥度心轴的锥度为 1∶2 000 ~ 1∶5 000。这种心轴装卸方便，对中准确，用于精加工。

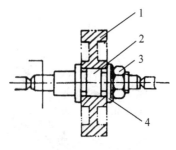 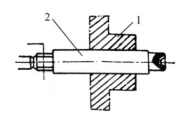

图 5-25　锥度心轴　　　　　　　图 5-26　圆体心轴
1—工件　2—心轴　3—螺母　4—垫圈　　　1—工件　2—心轴

(6) 用花盘装夹工件

在车床上加工大而形状不规则的零件，可用花盘装夹，如图 5-27 所示。采用花盘装夹镗孔和车端面时，有利于保证定位平面与加工面的垂直度和平行度。

有些复杂的零件装夹在弯板(角铁)上，再将弯板压在花盘上。图 5-28 所示为轴承座的装夹方式。

用花盘装夹工件，找正比较费时，还应安装平衡铁来减小转动时产生的振动。

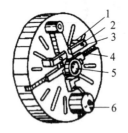 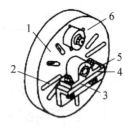

图 5-27　在花盘上安装零件　　　　图 5-28　在花盘弯板上安装零件
1—垫铁　2—压板　3—螺钉　　　　1—花盘　2—螺钉槽　3—弯板
4—螺钉槽　5—工件　6—平衡铁　　4—安装基面　5—工件　6—平衡铁

5.5　车削加工

5.5.1　车外圆

将工件车成圆柱形表面的加工称为车外圆，如图 5-29 所示。

车外圆分粗车和精车。粗车时，主要目的是尽快地从毛坯上切去大部分多余材料，其精度和表面粗糙度要求并不高。因此，粗车应首先选用较大的背吃刀量，其次选用适当大的进给量，而只采用中等或中等偏低的切削速度。

精车的目的是保证零件的尺寸公差和表面粗糙度等。精车后，表面粗糙度可达 $Ra1.6 \sim 0.8~\mu m$，尺寸精度可达 CT7～CT6。

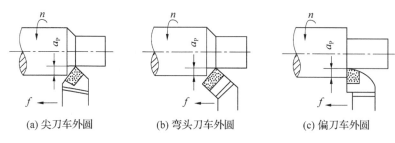

(a) 尖刀车外圆　　(b) 弯头刀车外圆　　(c) 偏刀车外圆

图 5-29　外圆车削

(1) 使用试切法控制车外圆时径向尺寸

把工件装夹在车床上，可根据工件的加工余量决定进给的次数和每次进给的背吃刀量。因为刻度盘和横向进给丝杠都有误差，在半精车或精车时，往往不能满足进刀精度要求。为了准确地确定吃刀量，保证工件的加工尺寸精度，需要采用试切的方法，即通过试切—测量—调整—再试切反复进行，使工件达到尺寸要求。

试切的方法与步骤如图 5-30 所示。如果按照背吃刀量 a_{p_1} 的试切后的尺寸合格，就按 a_{p_1} 车出整个外圆面。如果尺寸还大，要重新调整背吃刀量 a_{p_2} 进行试切，如此直至尺寸合格为止。

(2) 使用刻度盘手柄控制车削外圆的尺寸

使用刻度盘手柄可以准确地获得车削外圆的尺寸，但必须正确掌握好车削加工的背吃刀量 a_p，车外圆的背吃刀量是通过调节中滑板横向进给丝杠获得的。横向进刀手柄

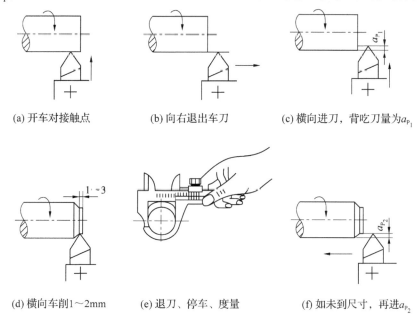

(a) 开车对接触点　　(b) 向右退出车刀　　(c) 横向进刀，背吃刀量为 a_{p_1}

(d) 横向车削 1～2mm　　(e) 退刀、停车、度量　　(f) 如未到尺寸，再进 a_{p_2}

图 5-30　外圆的试切法

连着刻度盘转一周，丝杠也转一周，带动螺母及中滑板和刀架沿横向移动一个丝杠导程。由此可知，中滑板进刀手柄刻度盘每转一格，刀架沿横向的移动距离 S 为

$$S = 丝杠导程/刻度盘总格数$$

对于 C6132 车床，此值为 0.02/格。所以，车外圆时当刻度盘顺时针转一格，横向进刀 0.02mm，工件的直径减小 0.04mm。这样就可以按背吃刀量 a_p 决定进刀格数。

车外圆时，如果进刀超过了应有的刻度，或试切后发现车出的尺寸太小而须将车刀退回时，由于丝杠与螺母之间有间隙，刻度盘不能直接退回到所要的刻度线，应按图 5-31 所示的方法进行纠正。

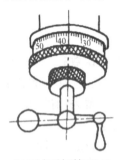  

(a) 要求手柄转至30°，但摇过头成40°　　(b) 错误：直接退至30°　　(c) 正确：反转约一圈后，再正转至30°

图 5-31　手柄摇过后的纠正方法

试切法调整加工尺寸　工件在车床上装夹后，要根据工件的加工余量决定进给的次数和每次进给的背吃刀量。因为刻度盘和横向进给丝杠都有误差，在半精车或精车时，往往不能满足进刀精度要求。为了准确地确定吃刀量，保证工件的加工尺寸精度，只靠刻度盘进刀是不行的，这就需要采用试切的方法。

试切的方法与步骤。如果按照背吃刀量 a_{p1} 的试切后的尺寸合格，就按 a_{p1} 车出整个外圆面。如果尺寸还大，要重新调整背吃刀量 a_{p2} 进行试切，如此直至尺寸合格为止。

5.5.2　车端面

端面车削时的几种情况如图 5-32 所示。车端面时应注意：刀尖要对准工件中心，以免车出的端面留下小凸台。车大端面时，要适当调整转速，使车刀靠近工件中心处的

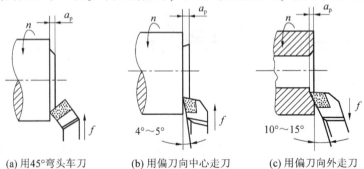

(a) 用45°弯头车刀　　(b) 用偏刀向中心走刀　　(c) 用偏刀向外走刀

图 5-32　车端面

转速高些。车后的端面若不平整是车刀磨损或背吃刀量过大导致拖板移动所造成的,此时应刃磨车刀并将大拖板锁紧及调整背吃刀量。为了减小表面粗糙度,最后一刀可由中心向外切削。

5.5.3 车台阶

当台阶高度小于 5mm 时,可用主偏角 90°的偏刀一次走刀切出;当台阶高度大于 5mm 时,可用约 95°的偏刀分层切削,最后横向切出,车出 90°台阶,如图 5-33 所示。

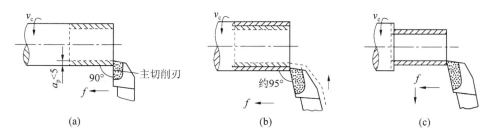

图 5-33 车台阶

5.5.4 切槽和切断

(1) 切槽

切槽用切槽刀。切槽刀如图 5-34(a)所示。安装时,刀尖要与工件轴线等高;主切削刃平行于工件轴线,两侧要对称,如图 5-34(b)所示。

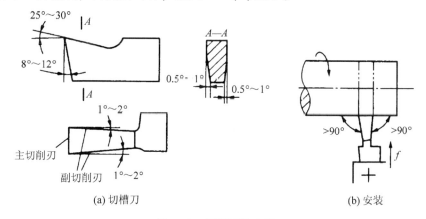

图 5-34 切槽刀及安装

当槽宽小于 5mm 时,可采用主切削刃的宽度等于槽宽的切槽刀,在一次横向进给中切出;当槽宽大于 5mm 时,一般采用分段横向粗车,最后在纵向进行精车(图 5-35)。

(2) 切断

切断刀与切槽刀的形状相似,不同点是刀头窄而长,强度差、易折断。

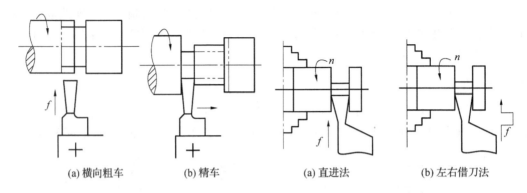

(a) 横向粗车　　　　(b) 精车　　　　　　(a) 直进法　　　　(b) 左右借刀法

图 5-35　车宽槽　　　　　　　　　　图 5-36　切断

切断刀刀尖必须与工件中心等高，伸出长度尽可能短。工件一般用卡盘装夹，切断处尽量靠近卡盘。

切断时，排屑困难，散热条件差，易引起振动。自动进给切钢料需加冷却润滑液，手动进给应均匀，即将切断时放慢进给速度。

常用的切断方法有直进法和左右借刀法，如图 5-36 所示。直进法常用于切削铸铁等脆性材料；左右借刀法常用于切削钢等塑性材料。

5.5.5　钻孔和镗孔

车床上可以用钻头、扩孔钻、铰刀、镗孔刀、进行钻孔、扩孔、铰孔和镗孔。

(1) 钻孔

钻孔的方法如图 5-37 所示。

钻孔前应先把工件端面车平，然后把尾架固定在合适的位置上。锥柄钻头可直接装入尾架套筒内(如锥柄较小，可加过渡套)，直柄钻头用钻头夹夹持装入尾座套筒。为防止钻头偏斜，可先用车刀划一个锥坑。由于钻头刚性差，排屑、散热和润滑条件均差，故切削用量不宜大，钻钢材要注入冷却润滑液，钻削中常退刀排屑。快钻通时，应减慢进给速度，以防钻头折断。钻通后，先退刀，后停车。

钻孔的精度在 IT10 以下，表面粗糙，多用于粗加工或作为镗孔、扩孔和铰孔的前工步。

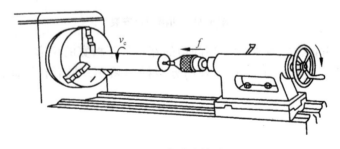

图 5-37　车床上钻孔

(2) 镗孔

镗孔是用镗孔刀将工件上已有的孔扩大，提高精度，降低表面粗糙度。在车床上可镗通孔、盲孔、台阶孔及其内环形沟槽，如图 5-38 所示。

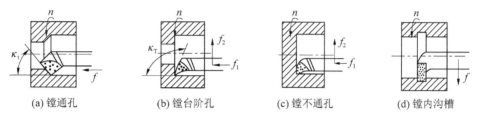

图 5-38 镗 孔

通孔镗刀主偏角小于 90°，刃倾角为正，切屑流向待加工面；盲孔及台阶孔镗刀主偏角大于 90°刃倾角为负，切屑从孔口排出。镗入刀杆尽可能粗，伸出的长度尽量短，且刀尖可略高于主轴中心，以使刀杆增大刚度，减小颤振等。

镗孔时，因刀杆细长，且不加冷却液，切削用量一般比车外圆小些。

5.5.6 车圆锥

车圆锥的方法有以下 4 种：小刀架转位法、尾架偏移法、靠模法、宽刀车削法。

(1) 小刀架转位法

要根据工件的斜角 $\alpha/2$，将小刀架扳转，紧固后，摇动小刀架手柄，使车刀沿圆锥面的母线移动，如图 5-39 所示。

车锥面用外圆车刀，车床主轴转速与车外圆时相同，转动横向进给手柄来调整背吃刀量。

这种方法操作简单，能加工锥角很大的内外圆锥面，因受小刀架行程的限制，不能加工较长的锥面。因不能机动进给，要降低工件表面粗糙度较难，车床和工件应具有较好的刚度。

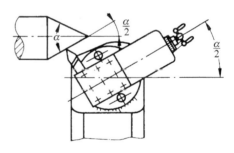

图 5-39 转动小刀架车圆锥

(2) 尾架偏移法

把尾架顶尖偏移一定距离 s，使工件旋转轴线与车床主轴轴线交角等于斜角 $\alpha/2$，车刀纵向进给，车出所需要的锥面，如图 5-40 所示。

尾架偏移量

$$s = L \cdot \tan\frac{\alpha}{2}$$

式中：L——工件长度(mm)。

尾架偏移法用于加工半锥角较小($\alpha/2 < 8°$)锥面较长的外锥面，并能机动进给。

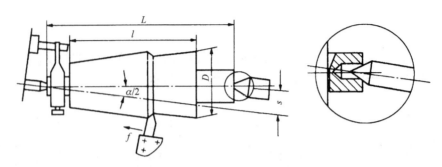

图 5-40　偏移尾架法车锥面

为使与中心孔接触良好，受力均匀，宜采用球形顶尖。

(3) 靠模法

在大批量生产中还经常用靠模法车削圆锥面，如图 5-41 所示。

靠模装置的底座固定在床身的后面，底座上装有锥度靠模板。松开紧固螺钉，靠模板可以绕定位销钉旋转，与工件的轴线成一定的斜角。靠模上的滑块可以沿靠模滑动，而滑块通过连接板与中滑板连接在一起。中滑板上的丝杠与螺母脱开，其手柄不再调节刀架横向位置，而是将小滑板转过 90°，用小滑板上的丝杠调节刀具横向位置以调整所需的背吃刀量。

如果工件的锥角为 α，将靠模调节成 α/2 的斜角。当床鞍作纵向自动进给时，滑块就沿着靠模滑动，从而使车刀的运动平行于靠模板，车出所需的圆锥面。

靠模法加工进给平稳，工件的表面质量好，生产效率高，可以加工 α < 12° 的长圆锥面。主要用于成批和大量生产中较长的内外锥面。

(4) 宽刀车削法

宽刀车削法就是利用主切削刃横向进给直接车出圆锥面，如图 5-42 所示。

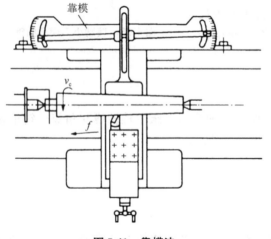

图 5-41　靠模法

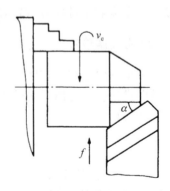

图 5-42　宽刀法

宽刀车削法切削刃的长度要大于圆锥母线长度,切削刃与工件回转中心线成半锥角 α,这种加工方法方便、迅速,能加工任意角度的内、外圆锥。车床上倒角实际就是宽刀车削法车圆锥。此种方法加工的圆锥面很短(≤200mm),要求切削加工系统要有较高的刚性,适用于批量生产。

5.5.7 车螺纹

(1) 普通螺纹

普通螺纹牙型都为三角形,故又称三角形螺纹。这是运用最广的一种螺纹。

图 5-43 标示了三角形螺纹各部分的代号,即螺纹大径(公称直径) $D(d)$、螺纹中径 $D_2(d_2)$、螺纹小径 $D_1(d_1)$、原始三角形高度 H。

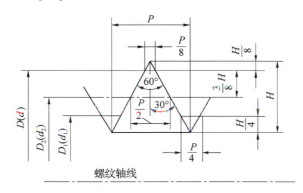

图 5-43 普通螺纹各部分代号

决定螺纹的 3 个基本要素有:

① 牙型角 α:是螺纹轴向剖面内螺纹两侧面的夹角,英制螺纹为 55°。

② 螺距 P:是沿轴线方向上相邻两牙间对应点的距离。米制螺纹的螺距用 mm 表示,英制螺纹用每英寸上的牙数 D_p 表示,D_p 称为径节。螺距 P 的公式:

$$P = \frac{25.4}{D_p} = \frac{127}{5D_p} \quad \text{mm}$$

③ 螺纹中径 $D_2(d_2)$:它是平分螺纹理论高度 H 的一个假想圆柱体的直径。在中径螺纹牙厚与槽宽相等。

(2) 螺纹车刀及其安装

① 螺纹车刀的几何角度:车刀的刀尖角等于螺纹牙形角。为了保证车刀切削部分的形状与螺纹截面形状相吻合,又使车刀刃磨方便,常取 $\gamma_0 = 0°$。只有在粗加工时或螺纹精度要求不高时,为了改善切削条件,才用正前角的车刀。另外,当螺距较大时,要考虑螺旋角对车刀两侧后角的影响。为了防止车刀后面与螺纹表面摩擦,顺利进行切削,车刀的后角应加上或减去一个螺旋角(车右螺纹时,左面后角增大,右面后角减小)。

② 样板对刀:如图 5-44 所示,刀尖对准工件的中心,再用样板对刀,使刀尖角的

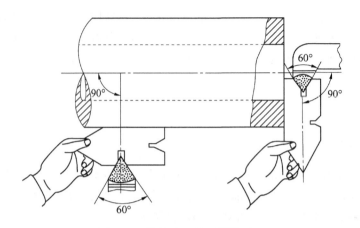

图 5-44 螺纹车刀的形状及对刀

角平分线与工件的轴线相垂直,以保证车出的螺纹不会偏斜。

(3) 车床的调整

车螺纹时,必须满足的运动关系是:工件每转过一转时,车刀必须准确地移动一个工件的螺距(多头螺纹为导程)。因此,必须按图 5-45 所示传动路线调整车床。调整时,根据工件的螺距或导程,按进给箱标牌上所示的手柄位置来变换配换齿轮(挂轮)的齿数及各进给变速手柄的位置,通过手柄把丝杠接通即可。

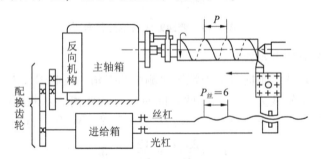

图 5-45 车螺纹的传动

三星轮可改变丝杠旋转方向,通过调整它,可车右旋螺纹或左旋螺纹。

(4) 车螺纹的操作

以车外螺纹为例,车削的方法与步骤如图 5-46 所示。

车内螺纹的方法与车外螺纹基本相同,只是横向进给手柄的进退与转向不同而已。对于直径较小的内、外螺纹,可在车床上用丝锥或板牙攻出或套出。

车螺纹时,还需要注意以下几点:

① 工件要夹牢,伸出部分不宜过长,避免工件松动或变形。

② 转速不宜过高,螺纹端部应切有退刀槽,以便退刀。

③ 牙形快车尖时,应用螺纹环规(或标准螺母)旋入检查,并仔细调整背吃刀量,

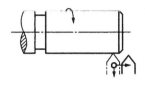
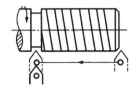
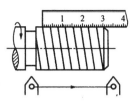

(a) 开车，使车刀与工件轻微接触记下刻度盘读数，向右退出车刀

(b) 合上对开螺母在工件表面上车出一条螺纹线，横向退出车刀，停车

(c) 开反车使车刀退到工件右端停车，用钢尺检查螺距是否正确

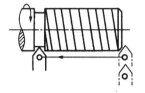
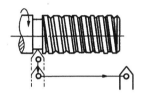
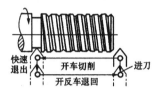

(d) 利用刻度盘调整切深，开车切削

(e) 车刀将至行程终了时，应做好退刀停车准备，先快速退出车刀，然后停车，开反车退回刀架

(f) 再次横向进切深，继续切削其切削过程的路线如图所示

图 5-46　车螺纹

保证螺纹中径和降低表面粗糙度。

④ $P_{丝}/P$ 不是整数时，加工中，不能随意打开丝杠的对合螺母，以防"乱牙"报废。

5.5.8　滚花

为了增加摩擦和美观，某些工具和零件，常常在手握持部分滚出各种不同的花纹。滚花是用特制的滚花刀挤压工件表面，使其产生塑性变形而形成凸凹不平但均匀一致的花纹，如图 5-47 所示。

花纹有直纹和网纹 2 种，滚花刀也分直纹滚花刀和网纹滚花刀，如图 5-48 所示。在滚花刀接触工件开始吃刀时，必须用较大的压力，等滚花刀吃刀到一定深度后，再进行自动进给，这样来回滚压 1~2 次，直到花纹滚好为止。滚花时工件所受的径向力大，滚花部分应靠近卡盘装夹，工件转速要低，并且还要充分的润滑，防止产生乱纹。

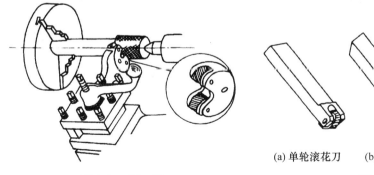

图 5-47　滚　花

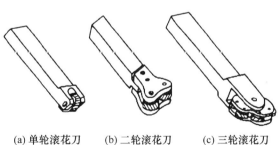

(a) 单轮滚花刀　　(b) 二轮滚花刀　　(c) 三轮滚花刀

图 5-48　滚花刀

5.5.9 车成形面

手柄、椭圆、凸轮等这些带有曲线的表面称为成形面。将工件表面车削成成形面的方法称为车成形面。成形面的车削方法有下列几种：

(1) 用普通车刀车削成形面

靠双手同时摇动纵向和横向进给手柄进行车削，用样板测量，如图 5-49 所示。这种方法要求操作者有较高技术，但不需特殊刀具和设备等，在单件小批量生产中被普遍采用。

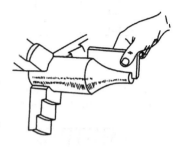

图 5-49 普通车刀车成形面

(2) 用成形车刀车成形面

这种方法是利用与工件轴向剖面形状完全相同的成形车刀来车削，如图 5-50 所示，成形刀刃口应与工件中心一样高，否则，会产生形状误差。

成形车刀与工件的接触面较大，容易引起振动，所以应采用较低的切削速度和较小进给量。采用反切的方法可以减小振动。反切就是主轴反转，车刀刀刃向下。此外，还必须加润滑油。此法用于车削尺寸不大的，且要求不太精确的成形面。

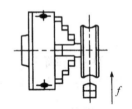

图 5-50 成形车刀车成形面

(3) 靠模法车成形面

它是利用刀尖的运动轨迹与靠模（板或槽）的形状完全相同的方法车出成形面的，如图 5-51 所示。此时，横刀架（中拖板）已经与丝杠脱开，其前端的拉杆上装滚柱。当大拖板纵向走刀时，滚柱即在靠模的曲线槽内移动，从而使车刀刀尖的运动轨迹与曲线槽形状相同。这种方法操作简单，生产率高，在零件生产批量大且精度要求较高时采用。如靠模为斜槽，即可车出锥面。

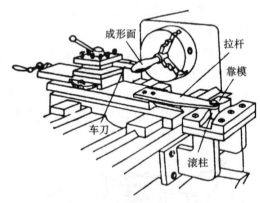

图 5-51 靠模法车成形面

(4) 用数控车床车成形面

数控车床加工成形表面是用程序对机床进行控制的，所以加工精度高，生产效率高，单件小批量生产和大批大量生产均可采用。

本章小结

车削加工生产效率高、生产成本低、工艺范围广；车削加工使用的设备是车床，使用的刀具是车刀，加工的表面是各种回转面，特别适合圆柱表面、圆锥表面和螺纹表面的加工；工件安装时可根据工件的大小及形状选择使用相应的机床附件。

思考题

1. 试述车削的运动特点和普通车床的加工范围。
2. 车床由哪些部分组成？各部分有何作用？
3. 卧式车床可完成哪些表面加工？车削时工件和刀具需做哪些运动？
4. 刀架由哪几部分组成？各有什么用处？
5. 车床转速提高时，刀架运动速度加快，进给量是否增加？
6. 车削时为什么要开车对刀？
7. 车削加工时，如果需要更换主轴转速，为什么需要先停车，再变速？
8. 前角 γ_0 的作用怎样？后角 α_0 的作用怎样？
9. 螺纹车刀和外圆车刀相比有何特点？为什么车螺纹时要用丝杠带动刀架进给？
10. 车外圆时有哪些装夹方法？何种工件适合采用双顶尖装夹？工件两端面中心孔如何加工？
11. 车削之前为什么要试切？试切的步骤有哪些？
12. 圆盘类工件外圆对内孔的同轴度及端面对内孔轴线的垂直度要求都比较高，试分析采用何种方法装夹工件？
13. 在车削细长轴时，可采取哪些措施防止产生腰鼓形？
14. 粗车和精车的加工要求是什么？其刀具角度和切削用量的选择有何不同？
15. 为什么车削时一般先要车端面？为什么钻孔前也要车端面？
16. 卧式车床上加工内孔的方法有哪几种？镗孔应注意哪些问题？
17. 在车床上装夹工件有哪些方法？如果一套筒类零件的内外圆柱面的同轴度以及端面对圆柱面轴线的垂直度要求较高，采用何种方法装夹？
18. 圆锥体有哪几种加工方法？
19. 试述转动小刀架法车锥体的优缺点及应用范围？
20. 已知工件锥度为 1:10，求车削时小刀架应扳转的角度？
21. 一般阶梯轴上的几个退刀槽的宽度都相等，为什么？退刀槽的作用是什么？
22. 切断时，车刀易折断的原因是什么？操作过程中怎样防止车刀折断？
23. 车床上加工成形面的方法有几种？各适用于什么情况？
24. 用成形车刀车成形面时，为什么前角必须为零？

第 6 章
刨削和磨削实训

[**本章提要**]
　　刨削操作在刨床上用刨刀加工工件的过程叫做刨削。它是金属切削加工常用的方法之一。磨削加工是在磨床上用砂轮作为切削工具，对工件表面进行加工的方法。磨削的刀具是砂轮，它从工件表面切除细微的切屑。磨削加工是零件精加工的主要方法之一。

6.1　刨削实训
6.2　磨削实训

刨削主要用来加工水平面、垂直面、斜面、沟槽，还可以加工成形表面。磨削主要用于零件的内外圆柱面、内外圆锥面、平面及成形表面的精加工，以获得较高的尺寸精度和较低的表面粗糙度。

6.1 刨削实训

6.1.1 概述

刨削操作在刨床上用刨刀加工工件的过程叫做刨削。它是金属切削加工常用的方法之一。在牛头刨床上刨削时，刨刀的直线往复运动为主运动，工件的间歇移动为进给运动。刨床的刨削用量为：

①刨削深度 a_p：工件已加工表面和待加工表面之间的垂直距离，单位：mm。

②进给量 f：刨刀往复一次后，工件所移动的距离，单位：mm/每次往复。

③刨削速度 v_c：工件和刨刀在切削时的相对速度。其公式：

$$v_c = \frac{2Ln}{1\,000} \quad \text{m/min}$$

式中：L——行程长度，mm；

n——滑枕每分钟的往复行次数，r/min。

一般 $v_c = 17 \sim 50$ m/min。

刨削主要用来加工水平面、垂直面、斜面、沟槽（直槽、T形槽和V形槽等），也可以加工成形表面，如图6-1所示。

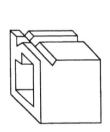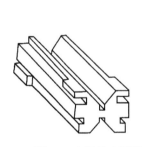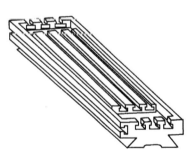

图 6-1 刨床加工零件举例

刨刀在回程时不切削；在进程时切削速度较低，一般刨削的生产率较低。但是对于加工狭而长的工件表面生产率较高，因为工件变狭减少了横向走刀次数。刨刀结构简单，通用性强，加工时调整方便。在单件生产和修配工作中，还普遍采用刨床。刨削加工精度，一般为 CT9～CT8，表面粗糙度为 Ra 12.5～3.2 μm。

6.1.2 刨床

牛头刨床是刨削类机床中应用较广的一种。它适宜刨削长度不超过 1 000 mm 的中、小型工件。下面以 B6065（旧编号为 B665）牛头刨床为例进行介绍。

(1) 牛头刨床的编号及组成

图 6-2 为 B6065 牛头刨床。在编号 B6065 中，B 表示刨床类；60 表示牛头刨床；65 表示刨削工件的最大长度的 1/10，即最大刨削长度为 650mm。

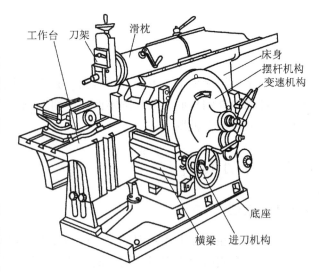

图 6-2 B6065 牛头刨床

牛头刨床主要由床身、滑枕、刀架、工作台、横梁、底座等部分组成。

①床身：用于支承和连接刨床的各部件。其顶面导轨供滑枕往复运动用，侧面导轨供工作台升降用。床身的内部装有传动机构。

②滑枕：主要用来带动刨刀作直线往复运动（即主运动），其前端装有刀架。

③刀架：用于夹持刨刀。摇动刀架手柄时，滑板便可沿转盘上的导轨带动刨刀上下移动。松开转盘上的螺母，将转盘扳转一定角度后，可使刀架斜向进给。滑板上还装有可偏转的刀座（又称刀盒、刀箱）。刀座上装有抬刀板，刨刀随刀夹安装在抬刀板上，在刨刀的返回行程时，刨刀随抬刀板绕 A 轴向上抬起，以减少刨刀与工件的摩擦。

④工作台：用于安装工件，它可随横梁作上下调整，并可沿横梁作水平方向移动或作进给运动。

⑤底座：支承床身，并通过地脚螺栓与地基相连。

(2) 牛头刨床的传动及调整

牛头刨床的传动系统、各机构的运动及调整如图 6-3 所示，其中以下内容：

①变速机构：由 1、2 两组滑动齿轮组成，轴Ⅲ有 $3 \times 2 = 6$ 种转速，使滑枕变速。

②摆杆机构：齿 3 带动齿 4 转，滑块 5 在摆杆 6 槽内滑动并带动 6 绕下支点 7 摆动，于是带动滑枕 8 作往复直线运动。

③调整滑枕行程长度：转动轴 9，锥齿 10 和 11、小丝杠 12 的转动使偏心滑块 13 移动，曲柄销 14 带动滑块 5 改变偏心位置，从而改变滑枕的行程长度。

④调整滑枕起始位置：松开手柄 21，转动轴 22，通过 23、24 锥齿轮转动丝杠 25，由于固定在摇杆 6 上的螺母 26 不动，丝杠 25 带动滑枕 8 改变起始位置。

⑤横向进给：齿 15 与齿 4 是一体的，齿 15 带动齿 16 转动，连杆 17 摆动拨爪 18，拨动棘轮 19 使丝杠 20 转一个角度，实现横向进给；反向时，由于拨爪后面是斜的，爪内弹簧被压缩，拨爪从棘轮齿顶滑过，因此工作台横向自动进给运动是间歇的。

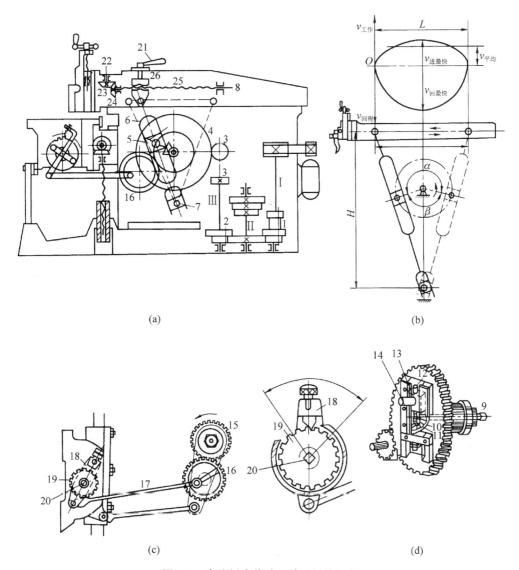

图 6-3 牛头刨床传动系统及机构调整

⑥滑枕往复速度的变化：滑枕往复运动速度在各点上都不一样(见下图速度曲线)。其工作行程转角为 α，空程为 β，$\alpha > \beta$，因此回程时间较工作行程短(即慢进快回)。

6.1.3 刨刀

(1) 刨刀的几何参数及其特点

刨刀的几何参数与车刀相似。但由于刨削加工的不连续性，刨刀切入工件时，受到较大的冲击力，所以一般刨刀刀杆的横截面均较车刀大 1.25~1.5 倍。图 6-4 是一种平面刨刀的几何参数，其中 γ_0 为前角，α_0 为后角，k_r 为主偏角，k_r' 为副偏角，λ_s 为刃倾角。为了增加刀尖的强度，刨刀的刃倾角 λ_s 一般取负值。刨刀切削部分最常用的材料有硬质合金和高速钢等。

刨刀往往做成弯头,这是刨刀的一个明显特点。弯头刨刀在受到较大的切削力时,刀杆所产生的弯曲变形,是围绕 O 点向后上方弹起的,因此刀尖不会啃入工件,如图 6-5(a)所示。而直头刨刀受力变形将会啃入工件,损坏刀刃及加工表面,如图 6-5(b)所示。

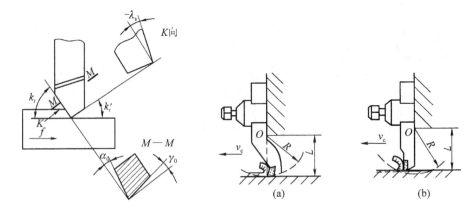

图 6-4 平面刨刀的几何参数　　　　图 6-5 弯头刨刀和直头刨刀的比较

(2) 刨刀的种类及其应用

刨刀的种类很多,按加工形式和用途不同,有各种不同的刨刀,常见的有平面刨刀、偏刀、角度偏刀、切刀及成形刀等。平面刨刀用于加工水平面;偏刀用于加工垂直面或斜面;角度偏刀用于加工相互成一定角度的表面;切刀用于刨槽或切断;成形刀用于加工成形表面。常见的刨刀形状及应用如图 6-6 所示。

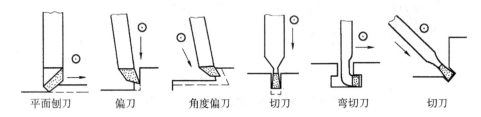

图 6-6 常见刨刀的形状及应用

6.1.4 工件的安装

在刨床上安装工件的方法有平口钳安装、压板螺栓安装和专用夹具安装等。

(1) 平口钳安装工件

平口钳是一种通用夹具,经常用其安装小型工件。使用时先把平口钳钳口找正并固定在工作台上,然后再安装工件。常用的按划线找正安装工件的方法如图 6-7(a)所示。

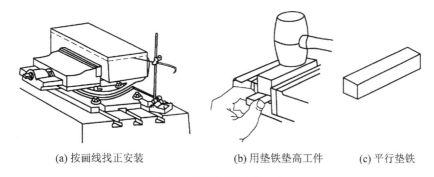

(a) 按画线找正安装　　(b) 用垫铁垫高工件　　(c) 平行垫铁

图 6-7　用平口钳安装工件

用平口钳安装工件的注意事项有：

① 工件的被加工面必须高出钳口，否则就要用平行垫铁垫高工件，如图 6-7(b)、(c)。

② 为了能安装得牢固，防止刨削时工件松动，必须把比较平整的平面贴紧在垫铁和钳口上。为使工件贴紧垫铁，应一面夹紧，一面用锤子轻击工件的上平面，如图 6-7(b) 所示。注意光洁的上平面要用铜棒进行敲击，防止敲伤光洁的表面。

③ 为了保护钳口和工件已加工表面，安装工件时往往要在钳口处垫上铜皮。

④ 用手挪动垫铁检查贴紧程度，如有松动，说明工件与垫铁之间贴合不好，应松开平口钳重新夹紧。

⑤ 对于刚度不足的工件，安装时应增加支承，以免夹紧力使工件变形，如图 6-8 所示。

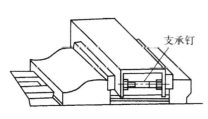

图 6-8　框形工件的安装

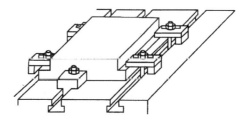

图 6-9　用压板螺栓安装工件

（2）压板螺栓安装工件

有些工件较大或形状特殊，需要用压板螺栓和垫铁把工件直接固定在工作台上进行刨削。安装时先把工件找正，具体安装方法如图 6-9 所示。

用压板螺栓安装工件时的注意事项：

① 压板的位置要安排得当，压点要靠近刨削面，压紧力大小要合适。粗加工时，压紧力要大，以防切削中工件移动；精加工时，压紧力要合适，注意防止工件变形。

② 工件如果放在垫铁上，要检查工件与垫铁是否贴紧，若没有贴紧，必须垫上纸或铜皮，直到贴紧为止。

③ 压板必须压在垫铁处，以免工件因受夹紧力而变形。

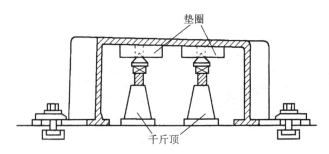

图 6-10 薄壁工件的装夹

④装夹薄壁工件，可在其空心处使用活动支撑或千斤顶等，以增加刚度，否则工件因受切削力而产生振动和变形。薄壁工件装夹如图 6-10 所示。

⑤工件夹紧后，要用划针复查加工线是否仍然与工作台平行，避免工件在装夹过程中变形或走动。

(3) 专用夹具安装工件

这是一种较完善的安装方法，它既保证工件加工后的准确性，又安装迅速，不需花费找正时间，但要预先制造专用夹具，所以多用于成批生产。

6.1.5 刨削操作

(1) 刨水平面

刨水平面时，刀架和刀座均在中间垂直位置上，如图 6-11(a) 所示。粗刨时，用普通平面刨刀，背吃刀量 $a_p = 2 \sim 4mm$，进给量 $f = 0.3 \sim 0.6mm/str$ (毫米/双行程)。精刨时，可用窄的精刨刀，背吃刀量 $a_p = 0.5 \sim 2mm$，进给量 $f = 0.1 \sim 0.3mm/str$ (毫米/双行程)。切削速度队随刀具材料和工件材料不同而略有不同，一般取 20m/min 左右。上述切削用量也适用于刨垂直面和刨斜面。

(2) 刨垂直面

刨垂直面是用刨刀垂直进给来加工平面的方法，用于不能用刨水平面的方法加工的平面。例如加工长工件的两端面，用刨垂直面的方法就较为方便。

加工前，检查刀架转盘的刻线是否对准零线，若未对准零线，应调到零线。刀座须按一定方向偏转一合适的角度，一般为 10°～15°，如图 6-11(b) 所示。转动刀座的目的，是使抬刀板在回程时，能使刀具抬离工件的加工面，以减少刨刀的磨损，并避免划伤已加工表面。

精刨时，为降低表面粗糙度，可在副切削刃上接近刀尖处磨出 1～2mm 的修光刃。装刀时，应使修光刃平行于加工平面。

(3) 刨斜面

与水平面成倾斜角度的平面称为斜面。刨削斜面的方法很多，最常用的方法是正夹斜刨，亦称倾斜刀架法，如图6-11(c)所示。它与刨垂直面的方法相似，刀座相对滑板也要偏转10°~15°，不同的是刀架还要扳转一定角度，其角度大小必须与工件待加工的斜面相一致。在刀座和刀架调整完以后，刨刀即从上向下实现倾斜进给刨削。

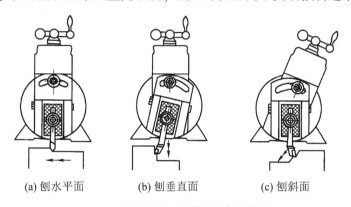

(a) 刨水平面　　(b) 刨垂直面　　(c) 刨斜面

图6-11　刨水平面、垂直面和斜面的方法

(4) 刨六面体零件

六面体零件要求对面平行，还要求相邻的平面成直角。这类零件可以铣削加工，也可刨削加工。刨六面体一般采用图6-12所示的加工步骤。

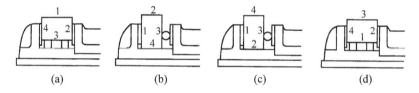

图6-12　保证4个面垂直度的加工步骤

①一般是先刨出大面1，作为精基面，如图6-12(a)所示。

②将已加工的大面1作为基准面贴紧固定钳口，在活动钳口与工件之间的中部垫一圆棒后夹紧，然后加工相邻的面2，如图6-12(b)所示。面2对面1的垂直度取决于固定钳口与水平走刀方向的垂直度。在活动钳口与工件之间垫一圆棒，是为了使夹紧力集中在钳口中部，以利于面1与固定钳口可靠地贴紧。

③把加工过的面2朝下，按上述同样方法，使基面1紧贴固定钳口。夹紧时，用手锤轻轻敲打工件，使面2贴紧平口钳，即可加工面4，如图6-12(c)所示。

④加工面3把面1放在平行垫铁上，工件直接夹在两个钳口之间。夹紧时要求用手锤轻轻敲打，使面1与垫铁贴实，如图6-12(d)所示。

(5) 刨T形槽

T形槽常用在各种机床的工作台上。在T形槽中放入方头或六角螺栓，可用来安装工件或夹具。

刨T形槽前，应先刨出各相关平面，并在工件端面和上平面划出加工线，如图6-

13 所示,然后按图 6-14 所示的步骤加工。

①先安装工件,在纵、横方向上进行找正;用切槽刀刨出直角槽,使其宽度等于 T 形槽槽口的宽度,深度等于 T 形槽的深度,如图 6-14(a)所示。

②用弯头切刀刨削一侧的凹槽,如图 6-14(b)所示。如果凹槽的高度较大,一刀不能刨完时,可分几次刨完。但凹槽的垂直面要用垂直走刀精刨一次,这样才能使槽壁平整。

③换上方向相反的弯头切刀,刨削另一侧的凹槽,如图 6-14(c)所示。

④换上 45°刨刀,完成槽口倒角,如图 6-14(d)所示。

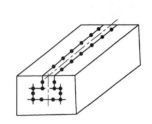
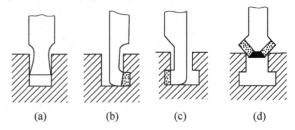

图 6-13　T 形槽的刨削步骤　　　　图 6-14　T 形槽工件的划线

6.2　磨削实训

6.2.1　概述

在磨床上用砂轮作为切削工具,对工件表面进行加工的方法称为磨削加工,简称磨工。磨削的刀具是砂轮,它从工件表面切除细微的切屑。砂轮高速旋转是主运动,工件的运动是进给运动。磨削加工是零件精加工的主要方法之一。

磨削用的砂轮是由许多细小而又极硬的磨粒用结合剂粘接而成的。将砂轮表面放大,可以看到砂轮表面上杂乱地布满很

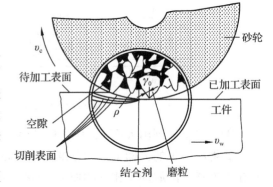

图 6-15　磨削原理示意图

多尖棱形多角的颗粒——磨粒。这些锋利的小磨粒就像铣刀的刀刃一样,在砂轮的高速旋转下,切入工件表面。所以磨削的实质是一种多刀多刃的超高速铣削过程,如图 6-15 所示。

磨削加工的切削用量为:

①磨削速度 v_s:砂轮外圆的线速度,一般 $v_s = 30 \sim 35$ m/s。若 D_s 为砂轮的直径(mm),则 v_s (m/s)为

$$v_s = \frac{\pi D_s n}{1\,000 \times 60}$$

②工件圆周速度 v_w:磨外圆时工件待加工表面外圆的线速度。若 d_w 为工件直径

(mm)，n_w 为工件转速(r/min)，则 v_w (m/min)为

$$v_w = \frac{\pi d_w n_w}{1\,000}$$

③纵向进给量 f_a：工件每转 1 转时，沿其轴向移动的距离(mm/r)。若 B 为砂轮宽度，则一般 $f_a = (0.3 \sim 0.6)B$。

④吃刀量 a_p：又称横向进给量，是指工作台每一次纵向往复行程后，砂轮在横向进给运动方向移动的距离(mm)。

磨削主要用于零件的内外圆柱面、内外圆锥面、平面及成形表面(如花键、螺纹、齿轮等)的精加工，以获得较高的尺寸精度和较低的表面粗糙度。几种常见的磨削加工形式如图 6-16 所示。

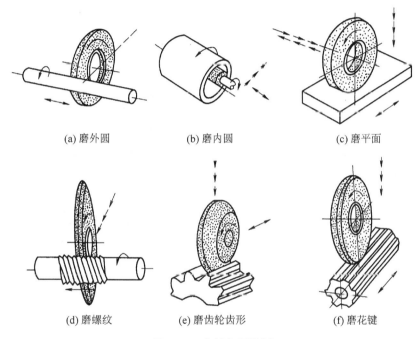

(a) 磨外圆　　(b) 磨内圆　　(c) 磨平面

(d) 磨螺纹　　(e) 磨齿轮齿形　　(f) 磨花键

图 6-16　磨削应用举例

6.2.2　磨床

磨床的种类很多，常用的有外圆磨床、内圆磨床和平面磨床等。

6.2.2.1　外圆磨床

(1)外圆磨床的编号、组成及使用方法

外圆磨床用于磨削外圆柱面、外圆锥面和轴肩端面等。它分为普通外圆磨床和万能外圆磨床。图 6-17 所示为 M1420 万能外圆磨床。在编号 M1420 中，M 表示磨床类；1 表示外圆磨床；4 表示万能外圆磨床；20 表示最大磨削直径的 1/10，即最大磨削直径为 200mm。

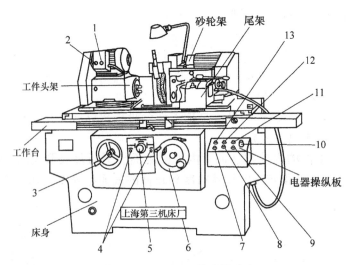

图 6-17　M1420 万能外圆磨床

1—工件转动变速旋钮　2—工件转动点动按钮　3—工作台手动手轮　4—工作台左、右端停留时间调整旋钮　5—工作台自动及无级调速旋钮　6—砂轮横向手动手轮　7—砂轮启动按钮　8—砂轮引进、工件转动、切削液泵启动按钮　9—液压油泵启动按钮　10—砂轮变速旋钮　11—液压油泵停止按钮　12—砂轮退出、工件停转、切削液泵停止按钮　13—总停按钮

　　M1420 万能外圆磨床由床身、工作台、工件头架、尾架、砂轮架、砂轮修整器和电器操纵板等部分组成。

　　砂轮架上装有砂轮，砂轮的转动为主运动。它由单独的电机驱动，有 1 420 r/min 和 2 850 r/min2 种转速。砂轮启动由按钮 7 控制，变速由旋钮 10 控制。砂轮架可沿本身后部横向导轨前后移动，其方式有手动和快速引进、退出 2 种，分别使用手轮 6、按钮 8 和 12。M1420 万能外圆磨床引进距离为 20 mm。注意：在引进砂轮之前，务必使砂轮与工件之间的距离大于砂轮引进距离 10 mm 左右，以免砂轮引进时与工件相撞而发生事故。

　　工作台有 2 层，下工作台作纵向往复移动，以带动工件纵向进给，手动使用手轮 3，自动使用旋钮 5。上工作台相对下工作台在水平面内可扳转一个不大的角度，以便磨削圆锥面。

　　工件头架和尾架安装在工作台上。头架上有主轴，可用顶尖或卡盘夹持工件并带动工件旋转作圆周进给运动。头架可以使工件获得 60～460 r/min 共 6 种不同的转速，由旋钮 1 控制。尾架用于支装顶尖，以便和工件头架配合支承轴类工件。

　　万能外圆磨床与普通外圆磨床的主要区别是：万能外圆磨床增设了内圆磨头，且砂轮架和工件头架的下面均装有转盘，能围绕自身的铅垂轴线扳转一定角度。因此，万能外圆磨床除了磨削外圆和锥度较小的外锥面外，还可磨削内圆和任意锥度的内外锥面。

　　(2) 外圆磨床的液压传动系统

　　在磨床传动中，广泛采用液压传动。这是因为液压传动具有可在较大范围内无级调速、机床运转平稳、操作简单方便等优点。但是它机构复杂，不易制造，所以液压设备

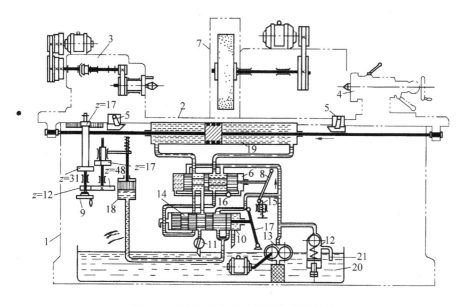

图 6-18 外圆磨床部分液压传动示意图

的成本较高。

外圆磨床的液压传动系统比较复杂,下面只对它作简要介绍。图 6-18 为外圆磨床部分液压传动示意图。

机床液压传动系统由油箱 20、齿轮油泵 13、换向和调节装置、油缸 19 等组成。工作时,油从油泵 13 经管路、换向阀 6,流到油缸 19 的右端或左端,使工作台 2 向左或向右作进给运动。此时,油缸 19 另一端的油经换向阀 6、滑阀 10 及调节阀 11 流回油箱。调节阀 11 是用来调节工作台运动速度的。12 是安全阀,21 是回油管。

工作台的往复换向动作是由挡块 5 使换向阀 6 的活塞自动转换而实现的。挡块 5 固定在工作台 2 侧面的槽内,按照要求的工作台行程长度调整其位置。当工作台每到行程终了时,挡块 5 先推动杠杆 8,然后杠杆 8 带动活塞向前移动,从而完成换向工作。换向阀 6 的活塞转换快慢由油阀 16 调节。

用手向右扳动操纵滑阀 10 的杠杆 17,油腔 14 使油缸 19 的右导管与左导管接通,工作台便停止移动。此时,油筒 18 中的油在弹簧活塞压力作用下经油管流回油箱。活塞被弹簧压下后,$z=17$ 的齿轮与 $z=31$ 的齿轮啮合。因此,可利用手轮 9 移动工作台。

横向进给及砂轮的快速引进和退出均系液压传动,图中未画出。

6.2.2.2 内圆磨床

内圆磨床用于磨削内圆柱面、内圆锥面及孔内端面等。图 6-19 是 M2110 内圆磨床。在编号 M2110 中,M 表示磨床类;21 表示内圆磨床;10 表示磨削最大孔径的 1/10,即磨削最大孔径为 100 mm。

内圆磨床由床身、工作台、工件头架、砂轮架、砂轮修整器等部分组成。

砂轮架安装在床身上,由单独电动机驱动砂轮高速旋转,提供主运动;砂轮架还可

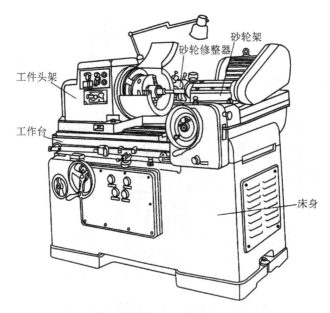

图 6-19 M2110 内圆磨床

以横向移动,使砂轮实现横向进给运动。工件头架安装在工作台上,带动工件旋转作圆周进给运动;头架可在水平面内扳转一定角度,以便磨削内锥面。工作台沿床身纵向导轨往复直线移动,带动工件作纵向进给运动。

内圆磨床的液压传动系统也与外圆磨床相似。

6.2.2.3 平面磨床

平面磨床用于磨削平面。图 6-20 是 M7120D 平面磨床。在编号 M7120D 中,M 表示磨床类;7 表示平面及端面磨床;1 表示卧轴矩台平面磨床;20 表示工作台宽度的 1/10,即工作台宽度为 200 mm;D 表示在性能和结构上做过 4 次重大改进。

M7120D 平面磨床由床身、工作台、立柱、磨头、砂轮修整器和电器操纵板等部分组成。磨头上装有砂轮,砂轮的旋转为主运动。砂轮由单独的电动机驱动,有 1 500 r/min 和 3 000 r/min 2 种转速,分别由按钮 15 和 13 控制,一般情况多用低速挡。磨头可沿拖板的水平横向导轨作横向移动或进给,可手动(使用手轮 1)或自动(使用旋钮 4 和推拉手柄 17);磨头还可随拖板沿立柱垂直导轨作垂向移动或进给,多采用手动操纵(使用手轮 5 或微动手柄 6)。

长方形工作台装在床身的导轨上,由液压驱动作往复运动,带动工件纵向进给(使用手柄 3)。工作台也可用手动移动(使用手轮 2)。工作台上装有电磁吸盘,用以安装工件(使用开关 11)。

使用和操纵磨床,要特别注意安全。开动平面磨床一般按下列顺序进行:①接通机床电源;②启动电磁吸盘吸牢工件;③启动液压油泵;④启动工作台往复移动;⑤启动砂轮旋转,一般使用低速挡;⑥启动切削液泵。停车一般先停工作台,后总停。

平面磨床的液压传动系统与外圆磨床相似,详见本节外圆磨床部分。

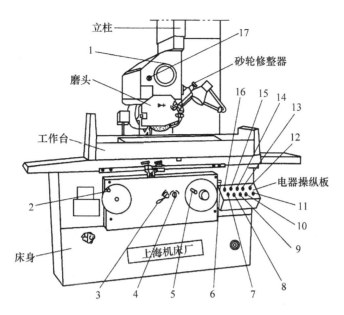

图 6-20　M7120D 平面磨床

1—砂轮横向手动手轮　2—工作台手动手轮　3—工作台自动及无级调速手柄　4—砂轮自动进给（断续或连续）旋钮　5—砂轮升降手动手轮　6—砂轮垂向进给微动手柄　7—总停按钮　8—液压油泵启动按钮　9—砂轮上升点动按钮　10—砂轮下降点动按钮　11—电磁吸盘开关　12—切削液泵开关　13—砂轮高速启动按钮　14—砂轮停止按钮　15—砂轮低速启动按钮　16—电源指示灯　17—砂轮横向自动进给换向推拉手柄

6.2.3　砂轮及安装、平衡、修整

（1）砂轮的种类

砂轮是由磨粒、结合剂和空隙构成的多孔物体。磨粒、结合剂和空隙是构成砂轮的三要素。

磨粒直接担负切削工作，必须锋利和坚硬。常见的磨粒有刚玉和碳化硅两类。刚玉类适用于磨削钢料及一般刀具等；碳化硅类适用于磨削铸铁、青铜等脆性材料及硬质合金刀具等。

磨粒的大小用粒度表示。粒度号数愈大，颗粒愈小。粗颗粒用于粗加工，细颗粒则用于精加工。

磨粒用结合剂可以黏结成各种形状和尺寸的砂轮，以适应磨削不同形状和尺寸的表面，如图 6-21 所示。结合剂有陶瓷结合剂、树脂结合剂、橡胶结合剂和尺金属结合剂等，其中以陶瓷结合剂最为常用。

砂轮的硬度是指砂轮表面上的磨粒在外力作用下脱落的难易程度，它与磨粒本身的硬度是两个完全不同的概念。磨粒粘接愈牢，砂轮的硬度愈高。同一种磨粒可以做成多种不同硬度的砂轮。

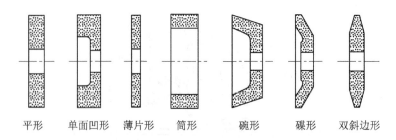

图 6-21 砂轮的形状

平形　单面凹形　薄片形　筒形　碗形　碟形　双斜边形

为便于选用砂轮,在砂轮的非工作表面上印有其特性代号,如:

P400 × 150 × 203 A 60 L 5 V 35

其中,P 表示砂轮的形状为平形,400 × 150 × 203 分别表示砂轮的外径、厚度和内径尺寸,A 表示磨料为棕刚玉,60 表示粒度为 60 号,L 表示硬度为 L 级(中软),5 表示组织为 5 号(磨料率52%),V 表示结合剂为陶瓷,35 表示最高工作线速度为35 m/s。

(2)砂轮的检查、安装、平衡和修整

由于砂轮在高速旋转下工作,安装前必须经过外观检查,不允许有裂纹。

安装砂轮时,要求将砂轮不松不紧地套在轴上。在砂轮和法兰盘之间垫上 1~2 mm 厚的弹性垫板(由皮革或橡胶制成),如图 6-22 所示。

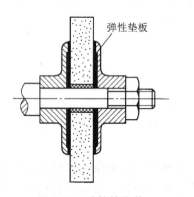

图 6-22 砂轮的安装

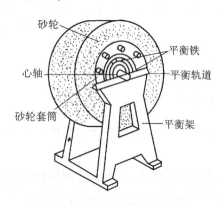

图 6-23 砂轮的静平衡

为使砂轮平稳地工作,砂轮必须进行静平衡,如图 6-23 所示。砂轮平衡的过程是:将砂轮装在心轴上,放在平衡架轨道的刀口上。如果不平衡,较重的部分总是转到下面。这时可移动法兰盘端面环槽内的平衡铁进行平衡,然后再进行下一次平衡。这样反复进砂轮进行,直到砂轮圆周的任意位置都能在刀口上静止不动,这就说明砂轮各部分质量均匀。一般直径大于 125 mm 的砂轮都要进行静平衡。

砂轮工作一段时间以后,磨粒逐渐变钝,砂轮工作表面空隙被堵塞,这时须对砂轮进行修整,使已磨钝的磨粒脱落,露出新的锋利的磨粒,恢复砂轮的切削能力和外形精度。砂轮常用金刚石修整器进行修整,修整时要用大量切削液,以避免金刚石因温度剧升而破裂。

6.2.4 磨削操作

6.2.4.1 外圆磨削

(1) 工件的安装

① 顶尖装夹：轴类工件常用顶针来安装，如图 6-24 所示。

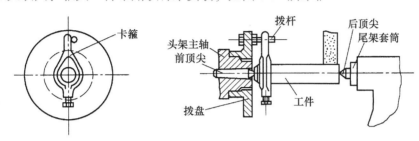

图 6-24 顶尖安装

工件夹持在两顶尖之间，其安装方法和车床上所用方法大致相同。为了避免由于顶尖转动带来的误差和提高加工精度，磨床上所用的顶尖不随工件一起转动。后顶尖用弹簧推力来顶紧工件，以便自动地控制松紧程度。

工件上的中心孔起着定位作用，为了提高磨削精度和表面粗糙度，对中心孔要进行修研。

② 卡盘的安装：磨削短工件的外圆时，用三爪或四爪卡盘安装工件。方法和车床上安装相同。

③ 心轴安装：盘套类工件常以内孔定位来磨削外圆。常用安装心轴的方法与安装顶针相同。

(2) 磨削运动

① 主运动：是砂轮的高速旋转运动；
② 圆周进给运动：是工件绕本身的轴线旋转运动；
③ 纵向进给运动：是工件沿着本身的轴线作往复运动；
④ 横向进给运动：是砂轮向着工件作径向切入运动，作周期性地进给，即行程终了进给。

(3) 磨削方法

在外圆磨床上磨外圆面时，常用的方法有2种，即纵磨法和横磨法。用的最多的是纵磨法。

① 纵磨法：砂轮作高速旋转的主运动，而工件旋转并和工作台一起作纵向往复运动。每次往复行程终了时，砂轮作周期性横向进给，每次磨削深度很小，磨削余量需要在多次往复行程中磨去。这种方法磨削力小，磨削热少，散热条件好，最后几次作无横

向进给的光磨行程。纵磨法加工工件的质量高，可以磨任何长度的工件。但其生产率低，适合单件小批生产，如图 6-25 所示。

磨削轴肩端面的方法如图 6-26 所示，外圆磨到所需尺寸后，将砂轮稍微退出一些（0.05～0.10 mm），用手摇动工作台的纵向移动手柄，使工件的轴肩端面靠向砂轮，磨平即可。

②横磨法：砂轮作横向进给，直到磨去全部余量为止，而工件不作纵向进给。横磨法生产率高，砂轮在全宽上都参与磨削。因此，横磨法磨削力大，发热量多，工件容易变形和烧伤，适合磨削刚性好而较短的工件，如图 6-27 所示。

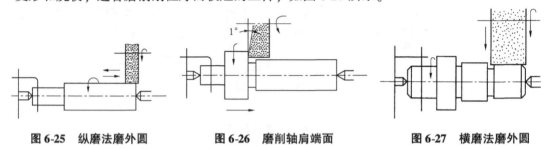

图 6-25　纵磨法磨外圆　　　图 6-26　磨削轴肩端面　　　图 6-27　横磨法磨外圆

（4）砂轮的选择

砂轮是磨削的主要工具。由于磨料、黏结剂及砂轮制造工艺等的不同，砂轮特性差别很大，对磨削加工的精度、表面粗糙度和生产率有着重要的影响。因此，应根据具体条件选用合适的砂轮。

（5）调整机床

机床调整好以后，开动磨床，砂轮和工件都旋转。再将砂轮慢慢接近工件，直到与工件稍微接触，就开放冷却液。

①试磨：调整磨削深度后，使工作台纵向进给，进行一次试磨。磨光全长后用分厘卡检查有无锥度，若有锥度应转动工作台加以调整。

② 粗磨：粗磨时，工件每往复一次，磨削深度就是 0.01～0.025 mm。

磨削过程中所产生大量的热能，为了防止烧伤工件表面，必须充分使用冷却液。

③ 精磨：砂轮经修整后对工件进行精磨。精磨时，切削深度为 0.005～0.015 mm。精磨至最后尺寸时，停止砂轮的横向切深，继续使工作台纵向进给几次，到不发生火花为止。

磨削过程中工件的温度会提高，在测量工件尺寸时要考虑热膨胀对尺寸的影响。

（6）磨削后的工作

磨削完毕后，应停车检查，尺寸合格后再卸下工件。

6.2.4.2　内圆磨削

磨内圆（孔）与磨外圆相比，由于受工件孔径的限制，砂轮轴直径一般较小，且悬伸长度较长，刚度差，磨削用量小，所以生产率较低；又由于砂轮直径较小。砂轮的圆周速度较低，加上冷却排屑条件不好，所以表面粗糙度 Ra 值也不易获得较小值。因此，磨内圆时，为了提高生产率和加工精度，砂轮和砂轮轴应尽可能选用较大的直径，砂轮轴的悬伸长度应尽可能的短。

作为孔的精加上，成批生产中常用铰孔，大量生产中常用拉孔。由于磨孔具有万能性，不需要成套的刀具，故在单件小批生产中应用较多。特别是对于淬硬工件，磨孔仍是孔精加工的主要方法。

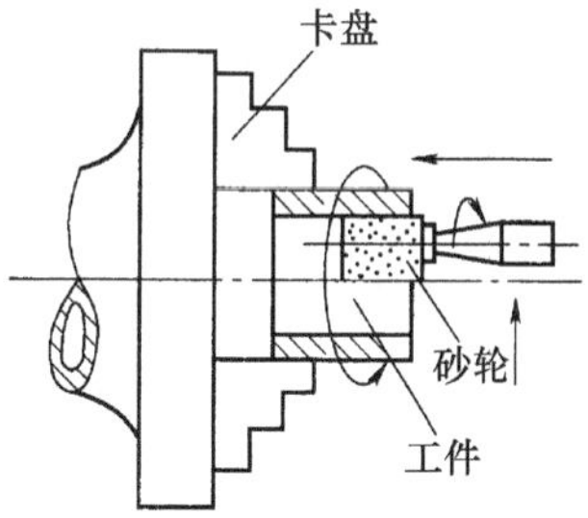

(1) 工件的安装

磨削内圆时，工件大多数以外圆和端面作为定位基准。通常采用三爪自定心斥盘、四爪单动卡盘、花盘及弯板等夹具安装工件。其中最常用的是用四爪单动斥盘通过找正安装上件，如图 6-28 所示。

图 6-28　卡盘安装工件

(2) 磨削运动和磨削要素

磨削内圆的运动与磨削外圆基本相同，但砂轮的旋转方向与磨削外圆时相反。磨削内圆时，由于砂轮直径较小，但又要求有较高的磨削速度，砂轮圆周速度一般取 15～25 m/s。因此，内圆磨头转速一般都很高，为 20 000 r/min 左右。工件圆周速度一般取 15～25 m/min。表面粗糙度值 Ra 值要求小时取较小值，粗磨或砂轮与工件的接触面积大时取较大值。纵向和横向进给量，粗磨时一般取 f_1 = 1.5～2.5 m/min, f_c = 0.01～0.03 mm/str；精磨时取 f_1 = 0.5～1.5 m/min, f_c = 0.002～0.01 mm/str。

(3) 磨内圆的方法

磨削内圆通常在内圆磨床或万能外圆磨床上进行。内圆磨削的方法也有纵磨法和横磨法 2 种，其操作方法和特点与磨削外圆相似。纵磨法应用最为广泛。

6.2.4.3　平面磨削

(1) 工件的装卡

磨平面时，一般是以一个平面为基准磨削另一个平面。若 2 个平面都要磨削且要求平行时，则可互为基准，反复磨削。

磨削中小型工件的平面，常采用电磁吸盘工作台吸住工件。电磁吸盘工作台的工作原理如图 6-29 所示。1 为钢制吸盘体，在它的中部凸起的芯体 A 上绕有线圈 2，钢制盖板 3 被绝缘层 4 隔成一些小块。当线圈 2 中通过直流电时，芯体 A 被磁化，磁力线由芯体 A 经过盖板 3 — 工件 — 盖板 3 — 吸盘体 1 — 芯体 A 而闭合(图中用虚线表示)，工件被吸住。绝磁层由铅、铜或巴氏合金等非磁性材料制成。它的作用是使绝大部分磁力线都能通过工件再回到吸盘体，而不能通过盖板直接回去，这样才能保证工件被牢固地吸在工作台上。

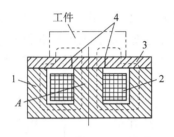
图6-29 电磁吸盘的工作原理

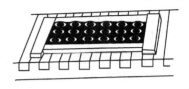
图6-30 用挡铁围住工件

当磨削键、垫圈、薄壁套等尺寸小而壁较薄的零件时,因零件与工作台接触面积小,吸力弱,容易被磨削力弹出去而造成事故。因此装卡这类零件时,须在工件四周或左右两端用挡铁围住,以免工件走动,如图6-30所示。

(2)磨削方法

平面磨床主要用于磨削平面。工件安装在磁性工作台上,靠电磁铁的吸力吸紧工件。对较大的工件和非磁性材料,磨削时用压紧装置固定在工作台上。

磨削平面常用的有2种:一种是用砂轮的周边在卧轴矩形工作台的平面磨床上进行磨削,称为周磨法,如图6-31(a)所示,另一种是用砂轮的端面在立轴圆形工作台的平面磨床上进行磨削,称为端磨法,如图6-31(b)所示。

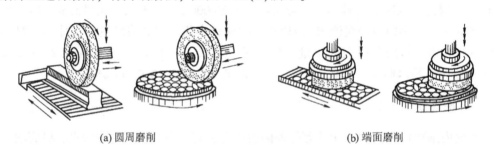

(a) 圆周磨削　　　　　　　　　　　　(b) 端面磨削

图6-31 磨平面的方法

当台面为矩形工作台时,磨削工作由砂轮的旋转运动(主运动)和砂轮的垂直进给、工件的纵向进给、砂轮的横向进给等运动来完成。当台面为圆形工作台时,磨削工作由砂轮的旋转运动(主运动)和砂轮的垂直进给、工作台的旋转等运动来完成。

用周磨法磨削平面时,砂轮与工件接触面积小,排屑和冷却条件好,工件发热变形小,而且砂轮圆周表面磨损均匀,所以能获得较好的加工质量,但磨削效率较低,适用于精磨。

用端磨法磨削平面时,刚好和周磨法相反,它的磨削效率较高,但磨削精度较低,适用于粗磨。

本章小结

通过刨削和磨削实训的学习,对刨削和磨削工艺过程及基本工艺有所掌握,并且介绍了刨削和磨削的方法。对刨削和磨削设备有所了解,可以进行熟练操作。

思考题

1. 刨床的主运动和进给运动是什么？
2. 牛头刨床与龙门刨床上的主运动、进给运动有何不同？
3. 牛头刨床主要由哪几部分组成？各有何作用？
4. 弯头刨刀与直头刨刀比较，为什么常用弯头刨刀？
5. 牛头刨床的往复速度、行程起始位置、行程长度、进给量是如何进行调整的？
6. 刨削水平面和垂直面时，为什么刀架转盘刻度要对准零件？而刨削斜面时，刀架转盘要转过一定的角度？
7. 详细叙述你在实习中所刨锤子的过程，包括工件装夹方法、刨刀种类、机床调整、测量工具等。
8. 磨削加工的特点是什么？为什么会有这些特点？
9. 外圆磨床由哪几部分组成？各有何功用？
10. 磨削外圆时工件和砂轮须作哪些运动？
11. 磨内圆与磨外圆相比有哪些特点？为什么？
12. 用圆锥塞规检验内锥孔时，发现小端处有显示剂的痕迹，而大端处没有，说明什么问题？应采用何种措施？
13. 平面磨削常用的方法有哪几种？各有何特点？如何选用？

第 7 章
铣削加工和齿轮加工

[本章提要]

本章主要讲述铣削加工的范围和特点；常用铣刀的名称、用途、安装及特点；万能卧式铣床的基本结构、原理及应用；平面、斜面、沟槽、台阶面的铣削方法，以及齿轮齿形的加工原理及常用加工方法等内容。

7.1 概述
7.2 铣床
7.3 铣刀及其安装
7.4 工件的安装及机床附件
7.5 铣削基本工作
7.6 齿轮齿形加工简介

7.1 概述

在铣床上用铣刀进行加工工件的过程称为铣削。铣削是金属切削加工中常用的方法之一,铣床的工作量仅次于车床。铣削时刀具作快速的旋转运动为主运动,工件或刀具作缓慢的直线运动为进给运动。铣削加工的范围比较广泛,可用来加工平面、斜面、垂直面、各种沟槽、键槽、齿轮的齿形、螺旋槽和各种成形表面,还可以进行切断、钻孔,铰孔和镗孔等。如图 7-1 所示的是铣床上可做的主要工作。

铣削的加工精度一般为 IT9~8,表面粗糙度值一般为 $Ra6.3 \sim 1.6\ \mu m$。

铣削加工的特点:

①生产率高:铣刀是典型的多齿刀具,铣削时刀具同时参加工作的切削刃较多,可利用硬质合金镶片刀具,采用较大的切削用量,且切削运动是连续的,因此,与刨削相比,铣削生产效率较高。

②刀齿散热条件较好:铣削时,每个刀齿是间歇地进行切削,切削刃的散热条件好,但切入切出时热的变化及力的冲击,将加速刀具的磨损,甚至可能引起硬质合金刀片的碎裂。

③易产生振动:由于铣刀刀齿不断切入切出,使铣削力不断变化,因而容易产生振,这将限制铣削生产率和加工质量的进一步提高。

④加工成本较高:由于铣床结构较复杂,铣刀制造和刃磨比较困难,使得加工成本较高。

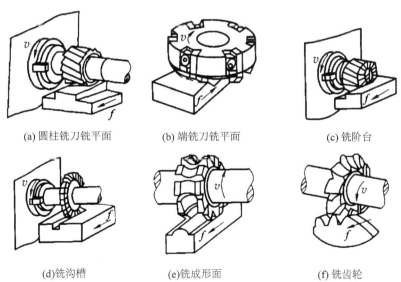

(a) 圆柱铣刀铣平面　　(b) 端铣刀铣平面　　(c) 铣阶台

(d) 铣沟槽　　(e) 铣成形面　　(f) 铣齿轮

图 7-1　铣削加工的基本内容

7.2 铣床

7.2.1 铣床的种类

铣床的种类很多，常用的有以下几种：

(1) 卧式铣床

卧铣是铣床中应用最多的一种，其主要特点是主轴轴线与工作台面平行。因主轴处于横卧位置，所以称为卧铣。铣削时，铣刀安装在主轴上或与主轴连接的刀轴上，随主轴做旋转运动；工件装夹在夹具上或工作台面上，随工作台作纵向、横向或垂向直线运动。

图7-2 所示为 X6130 万能卧式铣床。编号 X6130 中字母和数字的含义为：X 表示机床类别代号，表示铣床，读作"铣"；6 为机床组别代号，表示卧铣；1 机床系列代号，表示万

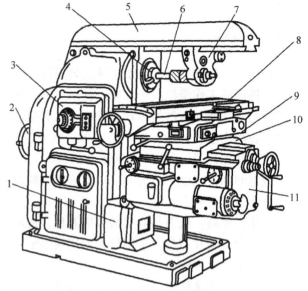

图 7-2　X6130 卧式万能铣床
1—床身　2—电动机　3—主轴变速机构
4—主轴　5—横梁　6—刀杆　7—吊架
8—纵向工作台　9—转台　10—横向工作台
11—升降台

能升降台铣床，30 为主参数工作台面宽度的 1/10，即工作台面的宽度为 300 mm。

(2) 立式铣床

立式升降台铣床立式升降台铣床简称立式铣床，立式铣床与卧式铣床的主要区别是立式铣床主轴与工作台面垂直，此外，它没有横梁、吊架和转台。立式铣床安装主轴的部分为立铣头，立铣头与床身结合处呈转盘状，并有刻度。根据加工需要，可以将立铣头左、右倾斜一定的角度。铣削时铣刀安装在主轴上，由主轴带动做旋转运动，工作台带动工件作纵向、横向、垂向移动。

图7-3 所示为 X5030 立式铣床。编号 X5030 中字母和数字的含义：X 表示铣床类，5 表示立式升降台铣床，0 表示立式升降台铣床，30 表示工作台宽度的 1/10，即工作台的宽度为 300 mm。

(3) 龙门铣床

龙门铣床属大型机床之一，它一般用来加工卧式、立式铣床所不能加工的大型或较重的零件。落地龙门铣床有单轴、双轴、四轴等多种形式，图7-4 为四轴落地龙门铣床，它可以同时用几个铣头对工件的几个表面进行加工，确保加工面之间的位置精度，

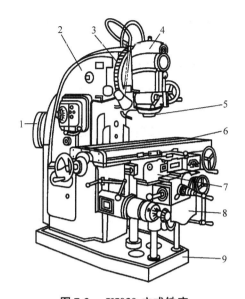
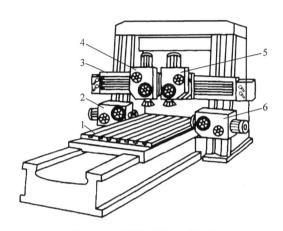

图 7-3　X5030 立式铣床
1—电动机　2—床身　3—立铣头旋转刻度盘
4—立铣头　5—主轴　6—纵向工作台
7—横向工作台　8—升降台　9—底座

图 7-4　四轴落地龙门镗铣床
1—工作台　2、6—水平铣头
3—横梁　4、5—垂直铣头

且生产率高,适合成批大量生产。

7.2.2　铣床的基本部件

铣床的类型虽然很多,但各类铣床的基本部件大致相同,都必须具有一套带动铣刀作旋转运动和使工件做直线运动或回转运动的机构。现将图 7-2 所示的 X6130 型万能铣床的基本部件及其作用作简略介绍。

①主轴:是前端带锥孔的空心轴,锥孔的锥度一般为 7:24,铣刀刀杆的锥柄就安装在锥孔中。主轴是铣床的主要部件,要求旋转时平稳、无跳动和刚性好,所以要用优质结构钢来制造,并需经过热处理和精密加工。

②主轴变速机构:安装在床身内,其作用是将主电动机的额定转速通过齿轮变速,变换成 18 种不同转速,传递给主轴,以适应铣削的需要。

③横梁及吊架:安装在卧式铣床床身的顶部,可沿顶部导轨移动,以适应不同长度的刀轴。横梁上装有吊架。横梁和吊架的主要作用是支撑刀轴的外端。以增加刀轴的刚性。

④纵向工作台:用来安装夹具和工件,并带动工件作纵向移动,其长度为 1 250 mm,宽度为 320 mm。工作台上有 3 条 T 形槽,用来安放 T 形螺钉以固定夹具或工件。

⑤横向工作台:安装在纵向工作台下面,可带动纵向工作台一起作横向进给。卧式万能铣床的横向工作台与纵向工作台之间设有回转盘,可供纵向工作台在±45°范围内扳转所需要的角度,以便铣削螺旋槽等。

⑥升降台:安装在床身前侧的垂直导轨上,中部有丝杠与底座螺母相连接。升降台主要用来支持工作台,并带动工作台作上下移动,以调整工作台面到铣刀的距离。工作台及进给系统中的电动机、变速机构、操纵机构等都安装在升降台上,因此,

升降台的刚性和精度要求都很高,否则在铣削过程中会产生很大的振动,影响工件的加工质量。

⑦进给变速机构:安装在升降台内,其作用是将进给电动机的额定转速通过齿轮变速,变换成18种转速传递给进给机构,实现工作台移动的各种不同速度,以适应铣削的需要。

⑧底座:是整部机床的支承部件,须具有足够的刚性和强度,承受铣床的全部重量。升降丝杠的螺母也安装在底座上,底座内腔盛装切削液。

⑨床身:是机床的主体,用来安装和连接机床上所有部件,其刚性、强度和精度对铣削效率和加工质量影响很大,因此,床身一般用优质灰铸铁做成箱体结构,内壁有肋板,以增加刚性和强度。床身上的导轨和轴承孔是重要部位,必须经过精密加工和时效处理,以保证其精度和耐用度。

7.3 铣刀及其安装

7.3.1 铣刀的种类和用途

铣刀的种类很多,根据铣刀安装方法的不同分为两大类:带孔铣刀和带柄铣刀。带孔铣刀用在卧式铣床上;带柄铣刀又分直柄铣刀和锥柄铣刀。

(1) 带孔铣刀

带孔铣刀如图7-5所示,一般用于卧式铣床。在图(a)为圆柱铣刀,用于铣削中小型平面;图(b)为三面刃铣刀,用于铣削小台阶面、直槽和柱形工件的小侧面;图(c)为锯片铣刀,用于铣削窄缝或铣断;图(d)为盘状模数铣刀,用于铣削齿轮的齿形;图(e)、(f)分别为单角、双角铣刀,用于加工各种角度的沟槽及斜面等;图(g)、图(h)为半圆弧铣刀,用于铣削内凹和外凸圆弧表面。

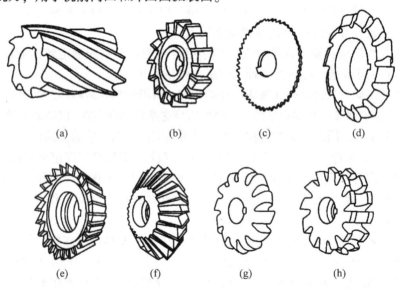

图7-5 带孔铣刀

(2) 带柄铣刀

带柄铣刀如图7-6所示，多用于立铣，有时亦可用于卧铣。在图7-6中，图(a)为镶齿端铣刀，用于铣削较大平面；图(b)为立铣刀，用于铣削直槽、小平面和内凹平面等；图(c)为键槽铣刀，用于铣削轴上键槽；图(d)为T形槽铣刀，与立铣刀配合使用，铣削T形槽；图(e)为燕尾槽铣刀，与立铣刀配合使用，铣削燕尾槽。

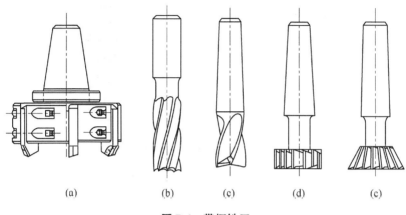

图7-6 带柄铣刀

7.3.2 铣刀的安装

(1) 带孔铣刀的安装

带孔铣刀多用长刀轴安装，如图7-7所示。安装时，铣刀应尽可能靠近主轴或吊架，使刀轴和铣刀有足够的刚度；套筒的端面与铣刀的端面必须擦净，以减小铣刀端面跳动；拧紧刀轴压紧螺母之前，必须先装好吊架，以防刀轴弯曲变形。拉杆的作用是拉紧刀轴，使刀轴锥柄与主轴锥孔紧密配合。

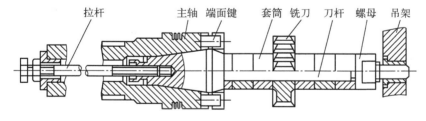

图7-7 带孔铣刀的安装

(2) 带柄铣刀的安装

带柄铣刀有锥柄和直柄之分，安装如图7-8所示。锥柄铣刀的安装如图(a)所示，根据铣刀锥柄尺寸，选择合适的变锥套，将各配合表面擦净，然后用拉杆将铣刀及变锥套一起拉紧在主轴锥孔内。直柄立铣刀多用弹簧夹头安装，如图(b)所示，这类铣刀直

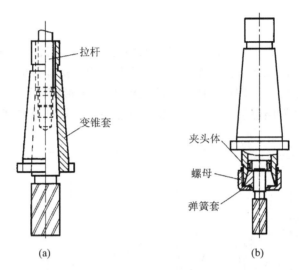

图 7-8 带柄铣刀的安装

径一般不大于 20 mm，多用弹簧夹头进行安装。铣刀的柱柄插入弹簧套孔内，由于弹簧套上面有 3 个不通的开口，所以用螺母压弹簧套的端面，致使其外锥面受压而孔径缩小，从而将铣刀的直柄夹紧。弹簧套有多种孔径，以适应不同尺寸的直柄铣刀。

7.4 工件的安装及机床附件

铣床的主要附件有平口钳、回转工作台、分度头和万能铣头等。其中前 3 种附件主要用于安装工件，万能铣头用于安装刀具。

（1）平口钳

平口钳是机床附件，也是一种通用夹具，它适于安装尺寸较小和形状规则的小型工件，如：支架、盘套、板块、轴类零件。它有固定钳口和活动钳口，通过丝杠、螺母传动调整钳口间距离，以安装不同宽度的零件。使用时先把平口钳找正并固定在工作台上，然后再安装工件。常用划线找正方法安装工件，如图 7-9 所示。铣削时，应使铣削力方向趋向固定钳口方向。

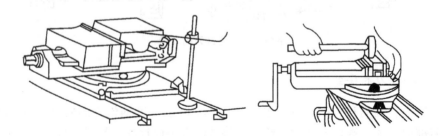

图 7-9 平口钳安装工件

(2) 回转工作台

回转工作台又称转盘、圆形工作台等，可进行圆弧面加工和较大零件的分度。回转工作台的外形如图 7-10 所示。回转工作台内部有一套蜗轮蜗杆机构，摇动手轮 2，通过蜗杆 3 直接带动与转台 4 相连接的蜗轮传动。转台 4 周围有 360°刻度，在手轮 2 上也装有一个刻度环，可以用来观察和确定转台的位置。拧紧固定螺钉 1，可以固定转台 4。转台中央有一孔，利用它可以很方便地确定工件的回转中心。铣圆弧槽时，首先应校正工件圆弧中心与转台 4 的中心重合，工件安装在回转工作台上，铣刀旋转，用手均匀缓慢地摇动回转工作台，从而使工件铣出圆弧槽。

(3) 万能铣头

图 7-11 所示为万能铣头。万能铣头用于卧式铣床，不仅能完成立铣工作，而且还可根据铣削的需要，把铣头主轴扳转成任意角度。其底座用螺栓固定在铣床的垂直导轨上。铣床主轴的运动通过铣头内的两对齿数相同的锥齿轮传到铣头主轴上，因此铣头主轴的转数级数与铣床的转数级数相同。铣头的壳体 3 可绕铣床主轴轴线偏转任意角度，壳体 3 还能相对铣头主轴壳体 2 偏转任意角度。因此，铣头主轴就能带动铣刀 1 在空间偏转成所需要的任意角度，从而扩大了卧式铣床的加工范围。

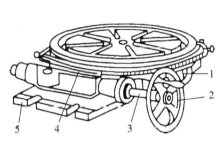
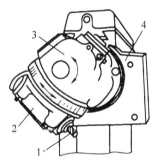

图 7-10 回转工作台
1—螺钉 2—手轮 3—蜗杆轴
4—转台 5—底座

图 7-11 万能铣头
1—铣刀 2—铣头主轴壳体
3—壳体 4—底座

(4) 分度头

在铣床上加工工件，有时要铣削齿轮、花键，多边形或等分槽，这就要利用分度头来进行分度。分度头的种类很多，有简单分度头、万能分度头、光学分度头、自动分度头等，其中用得最多的是万能分度头。

① 万能分度头的结构：图 7-12 是万能分度头的外部结构图。万能分度头的基座 1 上装有回转体 5，分度头主轴 6 可随回转体 5 在垂直平面内转动 6°~90°，主轴前端锥孔用于装顶尖，外部定位锥体用于装三爪自定心卡盘 9。分度时可转动分度手柄 4，通过蜗杆 8 和蜗轮 7 带动分度头主轴旋转进行分度。

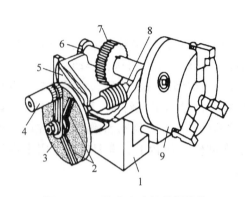
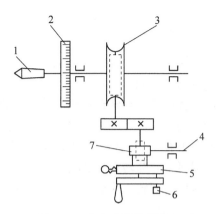

图 7-12　万能分度头的外部结构
1—基座　2—扇形叉　3—分度盘　4—手柄
5—回转体　6—分度头主轴　7—蜗轮　8—蜗杆
9—三爪自定心卡盘

图 7-13　分度头的传动示意
1—主轴　2—刻度环　3—蜗杆蜗轮　4—挂轮轴
5—分度盘　6—定位销　7—螺旋齿轮

图 7-13 所示为其传动示意图。从图中可以看出这种分度头的手柄和主轴之间的传动关系。当手柄转一转 1 r 时，蜗杆也转一转。因蜗轮的齿数为 40，所以蜗杆转过一转时，蜗轮带动主轴只转过 $\frac{1}{40}$ 转。当工件的分度数为 z，每次分度时手柄应转过的转数 n，可用下式计算：

$$n = \frac{40}{z}$$

式中 40 是分度头的传动定数，目前我国出产的分度头全为此值。

②分度方法：有直接分度法、简单分度法、角度分度法和差动分度法等。这里仅介绍最常用的简单分度法。

分度头一般备有两块分度盘。分度盘的两面各钻有许多圈孔，各圈的孔数均不相同，然而同一圈上各孔的孔距是相等的。第一块分度盘正面各圈的孔数依次为 24，25，28，30，34，37；反面各圈的孔数依次为 38，39，41，42，43。第二块分度盘正面各圈的孔数依次为 46，47，49，51，53，54；反面各圈的孔数依次为 57，58，59，62，66。

例如：铣一个齿数 $z = 35$ 个齿的齿轮，这时可按公式 $n = \frac{40}{z}$ 算出手柄在每次分度时应转过的转数，即 $n = \frac{40}{z} = \frac{40}{35} = 1\frac{1}{7}(r)$。

如何使手柄准确地转过 $1\frac{1}{7}$ r 呢？这就需要借助于分度盘，分度盘上有很多圈精确等分的定位孔。如需转 $1\frac{1}{7}$ r 时，就要把分度盘上的手柄插销插在带有孔数为 7 的倍数的那一个孔圈上。如插在 28 那个孔数的孔圈上，则 $n = \frac{40}{35} = 1\frac{1}{7} = 1\frac{4}{28}(r)$，每次转一圈后再向前转过 4 个孔距即可。

用简单分度法时，必须使 $n = \frac{40}{z}$ 约简后分数的分母能除尽分度盘上某一圈的孔数才行,否则不能采用简单分度法。

③装夹工件方法:加工时,既可用分度头卡盘(或顶尖、拨盘和卡箍)与尾座顶尖一起安装轴类工件,如图7-14(a)、(b)、(c)所示;也可将工件套装在心轴上,心轴装夹在分度头主轴锥孔内,并按需要使分度头主轴倾斜一定的角度,如图7-14(d)所示;也可只用分度头卡盘安装工件,如图7-14(e)所示。

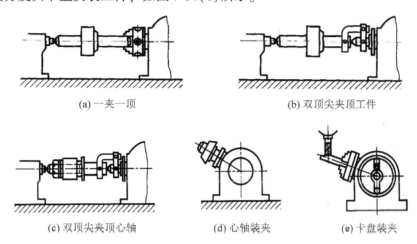

(a) 一夹一顶　　　　　　　　(b) 双顶尖夹顶工件

(c) 双顶尖夹顶心轴　　(d) 心轴装夹　　(e) 卡盘装夹

图7-14　用分度头装夹工件的方法

7.5　铣削基本工作

7.5.1　铣水平面

平面的铣削方法有周铣法和端铣法(见图7-15)。用铣刀圆周表面上的切削刃铣削工件的方法称周铣法,如图7-15(a)所示,铣刀的回转轴线与被加工表面平行,所用刀具称为圆柱铣刀。它又分为逆铣和顺铣,在切削部位刀齿的旋转方向和零件的进给方向相反时,为逆铣;相同时为顺铣。用铣刀端面上的切削刃铣削工件的方法称端铣,如图7-15(b)所示,铣刀的回转轴线与被加工表面垂直,所用刀具称为端铣刀或面铣刀。平面铣削的铣削步骤如图7-15所示。

步骤说明:

① 移动工作台对刀,刀具接近工件时开车,铣刀旋转,缓慢移动工作台,使工件和铣刀稍微接触;停车,将垂直进给刻度盘的零线对准,如图7-15(a)所示。

② 纵向退出工作台,使工件离开铣刀,如图7-15(b)所示。

③ 调整铣削深度:利用刻度盘的标志,将工作台升高到规定的铣削深度位置,然后,将升降台和横向工作台紧固,如图7-15(c)所示。

④ 切入:先用手动使工作台纵向进给,当切入工件后,改为自动进给,如图7-15(d)所示。

⑤ 下降工作台,退回:铣完一遍后停车,下降工作台,如图7-15(e)所示,并将纵向工作台退回,如图7-15(f)所示。

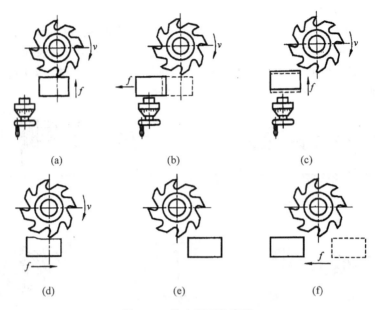

图 7-15 铣水平面的步骤

⑥ 测量工件：检查工件尺寸和表面粗糙度，依次继续铣削至符合要求为止。

7.5.2 铣斜面

斜面是指零件上与基准面呈倾斜角的平面，它们之间相交成一个任意的角度。斜面铣削既可以在卧式或立式升降台铣床上进行，也可以在龙门铣床上进行。铣削时可用平口钳或压板的装夹定位工具将工件偏转适当角度后安装夹紧，旋转加工表面至水平或竖直位置以方便加工，也可使用万能分度头或万能转台将工件调整安装到适合加工的位置铣削，或利用万能铣头将铣刀调整到需要的角度铣削。铣斜面可采用下列方法进行加工。

（1）偏转工件铣斜面

把被加工的斜面转动到水平位置，垫上相应角度的垫铁，夹紧在铣床工作台上，如图 7-16（b）所示。工件小时也可斜压在平口钳上，如图 7-16（a）所示。也可以用分度头把工件安装在具有倾斜的角度位置，如图 7-16（c）所示。

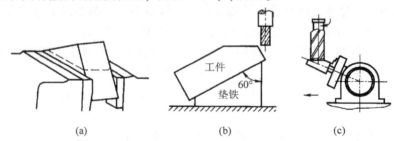

图 7-16 偏转工件角度铣斜面

(2) 偏转铣刀铣斜面

把铣刀转动成所需要的角度铣削平面(图7-17)。立式铣床主轴可回转角度；卧式铣床上安装立铣头后也可以转角度。

图7-17 偏转铣刀角度铣斜面的示意图

调整铣刀轴线角度时,应注意铣刀轴线偏转角度口值的测量换算方法：用立铣刀的柱面上的刀刃铣削时，$\theta = 90° - \alpha$(式中 α 为工件加工面与水平面所夹锐角)；用端铣刀削时，$\theta = \alpha$，如图7-18 所示。

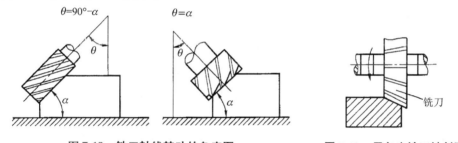

图7-18 铣刀轴线转动的角度图　　图7-19 用角度铁刀铣斜面

(3) 用角度铣刀铣斜面

一般选用适合的角度铣刀。铣小的斜面,可在卧式铣床上进行,如图7-19 所示。

7.5.3 铣沟槽

铣床上能加工各种沟槽,如直槽、V 形槽、T 形槽、燕尾槽和键槽等。下面介绍键槽和 T 形槽的铣削。

(1) 铣键槽

键槽有敞开式键槽、封闭键槽和花键 3 种。在卧式铣床上,用三面刃铣刀加工敞开口键槽。三面刃铣刀的宽度要根据键槽的宽度来选择。在立式铣床上,用键槽铣刀铣削封闭键槽,如图7-20 所示。

(2) 铣 T 形槽

T 形槽用处很多,如在铣床和刨床的工作台上用来安放紧固螺栓的槽就是 T 形槽。加工 T 形槽,首先要用立铣刀或三面刃铣刀铣出直角槽,然后在立式铣床上用 T 形槽铣刀铣 T 形槽。铣削步骤如图7-21 所示。

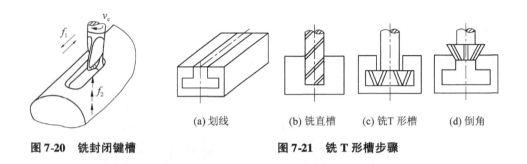

图 7-20 铣封闭键槽　　　(a) 划线　(b) 铣直槽　(c) 铣T形槽　(d) 倒角

图 7-21 铣 T 形槽步骤

7.6 齿轮齿形加工简介

齿轮是传递运动和动力的重要零件。齿轮的齿形决定了其传递运动的准确性和受载的平稳性。齿形加工有 2 种方法，成形法和展成法。

7.6.1 成形法

成形法是用与被切齿轮的齿槽完全相符的成形铣刀切出齿形的方法。成形法铣齿刀的形状制成被切齿轮的齿槽形状，成形铣刀称为模数铣刀（或齿轮铣刀）。用于卧式铣床的是盘状模数铣刀，用于立式铣床的是指状模数铣刀，如图 7-22 所示。铣齿属于成形法。

铣齿时，工件在铣床上用分度头卡盘和尾架顶尖装夹，用一定模数的盘状（或指状）铣刀进行铣削（图 7-23）。当加工完一个齿槽后，将工件退出进行分度，再继续对下一齿槽进行铣削。

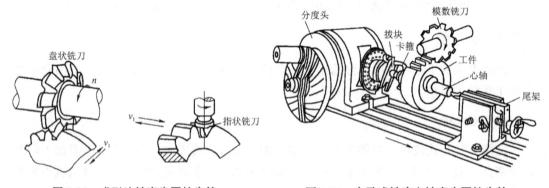

图 7-22　成形法铣直齿圆柱齿轮　　　图 7-23　在卧式铣床上铣直齿圆柱齿轮

这种加工方法的特点是：

① 设备简单（用普通铣床即可），刀具成本低。

② 由于铣刀每切一齿都要重复消耗一段切入、退刀和分度的辅助时间，因此生产率较低。

③ 加工出的齿轮精度较低，只能达到 11～9 级。这是因为铣削模数相同而齿数不同的齿轮所用的铣刀一般只有 8 把，每号铣刀有它规定的铣齿范围(表 7-1)。而每号铣刀的刀齿轮廓只与该号数范围内的最少齿数齿槽的理论轮廓相一致，对其他齿数的齿轮只能获得近似齿形。例如，铣削模数为 2、齿数为 38 的齿轮，应选模数为 2 的 6 号齿轮铣刀。

根据以上特点，成形法铣齿一般多用于修配或单件制造某些转速低、精度要求不高的齿轮。

表 7-1　齿轮铣刀刀号和加工的齿数范围

刀号	1	2	3	4	5	6	7	8
加工齿数范围	12～13	14～16	17～20	21～25	26～34	35～54	55～134	≥135 及齿条

7.6.2　展成法

展成法是利用齿轮刀具与被切齿轮的相互强制啮合运动关系而切出齿形的方法。滚齿和插齿就是利用展成法来加工齿形的。

(1) 插齿

插齿加工在插齿机上进行，插齿机如图 7-24 所示。插齿过程相当于一对齿轮对滚。插齿加工过程相当于一对齿轮啮合对滚。插齿刀实际上类似一个在齿轮上磨出前角，后角而形成刀刃的齿轮，如图 7-25 (a) 所示。插齿时，插齿刀一边做上下往复运动，一边与被切齿轮坯之间强制保持一对齿轮的啮合关系，即插齿刀转过一个齿，被切齿轮坯也转过相当一个齿的角度，逐渐切去工件上的多余材料并获得所需要的齿形，插齿工作原理如图 7-25 (b) 所示。

插齿机有以下 5 个运动：

① 切削运动：插齿刀作上下往复直线运动。

② 分齿运动：插齿刀与被加工齿轮绕轴线旋转的啮合运动。

③ 径向进给运动：插刀作径向进给运动，目的是在开始插齿时逐渐切出齿的全深。

④ 圆周进给运动：在分齿运动中，插齿刀的旋转运动。圆周进给量以插齿刀每往复行程在圆周上所转过的弧长表示。

⑤ 让刀运动：在插齿刀回程时，为了使插齿刀不被切齿轮的齿面接触，避免擦伤已加工齿面和减少插齿刀刀齿的磨损，工作台应带动齿轮坯在径向上让开插齿刀，当插齿刀向下切削时，工作台又恢复原位，这种运动叫让刀运动。

⑥ 插齿除可以加工一般外圆柱直齿轮外，尤其适宜加工双联齿轮、多联齿轮和内齿轮，其加工精度为 8～7 级，齿面粗糙度 Ra 值为 1.6 μm。一种模数的插齿刀可以加工模数相同的各种齿数的齿轮。插齿适用于各种批量生产。

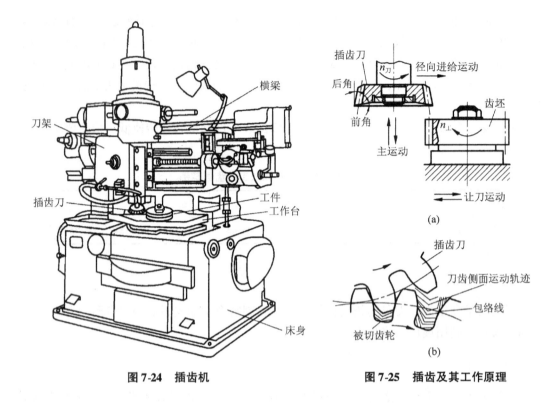

图 7-24 插齿机　　　　　　图 7-25 插齿及其工作原理

(2) 滚齿

滚齿加工在滚齿机上进行，滚齿机如图 7-26 所示。滚齿过程可近似看作是齿条与齿轮的啮合。齿轮滚刀的刀齿排列在螺旋线上，在轴向或垂直于螺旋线的方向开出若干槽，磨出刀刃，即形成一排排齿条，如图 7-27 (a) 所示。当滚刀旋转时，一方面一排刀刃由上而下进行切削，另一方面又相当于齿条连续向前移动。只要滚刀与齿轮坯的转速

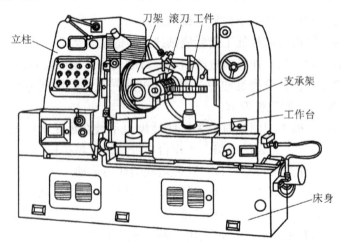

图 7-26 滚齿机

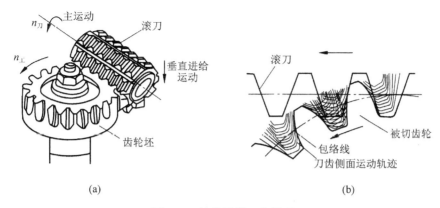

图 7-27 滚齿及其工作原理

之间能严格保持齿条齿轮啮合的运动关系,再加上滚刀的沿齿宽方向的垂直进给运动,就把被切齿轮的渐开线齿形切出来了。滚齿工作原理如图 7-27(b)所示。

齿条与同一模数的任何齿数的渐开线齿轮都能正确的啮合。因此,用滚刀滚制模数相同的任何齿数的齿轮时,都能获得所要求的齿槽轮廓。

滚刀安装时,要偏转一个角度,即滚刀的螺旋升角。

滚齿机加工直齿轮时,有以下 3 个运动形式:

① 切削运动:滚刀的旋转运动就是切削运动。

② 分齿运动:分齿运动是保证滚刀转速 $n_刀$ 和被切齿轮转速 $n_工$ 之间的啮合运动关系,即滚刀转一转,被切齿轮转 $1/z$ 转(z 是被切齿轮的齿数)。如果滚刀头数是 k,则滚刀转一转,被切齿轮转 k/z 转。

③ 垂直进给运动:滚刀沿工件轴向的垂直进给运动,是为了使滚刀在整个齿宽上都能切出齿形来。滚齿机可以加工直齿,斜齿的外圆柱齿轮,还可加工蜗轮和链轮。

滚齿机的加工精度均可达到 7~8 级,齿面粗糙度可达到 Ra 6.3~3.2 μm。

随着科学技术的发展,齿轮传动的速度和载荷不断提高,因此,传动平稳与噪声、冲击之间的矛盾日益尖锐。为解决这一矛盾,就需相应提高齿形精度和降低齿面表面粗糙度值,这时滚齿和插齿已不能满足要求,常用剃齿、珩齿和磨齿解决,其中磨齿加工精度最高,可达 4 级。

本章小结

铣削是金属切削加工中常用方法之一,铣床也是机加工企业中比较多见的设备,铣床的工作量仅次于车床。通过本章的学习,应了解铣削加工的范围及特点;掌握常用铣刀的名称、用途、安装及特点;熟悉万能卧式铣床的基本结构、原理及使用;掌握平面、斜面、键槽的铣削,以及齿轮的加工原理及常用加工方法等内容。通过技能训练,读者应该能独立进行铣床操作;能使用分度头进行平面、键槽及工件的等分操作,完成实习工件的加工。

思考题

1. 铣削加工一般可以完成哪些工作？
2. X6132万能卧式铣床主要由哪几部分组成？各部分的主要作用是什么？
3. 铣床的主运动是什么？进给运动什么？
4. 铣床主要附件的名称和用途是什么？
5. 铣床上工件的主要装夹方法有哪几种？
6. 铣刀有哪些种类？如何选用？
7. 铣斜面的方法有哪些？
8. 简述带孔铣刀和带柄铣刀的安装方法。
9. 铣开口式键槽和封闭式键槽分别在何种铣床上进行？分别用何种铣刀？
10. 滚齿机，插齿机各有哪几个运动形式？

第 8 章
钳工实训

[本章提要]

钳工是一个古老的工种，它以手工操作为主，使用各种工具来完成工件的加工、装配和修理等工作。其基本操作有划线、錾削、锯削、刮削、研磨、钻孔、扩孔、铰孔、攻螺纹、套螺纹及装配等。

8.1 常用工具简介
8.2 划线实训
8.3 锯削实训
8.4 锉削实训
8.5 钻孔、扩孔、铰孔实训
8.6 攻螺纹和套螺纹实训
8.7 刮削实训
8.8 装配实训

钳工使用的工具简单，操作灵活方便，能够加工形状复杂、质量要求高的零件，并能完成一般机械加工难以完成的工作，特别是一部机器的装配和维修以及调整都需要钳工，精密的量具和样板、夹具等制造也离不开钳工。在单件小批生产中，毛坯加工前须进行划线，零件装配成机器之前要进行钻孔、铰孔、攻螺纹，套扣等工作，都需钳工来完成，因此，钳工在机械制造和维修业中占有很重要的地位。

钳工一般是在钳工工作台上工作的，工作台上安装有虎钳，加工时，工件一般被夹紧在钳工工作台的台虎钳上。

钳工的主要工作有：

① 零件加工前的准备工作，如清理毛坯和在工件上划线等。
② 完成零件加工的某些加工工序，如钻孔攻螺纹及去毛刺等。
③ 进行某些零件的精密加工，如配刮、研磨、锉样板及修磨模具等。
④ 机器和仪器的装配和调试。
⑤ 机器和仪器的维护和修理。

8.1 常用工具简介

8.1.1 钳工工作台

钳工的工作地主要由工作台和虎钳组成。钳工工作台如图 8-1 所示，一般用坚实木材制成，也有用灰铸铁制成的。工作台台面高度为 800～900 mm，要求牢固和平稳。为了安全，台面前方装有防护网。

8.1.2 钳工虎钳

虎钳是夹持工件的主要工具，其大小用钳口的宽度表示，常用的为 100～150 mm。虎钳有固定式(见图 8-1)和回转式(见图 8-2)2 种，松开回转式虎钳的夹紧手柄，虎钳便可在底盘上转动，以改变钳口方向，使之便于操作。

使用虎钳应注意下列事项：

① 工件应夹在虎钳钳口中部，使钳口受力均匀。
② 当转动手柄夹紧工件时，手柄上不准套上增力套管或用锤敲击，以免损坏虎钳丝杠或螺母上的螺纹。
③ 夹持工件的光洁表面时，应垫铜皮或铝皮加以保护。

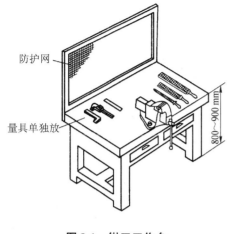

图 8-1 钳工工作台

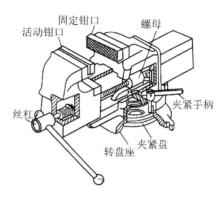

图 8-2 钳工虎钳

8.2 划线实训

划线是在某些工件的毛坯或半成品上按零件图样要求的尺寸划出加工界线或找正线的一种操作。

8.2.1 划线工具和使用

划线常用的工具有划线平板、千斤顶、V形架、方箱、划针、划卡、划规、划线盘、高度游标尺、样冲和量具等。

① 划线平板：划线平板是划线的基准工具，如图 8-3 所示。它由铸铁制成，其上平面是划线用的基准平面，要求非常平直和光洁。平板要安放牢固，上平面应保持水平，以便稳定地支承工件。平板不准碰撞和用锤敲击，以免降低其精度。平板若长期不用时，应涂防锈油并用木板护盖。

② 千斤顶：千斤顶用于平板上支承较大及不规则的工件，其高度可以调整，以便找正工件。通常用 3 个千斤顶来支承工件，如图 8-4 所示。

图 8-3 划线平板

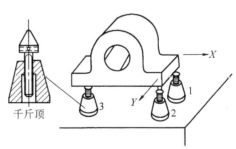

图 8-4 千斤顶及其用途

图 8-5 V 形架及其用途

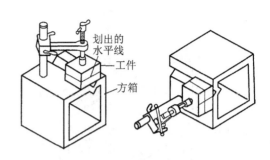

图 8-6 方箱及其用途

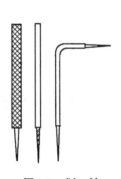

图 8-7 划 针

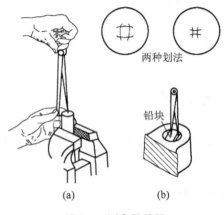

图 8-8 划卡及其用

③V 形架：V 形架用于支承圆柱形工件，使工件轴线与平板平面平行，如图 8-5 所示。

④方箱：方箱用于夹持较小的工件，方箱上各相邻的两面均相互垂直，通过翻转方箱，便可以在工件表面上划出相互垂直的线来，如图 8-6 所示。

⑤划针：划针用于在工件表面上划线，如图 8-7 所示。

⑥划卡：划卡主要用于确定轴和孔中心的位置，如图 8-8 所示。

⑦划规：划规是平面划线作图的主要工具，如图 8-9 所示。其用法与几何作图中的圆规类似。

⑧划线盘：划线盘是立体划线的主要工具。调节划针到一定高度，并在平板上移动划线盘，即可在工件上划出与平板平行的线来，如图 8-10 所示。此外，还可用划线盘对工件进行找平。

⑨游标高度尺：游标高度尺由高度尺和划线盘组合而成，它是精密工具，用于半成品（光坯）的划线，不允许用它在毛坯上划线。要防止碰坏硬质合金划线脚。

⑩样冲：样冲是在工件划出的线上打出样冲眼的工具，以备所划的线模糊后，仍能找到原线位置。在划圆及钻孔前，也应在其中心打出中心样冲眼。图 8-11 所示为样冲的用法，图中 1 是对准位置，2 是冲眼。图 8-12 所示为给钻孔前的划线打样冲眼。

⑪量具：划线常用的量具有钢尺、高度尺（钢尺与尺座组成，见图 8-10）及直角尺。

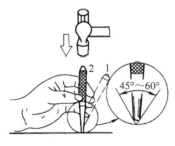

图 8-9 划 规

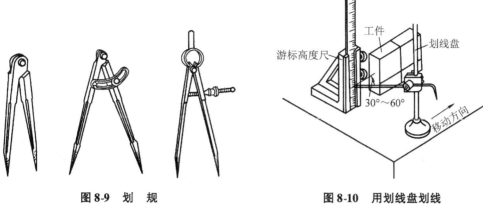

图 8-10 用划线盘划线

图 8-11 样冲及其用途

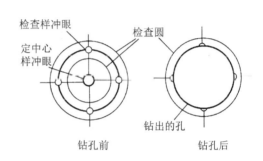

图 8-12 划线和打样冲眼

8.2.2 划线基准的选择

开始划各水平线时,应选定某一表面作为依据,并以此来调节每次划针或游标的高度,这个表面称为划线基准。

一般选重要孔的中心线为划线基准,如图 8-13(a)所示;或选零件图样上尺寸标注基准为划线基准;若工件上个别平面已加工过,则应选已加工过的平面为划线基准,如图 8-13(b)所示。

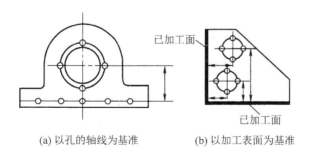

(a) 以孔的轴线为基准　　(b) 以加工表面为基准

图 8-13 划线基准

8.2.3 立体划线步骤

(1) 立体划线的步骤

立体划线的实例如图 8-14 所示。

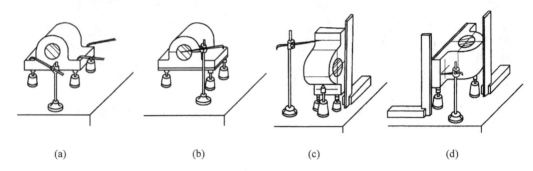

图 8-14 立体划线实例

① 研究零件图样,确定划线基准。检查毛坯是否合格。

② 清理毛坯上的疤痕和毛刺等。在划线部分涂上涂料:铸、锻件用大白浆;已加工过的表面用龙胆紫加虫胶和酒精(紫色),或用孔雀绿加虫胶和酒精(绿色)。用铅块或木块堵孔,以便定孔的中心位置。

③ 支承及找正工件,如图 8-14(a) 所示。

④ 划出划线基准,再划出其他水平线,如图 8-14(b) 所示。

⑤ 翻转工件,找正,划出相互垂直的线,如图 8-14(c)、(d) 所示。

⑥ 检查划出的线是否正确,最后打样冲眼。

(2) 划线操作时应注意事项

① 工件支承要稳妥,以防滑倒或移动。

② 在一次支承中,应把需要划出的平行线全部划出,以免再次支承补划,造成误差。

③ 应正确使用划针、划线盘、游标高度尺以及直角尺等划线工具,以免产生划线误差。

8.3 锯削实训

锯削是用手锯锯割工程材料或进行切槽的操作。

8.3.1 锯削工具

手锯由锯弓和锯条两部分构成。锯弓是用于夹持和拉紧锯条的工具,有固定式和可调式 2 种,可调式锯弓最为常用,如图 8-15 所示。

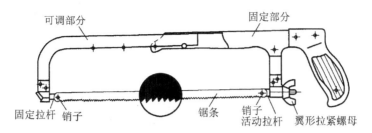

图 8-15 手 锯

锯条是由碳素工具钢制成的。常用的锯条约长 300 mm，宽 12 mm，厚 0.8 mm。

锯齿按齿距 t 大小可分为粗齿（$t=1.6$ mm）、中齿（$t=1.2$ mm）及细齿（$t=0.8$ mm）3 种。粗齿锯条适宜锯削铜、铝等软金属及厚的工件。细齿锯条适宜锯削钢材、板料及薄壁管子等。加工低碳钢、铸铁及中等厚度的工件多用中齿锯条。锯齿粗细对锯削的影响如图 8-16 所示。

锯齿的排列为波形，以减少锯口两侧与锯条间的摩擦，如图 8-17 所示。

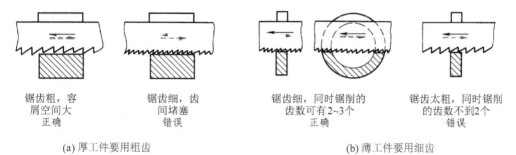

图 8-16 立体划线实例

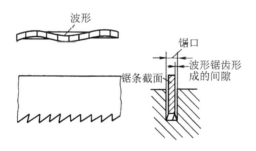

图 8-17 锯齿波形排列

8.3.2 锯削的步骤和方法

① 根据工件材料及厚度选择合适的锯条。

② 将锯条安装在锯弓上，锯齿应向前。锯条松紧要合适，否则锯削时易折断。

③ 工件应尽可能夹在虎钳左边，以免操作时碰伤左手。工件伸出要短，否则锯削时会颤动。

④ 起锯时以左手拇指靠住锯条,右手稳推手柄,起锯角度稍小于 15°,如图 8-18 所示。锯弓往复行程要短,压力要轻,锯条要与工件表面垂直。锯成锯口后,逐渐将锯弓改至水平方向。

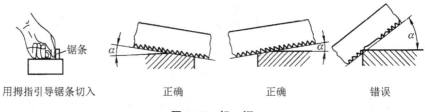

图 8-18 起 锯

⑤ 锯削时锯弓握法如图 8-19 所示。锯弓应直线往复,不可摆动;前推时加压,用力均匀;返回时从工件上应轻轻滑过,不要加压用力。锯削速度不宜过快,通常往复 30~60 次/min,锯削时用锯条全长工作,以免锯条中间部分迅速磨钝。锯削钢料时应加机油润滑。快锯断时,用力要轻,以免碰伤手臂。

⑥ 锯削圆钢时,为了得到整齐的锯缝,应从起锯开始以一个方向锯到结束,如图 8-20(a)所示;锯削圆管时,应只锯到管子的内壁处,然后工件向推锯方向转一定角度,再继续锯削,如图 8-20(b)所示;锯削薄板时,为防止工件产生振动和变形,可用木板夹住薄板两侧进行锯削,如图 8-20(c)所示。

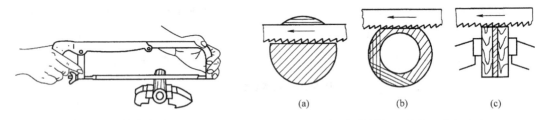

图 8-19 手锯的握法　　　图 8-20 锯削圆钢、圆管和薄板的方法

8.4 锉削实训

锉削是用锉刀对工件表面进行加工的操作,多用于锯削之后。锉削加工出的表面粗糙度 Ra 值可达 $1.6 \sim 0.8\ \mu m$。锉削是钳工中最基本的操作。

8.4.1 锉刀

(1)锉刀的构造及种类

锉刀由锉面、锉边和锉柄组成,如图 8-21(a)所示。根据形状不同,锉刀可分平锉、半圆锉、方锉、三角锉及圆锉等,如图 8-21(b)所示。其中以平锉用得最多。锉刀的大小用所锉工件的长度来表示。锉刀的锉纹多制成双纹,以便锉削时省力,且锉面不易堵塞。

锉刀的粗细,以每 10 mm 长的锉面上锉齿的齿数来划分。粗锉刀(4~12 齿),齿间大,不易堵塞,适宜粗加工或锉铜和铝等软金属;细锉刀(13~24 齿),适宜锉钢和铸铁等；光锉刀(30~40齿)，又称油光锉，只用于最后表面修光。锉刀越细，锉出工件表面越光洁，但生产率也越低。

(2) 锉刀的使用方法

锉削时必须正确掌握握锉的方法以及施力的变化。使用大的平锉刀时，应右手握锉柄，左手压在锉端上，使锉刀保持水平，如图 8-22(a) 所示。用中型平锉刀时，因用力较小，左手的大拇指和食指捏着锉端，引导锉刀水平移动，如图 8-22(b) 所示。

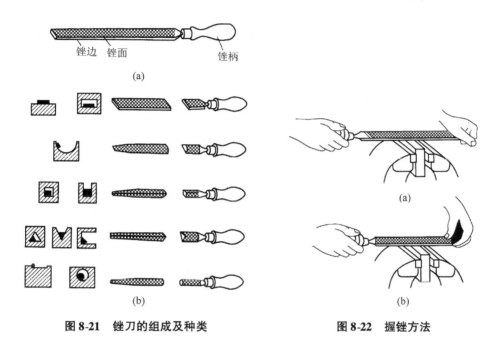

图 8-21 锉刀的组成及种类

图 8-22 握锉方法

8.4.2 锉削操作方法

(1) 锉平面的方法和步骤

①锉平面的方法：有顺锉法、交叉锉法和推锉法等，如图 8-23 所示。

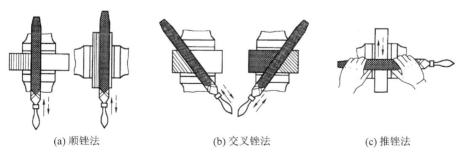

(a) 顺锉法　　　　(b) 交叉锉法　　　　(c) 推锉法

图 8-23 锉削平面的方法

顺锉法：如图 8-23（a）所示，是最基本的锉法，适用于较小平面的锉削，可得到正直的锉纹，使锉削的平面较为美观。其中左图多用于粗锉，右图只用于修光。

交叉锉法：如图 8-23（b）所示，适用于粗锉较大的平面，由于锉刀与工件的接触面增大，锉刀易掌握平稳，因此交叉锉易锉出较平整的平面。交叉锉之后要转用图 8-23（a）右图所示的顺锉法进行修光。

推锉法：如图 8-23（c）所示，仅用于修光，尤其适用于窄长平面或用顺锉法受阻的情况。两手横握锉刀，沿工件表面平稳地推拉锉刀，可得到平整光洁的表面。

②锉平面的步骤：

选择锉刀：锉削前，应根据材料的软硬、加上表面的形状、加一余量的大小、工件表面粗糙度的要求等来选择锉刀。加工余量小于 0.2 mm 时，宜选用细锉刀。

装夹工件：工件必须牢固地夹在虎钳钳口的中部，并略高于钳口。夹持已加工表面时，应在钳口与工件间垫以铜片或铝片。

锉削：粗锉时可先用交叉锉法，待平面基本锉平后，再用图 8-23（a）右图所示的顺锉法进行锉削，以降低工件表面粗糙度，最后用细锉刀以推锉法修光。

检验：锉削时，工件的尺寸可用钢直尺和卡尺检查。工件的平直度及垂直度可用直角尺根据是否能透过光线来检查，如图 8-24 所示。

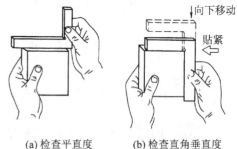

(a) 检查平直度　　(b) 检查直角垂直度

图 8-24　检查工件的平直度和垂直度

(2) 锉圆弧面的方法

锉削圆弧面采用如图 8-25 所示的滚锉法。锉削外圆弧面时，锉刀除向前运动外，同时还要沿被加工圆弧面摆动；锉削内圆弧面时，锉刀除向前运动外，锉刀本身同时还要作一定的旋转和向左或向右的移动。

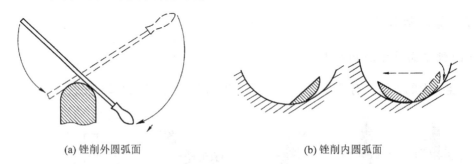

(a) 锉削外圆弧面　　　　　　(b) 锉削内圆弧面

图 8-25　锉削圆弧面的方法（滚锉法）

8.4.3　锉削注意事项

① 锉刀必须装柄使用，以免刺伤手心。
② 不要用新锉刀锉硬金属，如已淬火钢和白口铸铁。
③ 铸件上的硬皮或粘砂，应先用砂轮磨去，然后再锉削。

④ 锉削时不要用手摸工件表面，以免再锉时打滑。
⑤ 锉刀堵塞后，用钢丝刷顺着锉纹方向刷去切屑。
⑥ 锉刀放置时，不应伸出工作台台面以外，以免碰落摔断或砸伤人脚。

8.5 钻孔、扩孔、铰孔实训

8.5.1 钻孔

(1) 钻床

机器零件上分布着很多大小不同的孔，其中那些数量多、直径小、精度不很高的孔，都是在钻床上加工出来的。钻床上可以完成的工作很多，如钻孔、扩孔、铰孔、攻螺纹等，如图 8-26 所示。

钻床的种类很多，常用的有台式钻床、立式钻床和摇臂钻床等。

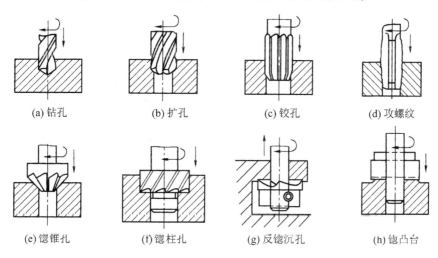

图 8-26 钻床工作

① 台式钻床：是一种放在台桌上使用的小型钻床，简称台钻。图 8-27 所示为 Z4012 台钻。在编号 Z4012 中，Z 表示钻床类；40 表示台式钻床；12 表示最大钻孔直径为 12 mm。台钻钻孔直径一般在 12 mm 以下，最小可加工小于 1 mm 的孔。由于加工的孔径较小，台钻的主轴转速一般较高，最高转速可达 10 000 r/min。主轴的转速可用改变 V 带在带轮上的位置来调节。台钻主轴的进给是手动的。台钻小巧灵活，使用方便，主要用于加工小型零件上的各种小孔，在仪表制造、钳工和装配中用得最多。

② 立式钻床：简称立钻。图 8-28 所示为 Z5125 立钻。在编号 Z5125 中，Z 表示钻床类；51 表示立式钻床；25 表示最大钻孔直径为 25 mm。立钻的最大钻孔直径有 25 mm、35 mm、40 mm 和 50 mm 等规格。立钻主要由主轴、主轴变速箱、进给箱、立柱、工作台和机座等组成。电动机的运动通过主轴变速箱使主轴获得所需的各种转速，主轴变速箱与车床的变速箱相似。钻小孔时转速需要高些，钻大孔时转速应低些。主轴的向

下进给既可手动,也可自动。

在立钻上加工一个孔后,再钻另一个孔时,须移动工件,使钻头对准另一个孔的中心,这对一些较大的工件移动起来比较麻烦。因此,立式钻床适宜加工中小型工件上的中小孔。

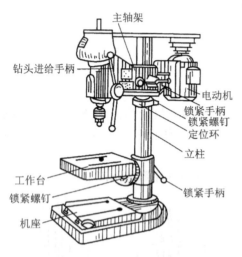

图 8-27 Z4012 台式钻床

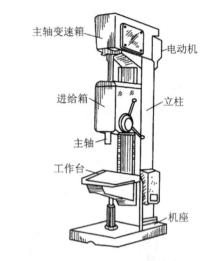

图 8-28 Z5125 立式钻床

③摇臂钻床:图 8-29 所示为 Z3050 摇臂钻床。在编号 Z3050 中,Z 表示钻床类;30 表示摇臂钻床;50 表示最大钻孔直径为 50 mm。它有一个能绕立柱旋转的摇臂,摇臂带着主轴箱可沿立柱垂直移动,同时主轴箱还能在摇臂上作横向移动,主轴可沿自身轴线垂向移动或进给。由于摇臂钻床的这些特点,操作时能很方便地调整刀具的位置,以对准被加工孔的中心,而不需移动工件来进行加工,比起在立钻上加工要方便得多。因此,它适宜加工一些笨重的大型工件及多孔工件上的大、中、小孔,广泛应用于单件和成批生产中。

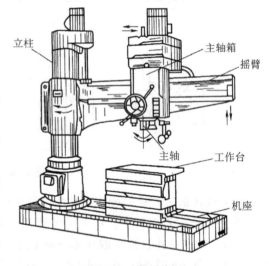

图 8-29 摇臂钻床

(2) 钻孔

用钻头在实体材料上加工孔称为钻孔。在钻床上钻孔时,工件固定不动,钻头旋转(主运动)并作轴向移动(进给运动)。由于钻头结构上存在着刚度差和导向性差等缺点,因而影响了加工质量。钻孔属于粗加工或要

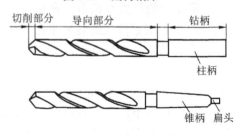

图 8-30 麻花钻的组成

求不高孔的终加工，其尺寸公差等级一般为 IT12 左右，表面粗糙度 Ra 值为 12.5 μm。

① 麻花钻头：钻孔用的刀具主要是麻花钻头。麻花钻的组成部分如图 8-30 所示。麻花钻的前端为切削部分，如图 8-31 所示，有两个对称的主切削刃，两刃之间的夹角通常为 $2\alpha = 116° \sim 118°$，称为锋角。钻头顶部有横刃，即两主后刀面的交线，它的存在使钻削时的轴向力增加。所以常采取修磨横刃的办法，缩短横刃。导向部分上有两条刃带和螺旋槽，刃带的作用是引导钻头和减少与孔壁的摩擦，螺旋槽的作用是向孔外排屑和向孔内输送切削液。

② 钻孔用附件：麻花钻头按尾部形状的不同，有不同的安装方法。锥柄钻头可以直接装入机床主轴的锥孔内。当钻头的锥柄小于机床主轴锥孔时，则需用图 8-32 所示的变锥套。由于变锥套要用于各种规格麻花钻的安装，所以套筒一般需要数只。柱柄钻头通常要用图 8-33 所示的钻夹头进行安装。

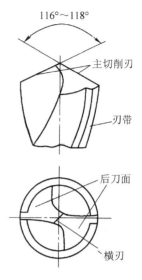

图 8-31 麻花钻切削部分

在立钻或台钻上钻孔时，工件通常用平口钳[图 8-34(a)]安装。有时用压板、螺栓把工件直接安装在工件台上[图 8-34(b)]，夹紧前要先按划线标志的孔位进行找正。

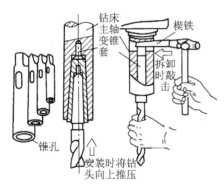

图 8-32 用变锥套安装与拆卸钻头

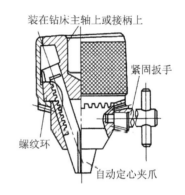

图 8-33 钻夹头

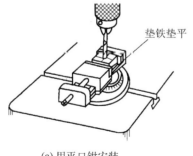

(a) 用平口钳安装

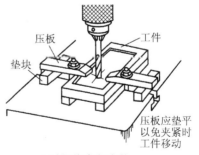

(b) 用压板螺栓安装

图 8-34 钻孔时工件的安装

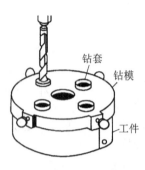 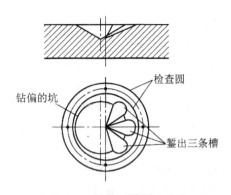

图 8-35　钻　模　　　　　　　　图 8-36　钻偏时的纠正方法

在成批和大量生产中，钻孔广泛使用钻模夹具。钻模的形式很多，图 8-35 所示为其中的一种。将钻模装夹在工件上，钻模上装有淬硬的耐磨性很高的钻套，用以引导钻头。钻套的位置是根据要求钻孔的位置确定的，因而应用钻模钻孔时，可免去划线工作，提高生产效率和孔间距的精度，降低表面粗糙度。

③钻孔方法：按划线钻孔时，钻孔前应在孔中心处打好样冲眼，划出检查圆，以便找正中心，便于引钻，然后钻一浅坑，检查判断是否对中。若偏离较多，可用样冲在应钻掉的位置錾出几条槽，以便把钻偏的中心纠正过来，如图 8-36 所示。

用麻花钻头钻较深的孔时，要经常退出钻头以排出切屑和进行冷却，否则可能使切屑堵塞在孔内卡断钻头或由于过热而加剧钻头磨损。为降低切削温度，提高钻头的耐用度，需要施加切削液。

直径大于 30 mm 的孔，由于有较大的轴向抗力，很难一次钻出。这时可先钻出一个直径较小的孔（为加工孔径的 0.5 倍左右），然后用第二把钻头将孔扩大到所要求的直径。

8.5.2　扩孔

扩孔用于扩大工件上已有的孔（锻出、铸出或钻出的孔），其切削运动与钻孔相同，如图 8-37 所示。它可以在一定程度上校正原孔轴线的偏斜，并使其获得较正确的几何形状与较低的表面粗糙度。扩孔属于半精加工，其尺寸公差等级可达 IT10～IT9，表面粗糙度 Ra 值可达 6.3～3.2 μm。扩孔既可作为孔加工的最后工序，也可作为铰孔前的预备工序。扩孔加工余量一般为 0.5～4 mm。

扩孔钻的形状与麻花钻相似，不同的是：扩孔钻有 3～4 个切削刃，且没有横刃。扩孔钻的钻芯大，刚度较好，导向性好，切削平稳。扩孔钻如图 8-38 所示。

图 8-37　扩孔及其运动　　　　　　图 8-38　扩孔钻

8.5.3 铰孔

铰孔是用铰刀对孔进行最后精加工,如图 8-39 所示。铰孔的尺寸公差等级可达 IT7~IT6,表面粗糙度 Ra 值可达 1.6~0.8 μm。铰孔的加工余量很小,粗铰为 0.15~0.25 mm,精铰为 0.05~0.15 mm。

(1) 铰刀

铰刀的形状如图 8-40 所示,它类似扩孔钻,只不过它有更多的切削刃(6~12 个)和较小的顶角,铰刀每个切削刃上的负荷明显小于扩孔钻,这些因素既提高了铰孔的尺寸公差等级,又降低了铰孔表面粗糙度 Ra 值。铰刀的刀刃多做成偶数,并成对地位于通过直径的平面内,目的是便于测量铰刀的直径尺寸。

铰刀分为机铰刀和手铰刀。机铰刀[图 8-40(a)]多为锥柄,装在钻床或车床上进行铰孔,铰孔时选较低的切削速度,并选用合适的切削液,以降低加工孔的表面粗糙度 Ra 值。手铰刀[图 8-40(b)]切削部分较长,导向作用好,易于铰削时的导向和切入。

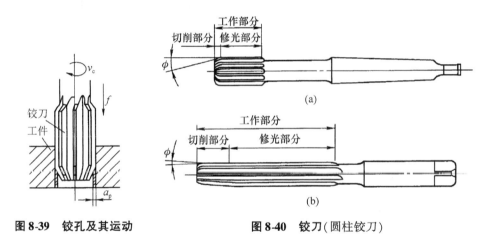

图 8-39 铰孔及其运动　　　图 8-40 铰刀(圆柱铰刀)

(2) 铰孔方法

①铰圆柱孔:铰孔前要用百分尺检查铰刀直径是否合适。铰孔时,铰刀应垂直放入孔中,然后用绞杠(图 8-41 所示为可调式绞杠,转动调节手柄,即可调节方口大小)转动铰刀并轻压进给即可进行铰孔。铰孔过程中,铰刀不可倒转,以免崩刃。铰削钢件时应加机油润滑,铰削带槽孔时,应选螺旋刃铰刀。

②铰圆锥孔:圆锥铰刀(见图 8-42)专门用于铰削圆锥孔,其切削部分的锥度是 1/50,与圆锥销的锥度相符。尺寸较小的圆锥孔,可先按小头直径钻出圆柱孔,然后用圆锥铰刀铰削即可。对于尺寸和深度较大的孔,铰孔前应先钻出阶梯孔,然后再用铰刀铰削。铰削过程中,要经常用相配的锥销来检查尺寸,如图 8-43 所示。

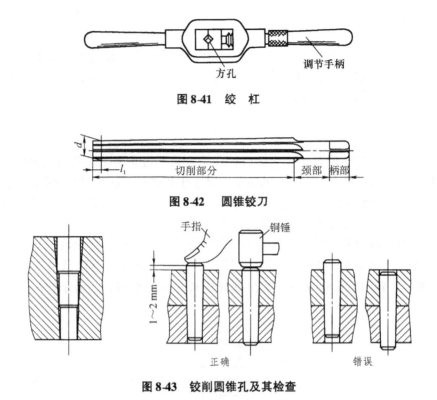

图 8-41 绞 杠

图 8-42 圆锥铰刀

图 8-43 铰削圆锥孔及其检查

8.6 攻螺纹和套螺纹实训

用丝锥加工内螺纹的方法称为攻螺纹,如图 8-44 所示。用板牙加工外螺纹的方法称为套螺纹,如图 8-45 所示。

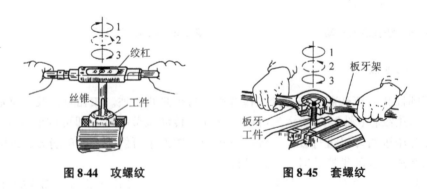

图 8-44 攻螺纹　　图 8-45 套螺纹

8.6.1 攻螺纹

(1) 丝锥

丝锥是专门用于攻螺纹的刀具(见图 8-46)。M3~M20 手用丝锥多为 2 支一组,称头锥、二锥。每个丝锥的工作部分由切削部分和校准部分组成。切削部分(即不完整的牙齿部分)是切削螺纹的主要部分,其作用是切去孔内螺纹牙间的金属。头锥有 5~7 个不完整的牙齿,二锥有 1~2 个不完整的牙齿。校准部分的作用是修光螺纹和引导丝锥。

(2) 攻螺纹方法

① 钻螺纹底孔:底孔的直径可查手册或按如下经验公式计算:
脆性材料(铸铁、青铜等):钻孔直径 $D_0 = D$(螺纹大径) $- 1.1P$(螺距)
韧性材料(钢料、紫铜等):钻孔直径 $D_0 = D$(螺纹大径) $- P$(螺距)
钻孔深度 = 要求的螺纹长度 $+ 0.7D$(螺纹大径)

② 用头锥攻螺纹:开始时,将丝锥垂直放入工件螺纹底孔内,然后用绞杠(与铰孔用的绞杠相同)轻压旋入 1~2 周,用目测或直角尺在两个互相垂直的方向上检查,并及时纠正丝锥,使其与端面保持垂直。当丝锥切入 3~4 周后,可以只转动,不加压,每转 1~2 周应反转 1/4 周,以使切屑断落。图 8-44 中第二周虚线,表示要反转。攻钢件螺纹时应加机油润滑,攻铸铁件可加煤油。攻通孔螺纹,只用头锥攻穿即可。

③ 用二锥攻螺纹:先将丝锥放入孔内,用手旋入几周后,再用绞杠转动。旋转绞杠时不需加压。攻盲孔螺纹时,需依次使用头锥、二锥才能攻到所需要的深度。

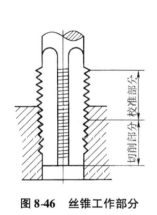

图 8-46 丝锥工作部分

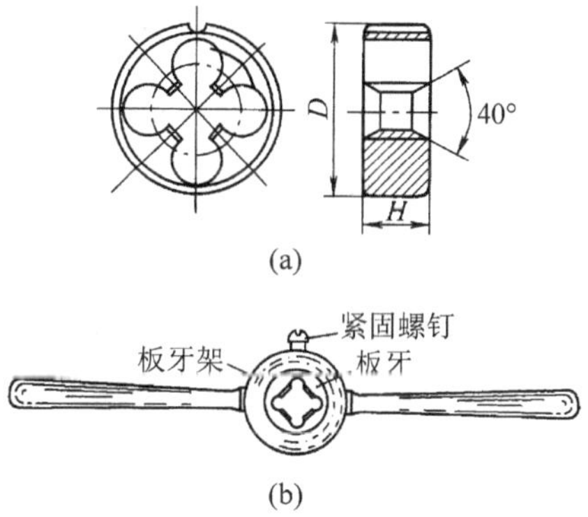

图 8-47 圆板牙及板牙架

8.6.2 套螺纹

(1) 圆板牙和板牙架

圆板牙有固定式的和开缝式 2 种。图 8-47(a)所示为常用的固定式圆板牙。圆板牙螺孔的两端有 40°的锥度部分,是板牙的切削部分。套螺纹用的板牙架如图 8-47(b)所示。

(2) 套螺纹方法

套螺纹前应检查圆杆直径,尺寸太大难以套入,太小套出的螺纹牙齿不完整。圆杆直径可用下面的经验公式计算:
$$d_0 = d - 0.2P$$

式中：d_0——圆杆直径；
d ——螺纹大径；
P——螺距。

要套螺纹的圆杆必须先做出合适的倒角。套螺纹时圆板牙端面应与圆杆严格保持垂直。开始转动板牙架时，要稍加压力；套入几周后，即可只转动，不加压。要时常反转，以便断屑。套螺纹时应加机油润滑。

8.7 刮削实训

刮削是用刮刀从工件表面上刮去一层很薄的金属的操作。刮削一般在机械加工（车、铣或刨）以后进行，刮削后表面的形状精度较高，表面粗糙度 Ra 值较低，属于精密加工。刮削常用于零件上互相配合的重要滑动表面（如机床导轨、滑动轴承等），以便彼此均匀接触。刮削生产率低，劳动强度大，因此可用磨削等机械加工方法代替。

(1) 刮刀及其用法

平面刮刀的端部要在砂轮上刃磨出刃口，然后再用油石磨光。

刮刀的握法如图 8-48 所示，右手握刀柄，推动刮刀；左手放在靠近端部的刀体上，引导刮削方向及加压。刮刀应与工件保持 25°~30°的角度。刮削时，用力要均匀，刮刀要拿稳，以免刮刀刃口两端的棱角将工件划伤。

(2) 刮削平面的方法及检验

① 粗刮：若工件表面比较粗糙，应先用刮刀将其全部粗刮一次，使表面较为平滑。粗刮的方向不应与机械加工留下的刀痕垂直，以免因刮刀颤动而将表面刮出波纹。一般刮削的方向与刀痕约成 45°角，各次刮削方向应交叉进行，如图 8-49 所示。粗刮时选用较长的刮刀，这种刮刀用力较大，刮痕长（10~15 mm），刮除金属多。刀痕刮除后，即可进行"研点子"。

图 8-48 刮刀握法

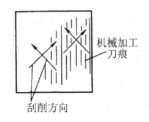

图 8-49 粗刮方向

② 研点子：常用检验平板或平尺进行研点子。检验平板由铸铁制成，不仅要求它刚度好、不变形，而且要求上平面必须非常平直和光洁，如图 8-50 所示。用检验平板

对工件研点子的方法如图8-51所示,将工件擦净,并均匀地涂上一层很薄的红丹油(红丹粉与机油的混合物);然后将工件表面与擦净的检验平板稍加压力配研[图8-51(a)]。配研后,工件表面上的高点(与平板的贴合点)便因磨去红丹油而显示出亮点来[图8-51(b)]。这种显示高点的方法常称为研点子。

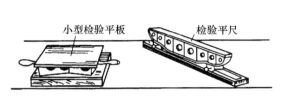

图8-50 检验平板和平尺

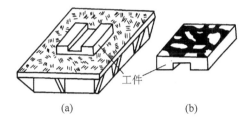

图8-51 研点子

③ 细刮:当工件表面上的贴合点增至每25 mm×25 mm 面积内4个点子时,可以开始细刮。细刮时选用较短的刮刀,这种刮刀用力小,刀痕较短(3~5 mm)。经过反复研点子和刮削后,点子逐渐增多,而且越来越均匀,直到最后达到要求为止。

④ 检验:刮削表面的精度是以25 mm×25 mm 的面积内,均匀分布的贴合点的点数来表示的,如图8-52所示。例如,普通机床的导轨面为8~10点,精密的为12~15点。

(3) 刮削曲面

对于某些要求较高的滑动轴承的轴瓦,也要进行刮削,以得到良好的配合。

刮削轴瓦时用三角刮刀,其用法如图8-53所示。研点子的方法是在轴上涂色,然后用轴与轴瓦配研。

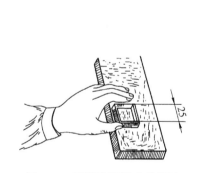

图8-52 刮削表面精度的检验

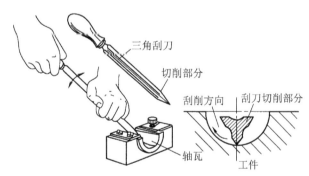

图8-53 用三角刮刀刮削轴瓦

8.8 装配实训

8.8.1 装配概述

任何一台机器都是由多个零件组成的,将零件按装配工艺过程组装起来,并经过调整、试验使之成为合格产品的过程,称为装配。装配又有组件装配、部件装配和总装配之分。

① 组件装配：将若干个零件安装在一个基础零件上而构成组件。例如主轴箱内的各轴系组件。

② 部件装配：将若干个零件、组件安装在另两个基础零件上而构成部件（独立结构）。例如减速箱部件。

③ 总装配：将若干个零件、组件、部件安装在一个较大、较重的基础零件上而构成产品。例如车床即是由几个箱体和尾座等部件安装在床身上而构成的。

8.8.2 装配过程及装配工作

（1）装配前准备

① 研究和熟悉装配图的技术要求，了解产品的结构和零件的作用，以及相互连接的关系。

② 确定装配的方法、程序和所需的工具。

③ 领取和清洗零件。清洗时，可用柴油、煤油去掉零件上的锈蚀、切屑末、油污及其他脏物，然后涂上一层润滑油。有毛刺时应及时修去。

（2）装配

装配按组件装配＋部件装配＋总装配的次序进行，并经调整、试验、检验、喷漆、装箱等步骤。

（3）组件装配举例

图 8-54 所示为减速箱大轴组件，其装配顺序如下：

① 将键配好，轻轻敲击装在轴上。
② 压装齿轮。
③ 放上垫套，压装右轴承。
④ 压装左轴承。
⑤ 将毡圈放入透盖槽中，并套在轴上。

（4）对装配工作的要求

① 装配时，应检查零件与装配有关的形状和尺寸精度是否合格，检查有无变形、损坏等。应注意零件上的各种标记，防止错装。

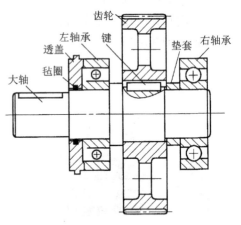

图 8-54 大轴组件结构图

② 固定连接的零、部件，不允许有间隙。活动的零件，能在正常的间隙下，灵活均匀地按规定方向运动。

③ 各种运动部件的接触表面，必须保证有足够的润滑，若有油路，必须畅通。

④ 各种管道和密封部件，装配后不得有渗漏现象。

⑤ 高速运动机构的外表,不得有凸出的螺钉头和销钉头等。
⑥ 试车前,应检查各部件连接的可靠性和运动的灵活性,检查各种变速和变向机构的操纵是否灵活,手柄的位置是否正确。试车时,从低速到高速逐步进行。并且根据试车情况,进行必要的调整,使其达到运转的要求。注意:在运转中不能进行调整。

8.8.3 几种典型的装配工作

(1) 滚珠轴承的装配

滚珠轴承的配合多数具有较小的过盈量,须用手锤或压力机压装,为了使轴承圈受到均匀压力,要用垫套加压。若是轴承压到轴上的,应通过垫套施力于内圈端面[图8-55(a)];若是轴承压到机体孔中时,则应施力于外圈端面[图8-55(b)];若轴承同时压到轴上和机体孔中时,则内外圈端面应同时加压[图8-55(c)]。

若轴承与轴有较大的过盈量时,最好将轴承吊在80~90℃的热油中加热,然后趁热装入。

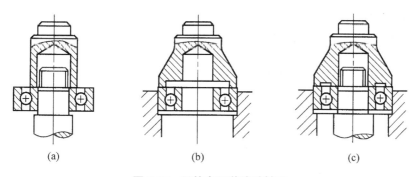

图8-55 用垫套压装滚珠轴承

(2) 螺钉和螺母的装配

在装配螺钉、螺母时,请注意如下事项:
① 螺纹配合应做到用手能自由旋入,不宜过紧或过松。
② 螺钉、螺母的端面应与螺纹轴线垂直,以达到受力均匀。
③ 零件与螺钉、螺母的贴合面应平整光洁,否则螺纹容易松动。为了提高贴合质量可加垫圈。
④ 装配成组螺钉、螺母时,为了保证零件贴合面受力均匀,应按一定的顺序拧紧;并且不要一次完全拧紧,应按顺序分2次或3次拧紧,即第一次先拧紧到一半的程度,然后再完全拧紧。

8.8.4 对拆卸工作的要求

① 机器拆卸工作,应按其结构的不同,预先考虑操作程序,以免先后倒置,或贪图省事猛拆猛敲,造成零件的变形或损伤。
② 拆卸的顺序,应与装配的顺序相反,一般应先拆外部附件,然后按总成、部件

进行拆卸。在拆卸部件或组件时，应按从外部到内部，从上部到下部的顺序，依次拆卸组件或零件。

③ 拆卸时，使用的工具必须保证零件不受损伤(尽可能使用专用工具，如各种拉出器，固定扳手等)。严禁用硬手锤直接在零件的工作表面上敲击。

④ 拆卸时，零件的回松方向(左、右螺纹)必须辨别清楚。

⑤ 拆下的部件和零件，必须有次序、有规则地放好，并按原来的结构套在一起，配合件作上记号，以免搞乱。对丝杠、长轴类零件必须用绳索将其竖直吊起，并且用布包好，以防弯曲变形和碰伤。

本章小结

通过钳工实训的学习，对钳工工艺过程及基本工艺有所掌握，并且介绍了钳工的方法。对钳工设备有所了解，可以进行熟练操作。

思考题

1. 划线的作用是什么？
2. 方箱和千斤顶的用途有何不同？
3. 用 V 形架支持圆柱形工件有何优点？
4. 怎样使用划针和划线盘才能使划线迅速和准确？
5. 什么叫划线基准？如何选择划线基准？
6. 工件的水平和垂直位置如何找正？
7. 试述零件的立体划线过程。
8. 怎样选择锯条？
9. 为什么锯齿要按波形排列？
10. 起锯时和锯削时的操作要领是什么？
11. 锯齿崩落和锯条折断的原因有哪些？
12. 怎样选择粗、细齿锉刀？
13. 锉平工件的操作要领是什么？
14. 锉平面时用的交叉锉法有何特点？
15. 推锉法有何用途？
16. 怎样检验锉后工件的平直度和垂直度？
17. 圆弧面锉削的操作要领是什么？
18. 台钻、立钻、摇臂钻床的结构和用途有何不同？
19. 麻花钻的切削部分和导向部分的作用有何不同？
20. 试分析在钻削时经常出现的颤动或孔径扩大的原因。
21. 用小钻头和大钻头钻孔时，钻头转速和进给量有何不同？为什么？
22. 扩孔为什么比钻孔的精度高？铰孔为什么又比扩孔精度高？
23. 简述铰圆柱孔及圆锥孔的方法。
24. 2 个一套的丝锥，各丝锥的切削部分和校准部分有何不同？如何区分？
25. 对脆性和韧性材料，攻螺纹前底孔直径为什么不同？
26. 攻盲孔螺纹时，为什么丝锥不能攻到底？怎样确定螺纹底孔的深度？

27. 用头锥攻螺纹时，为什么要轻压旋转？而丝锥攻入后，为什么可不加压，且应时常反转？
28. 怎样操作才能使攻出的螺纹孔垂直和光洁？
29. 为什么套螺纹前要检查圆杆直径？其大小怎样决定？为什么要倒角？
30. 刮削有什么特点和用途？
31. 何谓研点子？它有何用途？
32. 刮削后表面的形状精度怎样检查？
33. 为什么粗刮时刮削方向不能与机械加工留下的刀痕垂直？
34. 什么是装配？装配的过程有哪几步？
35. 装配工作应注意哪些事项？
36. 试述如何装配滚珠轴承，应注意哪些事项。
37. 装配成组螺钉螺母时应注意什么？

第 9 章
数控加工

[**本章提要**]

数控加工技术是近些年来快速发展的一种新型机械加工技术,其有着加工精度高,加工形状复杂,批量加工质量高等特点。其基本依然是以机械加工技术为基础,进行数字化控制。本章介绍了数控车、数控铣的一些加工特点和控制原理,及一些新型的数控加工技术。着重介绍了数控加工中手写编程的内容和各种注意事项,并通过实例进行说明。

9.1 数控加工概述

9.2 数控车床加工实习

9.3 数控铣床加工实习

9.4 特种加工

9.1 数控加工概述

9.1.1 数控加工简述

数控是数字控制(numerical control, NC)的简称,是指用数字化信号对机床的运行过程及加工过程实行控制的自动化技术。数字控制机床是具有数控加工控制系统的机床,也称 NC 机床。数控加工主要指在数控机床上进行零件加工的工艺过程,是一种可编程的、由数字和符号指令实施控制的自动加工过程。

1952 年,美国帕森兹公司(Parsons Corporation)与麻省理工学院伺服机构实验室(Serve Mechanisms Laboratory of the Massachusetts's Institute of Technology)合作,成功研制出第一套三轴联动、利用脉冲乘法器原理的试验性数字控制系统,并将它装在一台立式铣床上,这就是世界上第一台数控机床,也是数控机床的第一代。

1953 年,美国空军与麻省理工学院协作,开始从事计算机自动编程的研究,这就是研制刀具控制程序自动编制系统(automatically programmed tools, APT)的开始。

1959 年,晶体管元件问世,数控系统中广泛应用晶体管与印制电路板。1959 年 3 月,美国克耐·杜列克公司(Keane Y & Trecker Corp)开发了带有自动换刀装置的数控机床,称为加工中心。这是数控机床的第二代。

1965 年,出现了小规模的集成电路,数控系统的可靠性得到了进一步的提高,使得数控技术发展到了第三代。以上三代都采用控制硬件逻辑数控系统,称为普通数控系统,即 NC 系统。

由于当时控制计算机的价格十分昂贵,1967 年,英国首先把几台数控机床连接成具有柔性的加工系统,这就是最初的柔性制造系统(flexible manufacturing system, FMS)。随着计算机技术的发展,小型计算机的价格急速下降,小型计算机开始取代 NC 数控系统,数字控制的许多功能由软件程序实现,出现了由计算机软件控制单元的数控系统(computerized numerical control, CNC),即数控机床的第四代。

1970 年前后,美国英特尔公司(Intel)首先开发和使用了微处理器。1974 年,美国、日本等国家先研制出以微处理器为核心的数控系统。由于中、大规模集成电路的集成度和可靠性高、价格低廉。因此,20 多年来,拥有微处理器数控系统的数控机床得到飞速发展和广泛应用。这就是微机数控系统,从而使数控机床进入了第五代。后来人们将微机系统又称 CNC 系统。

20 世纪 80 年代初,国际上又出现了柔性制造单元(flexible manufacturing cell, FMC),FMC 和 FMS 被认为是实现计算机集成制造系统(computer integrated manufacturing system, CIMS)的必经阶段和基础。

9.1.1.1 我国数控技术的发展

我国从1958年开始安装数控机床,由清华大学研制出了最早的样机,1966年我国诞生了第一台用于直线—圆弧插补的晶体管数控系统。1970年,集成电路数控系统制造成功,但是由于历史的原因,数控机床的发展很慢,品种和数量都很少,稳定性和可靠性也比较差,只在一些复杂、特殊的零件加工中适用。

从20世纪70年代开始,数控技术在车、铣、钻、镗、磨、齿轮加工、电加工等领域全面展开,数控加工中心在上海、北京研制成功。但由于电子元件的质量和制造工艺水平差,导致数控系统的可靠性、稳定性未得到解决,因此不能广泛推广。直到20世纪80年代,我国先后从日本、美国等国家引进一些先进的数控系统和直流伺服电动机、直流主轴电动机技术,并进行了商品化生产,这些系统可靠性高、稳定性好、功能齐全,推动了我国数控机床的发展,使我国数控机床在质量、性能及水平上有了一个飞跃。到1985年,我国数控机床的品种累计达到80多种,进入实用阶段。

1986～1990年是我国数控机床大发展的时期。在此期间,通过实施国家重点科技攻关项目"柔性制造系统技术及设备开发研究"及重点科技开发项目"数控机床引进技术消化吸收",推动了我国数控机床的发展。

从20世纪90年代以来,我国主要发展高档数控机床。

目前,在数控领域中,我国和先进的工业国家之间还存在一定的差距。我国数控机床的生产还远远满足不了国内生产的需要,更不能满足出口的要求。在现有数控机床中,还有待进一步提高其利用率。

9.1.1.2 数控技术的发展方向

从发明第一台数控机床到现在的几十年中,数控技术迅猛发展。目前,数控技术的发展呈现以下的发展趋势。

(1) 高速、高效、高精度、高可靠性

① 高速、高效:机床向高速化方向发展,可充分发挥现代刀具材料的性能,不但可大幅度提高加工效率。降低加工成本,而且可以提高零件的表面加工质量和精度。超高速加工技术对制造业实现高效、优质、低成本生产有着广泛的适用性。

② 高精度:从精密加工发展到超精密加工,是世界各工业强国发展的方向。其精度从微米级别到亚微米级别,乃至纳米级别,其应用范围日趋广泛。

③ 高可靠性:是指数控系统的可靠性要比被控设备的可靠性高一个数量级以上,但也不是可靠性越高越好,仍然要求适度可靠,且受性能价格比的约束。

(2) 模块化、智能化、柔性化和集成化

① 模块化、专业化和个性化:机床结构模块化、数控功能专业化,机床性能价格比显著提高并加快优化,个性化是近几年来特别明显的发展趋势。

② 智能化:智能化的内容包括在数控系统中的各个方面,一是为追求加工效率和

加工质量方面的智能化；二是为提高驱动性能及使用连接方便方面的智能化；三是简化编程、简化操作方面的智能化；四是智能诊断、智能监控方面的内容，便于系统的诊断及维修等。

③ 柔性化和集成化：柔性自动技术是制造业适应动态市场需求及产品迅速更新的主要手段，是各国制造业发展的主流趋势，是先进制造领域的基础技术。

（3）开放性

为适应数控进线、联网、普及、个性化、多品牌、小批量柔性化及数控迅速发展的要求。NC 控制器透明以使机床制造商和用户可以自由的实现自己的思想。

（4）出现新一代数控加工工艺与装备

为适应制造自动化的发展，向 FMC、FMS 和 CIMS 提供基础设备，要求数字控制制造系统不仅能完成通常的加工功能，而且还要具备自动测量、自动上下料、自动换刀、自动更换主轴头、自动误差补偿、自动诊断、进线和联网等功能。

9.1.1.3 数控机床加工的主要特点

数控机床加工主要有以下 4 个特点：

① 适应性强：加工不同零件，只需要更改加工程序，更换刀具即可，具有很强的适应性和灵活性。

② 生产效率高：数控机床加工工件安装次数少，自动化加工使生产准备时间和辅助工时减少，机床的净切削时间加长。普通机床的净切削时间一般为 15%～20%，而数控机床可达到 65%～70%，机床利用率大为提高。加工复杂零件时，生产效率甚至可提高数倍。图 9-1 是普通机床与数控机床工作过程的差异示意框图。

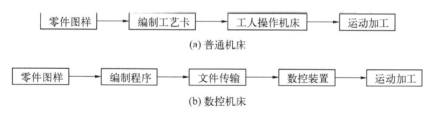

图 9-1 普通机床与数控机床工作过程示意框图

③ 加工质量稳定：由于减少了人为影响因素（如人工测量、操作技术水平和情绪波动等）使零件加工质量更加稳定。有的数控机床具有加工过程自动检测和误差补偿等功能，更能可靠地保证加工精度的稳定性。

④ 初始投资大：数控机床的价格一般是同规格普通机床的若干倍，机床备件的价格也很高。数控机床是技术密集性的机电一体化产品，其结构的复杂性和技术的综合性加大了维修工作的难度。

综上所述，数控设备适宜多品种小批量生产中形状复杂的零件，单件生产中需要频繁改型和修改的复杂型面，以及需多工序加工的零件。

9.1.2 数控机床的组成

数控加工系统由计算机数控装置、进给伺服系统、主运动系统、机床本体和相关辅助装置五个部分组成。

9.1.2.1 计算机数控装置(CNC 装置)

计算机数控装置是数控机床的控制中心。其主要作用是根据输入零件的加工程序或操作指令相应的处理，然后输出控制命令到相应的执行部件，完成零件加工程序或操作者所要求的工作。所有这些都由 CNC 装置协调控制、合理组织，使整个系统有条不紊地工作。它主要由计算机系统、控制面板、位置控制板、PLC 控制板、I/O 接口板以及相应的控制软件等模块组成，如图 9-2 所示。

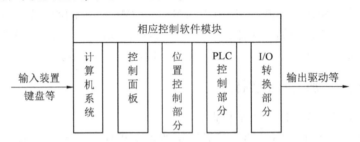

图 9-2　计算机数控装置组成

9.1.2.2 进给伺服系统

进给伺服系统(feed servo system)是以运动部件的位置和速度作为控制量的自动控制系统。它是一个典型的机电一体化系统，由位置控制单元、速度控制单元、驱动元件(电动机)、检测与反馈单元、机械执行部件等几部分组成。

进给伺服系统的功能是执行计算机数控装置发来的运动命令，精确控制执行部件的运动方向、进给速度和位移量。

根据工作原理，进给伺服系统可分为开环、半闭环和闭环 3 种伺服方式。

(1) 开环进给伺服系统

开环进给伺服系统是不带位置测量和反馈装置的系统，如图 9-3 所示。其不能对工作台实际运动距离进行位置检测并反馈回来与原指令数据进行比较，配备这类系统的数控机床一般采用步进电动机，按指令脉冲数据驱动各运动方向进给。其工作台的移动速度与位移量是由所输入的脉冲频率和脉冲数决定的，位移精度主要取决于组成该系统的制造进度。由于开环系统价格相对比较低，一般应用在普通机床数控化改造或经济型数控机床中。

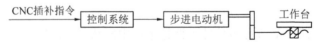

图 9-3　开环进给伺服系统控制示意图

(2)半闭环进给伺服系统

半闭环进给伺服系统的位置检测是通过检测丝杠转角间接地测量工作台的位移量，然后反馈给数控装置进行位置校对，而不是检测工作台的实际位置，如图9-4所示。其精度低于闭环控制系统，但测量装置结构简单，安装方便，常用于中档数控机床。

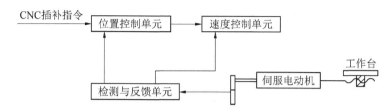

图 9-4　半闭环进给伺服系统控制示意图

(3)闭环进给伺服系统

闭环进给伺服系统具有位置检测和反馈装置，如图9-5所示。它直接对工作台的位置进行检测，将检测到得实际位置数据反馈到数控装置中，与输入的指令数据进行比较并校对直至差值为零，实现移动部件与工作台的精确定位。其特点是位置控制精度高，但结构复杂，设计、安装、调试困难，价格昂贵。这类系统主要应用在一些高精度数控机床。

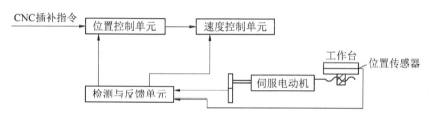

图 9-5　闭环进给伺服系统控制示意图

9.1.2.3　主运动系统

主运动系统又称主轴系统，它是指机床上带动刀具或工件运动，产生切削运动且消耗功率最大的运动系统。它由主轴驱动单元、主轴电动机、运动传动机构和主轴部件等构成。

9.1.2.4　机床本体

机床本体指的是除去数控系统以外的所有机械构件和机构，主要包括床身、立柱、工作台、主运动系统、进给传动系统、自动换刀系统、冷却系统、润滑系统、防护系统等。

9.1.3　数控机床坐标系

编制数控加工程序有手工编程和自动编程2种方法。无论采用哪种编程方法，首先必须确定坐标系。国际标准化组织(ISO)规定了标准坐标系(ISO 841)，我国也制定了行业标准(JB 3051—1999)《数控机床坐标和运动方向的命名》。

(1) 标准坐标系和运动方向

数控加工标准坐标系的确定采用右手直角笛卡儿定则。基本坐标轴为 X、Y、Z 轴，相应的旋转坐标为 A、B、C，如图 9-6 所示。

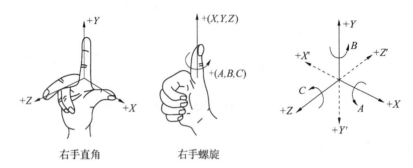

右手直角　　　　右手螺旋

图 9-6　右手直角与螺旋定则

基本坐标轴 X、Y、Z 的关系及其正方向用右手直角定则来判定，围绕 X、Y、Z 各轴的回转运动及其正方形 $+A$、$+B$、$+C$ 则分别用右手螺旋定则判定。与 $+X$、$+Y$、$+Z$、$+A$、$+B$、$+C$ 相反的方向相应用带"'"的 $+X'$、$+Y'$、$+Z'$、$+A'$、$+B'$、$+C'$ 表示。坐标轴名(X、Y、Z、A、B、C)不带"'"的表示刀具运动，带"'"的表示工件运动。

(2) 数控机床坐标轴的规定

数控机床坐标轴规定如下：

① Z 轴：规定平行于主轴轴线的坐标轴为 Z 轴。规定刀具远离工件的方向为其正方向($+Z$)。

② X 轴：对于工件旋转的机床，X 轴的方向是在工件的径向上，且平行于横向拖板的运动方向。规定刀具离开工件旋转中心的方向为其正方向($+X$)。

③ Y 轴：垂直于 X、Z 坐标轴。Y 运动的正方向($+Y$)根据 X 和 Z 坐标的正方向按右手直角笛卡儿定则来确定。

④ 旋转运动 A、B、C：轴线平行于 X、Y 和 Z 坐标轴的旋转运动分别用 A、B 和 C 表示。

(3) 绝对坐标与增量(相对)坐标

绝对坐标和增量坐标是在数控编程中常用的两个概念。

① 绝对坐标：当坐标原点唯一，所有刀具运动轨迹的坐标值都是相对于原点进行计算的，称为绝对坐标值。所用坐标系称为绝对坐标系。

② 增量坐标：当坐标原点定义为刀具移动的前一个位置，刀具运动轨迹的坐标值

是相对于前一位置进行计算的,称为增量坐标值。增量坐标又称相对坐标,所用坐标系称增量坐标系。

(4)机床坐标系与工件坐标系

① 机床坐标系与机床原点:机床坐标系是机床上固有的坐标系,并建立在机床原点上。机床原点是机床固有的固定点。一般数控系统在机床上电后,都应先确立机床坐标系。

② 工件坐标系:工件坐标系是编程人员在编程时根据具体情况设定的坐标系。一般选择在工件上或者工件附近的特殊点上,以方便操作人员调整机床和计算、编程为宜。编制加工程序通常按工件坐标系进行。

有时为方便加工,可在数控加工前,测量工件原点与机床原点之间的距离,确定工件原点偏置值,并将该偏置值预存到控制系统中。加工时,工件原点偏置值便会自动附加到工件坐标系上,使数控系统按照机床坐标系确定其坐标值。

9.1.4 数控机床程序的编制

9.1.4.1 加工工艺制定内容

在数控加工中,加工工艺主要包括如下内容:
① 选择适合在数控机床上加工的零件,确定主要工序内容;
② 分析零件图样,明确加工内容和技术要求;
③ 确定零件的加工方案,制定数控加工工艺路线;
④ 选择合理的零件定位基准、装夹方法、切削用量等;
⑤ 选取合适的切削刀具以及起刀、换刀和中途停刀位置,确定刀具补偿;
⑥ 编制、调试加工程序,完成零件加工。

9.1.4.2 手工编程及部分指令介绍

手工编程是由人工完成程序编制的方法,适合于几何形状比较简单的零件。以下说明基于 FANUC 系统,不同系统有些细小差别,但主体大致相同。

数控加工程序的结构及指令如下:

(1)程序结构

一个完整的程序由程序名、程序内容和程序结束这3部分构成。

```
O01                         程序名(不同数控系统名称定义不一定相同)
N10 G92 X100.0 Y100.0;      程序内容(不同系统对于坐标最小值定义不同)
N20 ……;
N30 ……;
N40 ……;
N50 M30;                    程序结束
```

每一个程序段由顺序号字、准备功能字、尺寸字、进给功能字、主轴速度功能字、刀具功能字、辅助功能字和程序段结束符组成。各类指令的含义如下。

① 顺序号字(程序段号)：它是程序段的标号，用地址码"N"和后面所带的若干位数字(视具体数控系统而定)表示。

② 准备功能字、准备功能也称为 G 功能，各指令的意义将在后面章节具体介绍。

③ 尺寸字：尺寸字用于给定各坐标轴位移量、运动方向以及相应插补参数，它由地址符和后面带正负号的若干位数字组成。

④ 进给功能字：进给功能也称为 F 功能，它是给定道具相对于工件的运动速度，它由"F"以及后面的若干数字构成。

⑤ 主轴速度功能字：主轴速度功能也称为 S 功能，次功能字用来选择主轴速度，它由"S"以及后面的若干数字构成。

⑥ 刀具功能字：该功能也称为 T 功能，它由"T"以及后面的若干数字构成。

⑦ 辅助功能字：辅助功能也称为 M 功能，各指令的意义将在后面章节具体介绍。

⑧ 程序段结束符：每一个程序段结束后，都要有相应段的结束符，它是数控系统编译程序的重要标识。常用的由："*"、";"、"LF"、"NL"、"CR"等(依据不同系统各自定义不同)。

(2) 准备功能 G 指令

准备功能 G 指令，用来规定加工的线性、路径、坐标系、坐标平面、刀具半径补偿等多种加工类操作。不同的数控系统，其 G 指令定义不尽相同。以下介绍依据 FANUC 0i Mate TC 系统为例。

① G54~G59：工件坐标系选用指令：

加工时首先测量出对应工件原点与机床原点的偏置量，即 G54(X1、X2、X3)，然后在相应工件坐标系选择界面上填入相应值，这样就完成了 G54 工件坐标系的设定。此后程序中使用 G90 G54 X10.0 Y10.0 时，系统会依据 G54 所设定的位置作为起始零点，移动相应的位移。

② G00~G03：运动控制指令：

G00：快速运动指令

编程格式：G00 X_____ Y_____ Z_____ ;

G01：直线运动指令

编程格式：G01 X_____ Y_____ Z_____ F_____ ;

其中 G01 为制定运动的方式，F 为运动指定速度。若重复使用 G01 指令的时候，"G01"、"F"为模态代码，所以前面的程序段一经指定后，若不改变进给速度则其后可以省略，不必重复书写。

G02、G03：圆弧插补指令

编程格式：G02(G03) X_____ Y_____ Z_____ (I_____ J_____ K_____/R_____)F_____ ;

G02 为顺时针方向圆弧插补，G03 为逆时针方向插补。X、Y、Z 为圆弧的终点坐标值。I、J、K/R 选择一种定义圆弧。I、J、K 为向量方式定义，定义方式为，从圆弧的起点到圆弧的圆心的矢量在 X、Y、Z 轴上的投影，无论是绝对值还是增量值编程，均按增量值计算。R 为半径方式定义。F 为运动速度。

③ G40、G41、G42：刀具半径补偿指令：

G40：取消刀具半径补偿功能。

G41：在刀具相对于工件前进方向的工件左侧进行补偿，称为左刀补。

G42：在刀具相对于工件前进方向的工件右侧进行补偿，称为右刀补。

编程格式：G00(G01) G41(G42) D _____ X _____ Y _____ F _____ ；

其中，D 的数值为刀具序号。例如 D01 表示存储的是第 1 号刀具半径补偿，其数值是预先在设定界面存储的。

④ G28、G29：刀具自动返回指令：

出于安全考虑，在刀具返回途中需要设定一个中间点。因装夹工件的夹具有一定高度，如果不设定中间点的话，在刀具的返回途中容易发生碰撞。在自动换刀前，必须使用 G28 指令。G29 一定要在 G28 指令之后使用。

编程格式：

G28 X _____ Y _____ ；(X、Y 是中间点坐标，刀具经此点返回原点)

G29 X _____ Y _____ ；(X、Y 是返回点坐标)

⑤ G04：暂停指令：

该指令可使刀具在短时间内无进给运动，常用于车削环槽、棱角加工等。暂停时间 X _____ 或者 P _____ 给出。G04 为非模态代码。

编程格式：G04 X _____ ；或者 G04 P _____ ；

⑥ 外圆切削固定循环指令：

在数控加工中有许多典型的加工过程，如车削外圆、镗孔、车螺纹等加工。为简化编程，常将典型加工过程定义为相应的 G 指令即循环加工指令。根据不同的系统会有不同的定义。按照 FANUC 0i Mate TC 系统为例。

G71：内外圆粗车循环；G72：台阶粗车循环；G73：成形重复循环；G74：Z 向端面钻孔循环；G75：X 向外圆/内孔切槽循环；G76：螺纹切削复合循环；G92：螺纹固定切削循环；G94：端面固定切削循环。

(3) 辅助功能 M 指令

辅助功能 M 指令是控制机床辅助功能操作的命名。例如：开关切削液、主轴旋转、气冷开关、程序结束等。不同系统 M 指令定义也不尽相同。

① M02：程序循环执行命令或程序结束指令。用于返回到本次加工程序的开始程序段并从开始程序段循环执行。

② M30：程序结束。M30 还可使运行程序返回到起始点。

③ M03、M04、M05：分别用于控制主轴正转(顺时针)、反转(逆时针)、停止。

④ M06：换刀指令，用于自动换刀。

⑤ M09、M09：分别控制冷却液泵开启和关闭。

⑥ M98、M99：子程序调用命名。M98 用于从主程序调用子程序，M99 子程序结束符，用于返回主程序。

(4) 子程序的使用

编程格式：M98 P_____ L_____；

其中 P 后的数字为子程序的号码，L 后的数字为子程序调用的次数。L 的值缺省时，默认为 1，即默认调用次数为 1 次。

(5) S、F、T 指令

① S 指令：主轴速度指令。由 S 和后面的数字组成，单位常用 m/min；r/min。例如：S 500；表示主轴转速为 500 r/min。

② F 指令：进给速度指令。由 F 和后面的数字组成，单位常用 mm/min 或者 mm/r（切削螺纹时）。例如：F 500；表示切削速度为 500mm/min。

③ T 指令：刀具选择指令。由 T 和后面的数字组成（数字为刀具序号，与机床相对应）。例如：T22；表示换 2 号刀具，并加入 2 号刀具的补偿值（不同系统对于刀具补偿定义不同）。

9.1.4.3 自动编程简介

自动编程又称计算机编程，是指在数控自动编程软件的支持下，利用计算机把输入的零件图样及有关数据，生成机床数控装置能够读取和执行的指令，这一过程就是自动编程。

其过程为：利用自动编程软件的图形生成和编辑功能，将零件的几何图形输入计算机，完成零件造型。同时以人机交互方式确定要加工的零件部位、加工方式和加工方向，输入所需工艺参数，自动生成刀具路径文件，并动态显示刀具运动的加工轨迹，生成数控加工程序，通过通信接口把程序传送给机床数控系统。在把机床上的工件和刀具安装好之后，先进行仿真运行，在确定加工无误之后，就可进行实际加工。

几种目前较常用的自动编程软件如下：

① Pro/Engineer 编程软件：其是一种最典型的基于参数化（parametric）实体造型的软件，具有简单零件设计、装配设计、设计文档（绘图）、复杂曲面的造型，以及从产品模型生成模具模型等功能。提供图形标准数据库交换接口，支持车削加工、2~5 轴铣削加工、电火花线切割、激光切割等功能。加工模块能自动识别工件毛坯和成品的特征。当特征发生变化时，系统能自动修改加工轨迹。

② UG 编程软件：具有实体建模、自由曲面建模、装配建模。标准件库建模等造型手段和环境；可建立和编辑各种标准的设计特征，如：孔、槽、型腔、凸台、倒角和倒圆等。能从实体模型生成完全相关的二维工程图。支持 2~4 轴数控车削加工，具有粗车、多次走刀、精车、车沟槽、车螺纹和中心钻孔等功能。支持 2~5 轴或更多轴的数控铣削加工，尤其适用于各种模具的加工。

③ MasterCAM 编程软件：是一套适用于机械设计、制造的 3D CAD/CAM 交互式图形集成系统。它可以完成产品的设计和各种类型数控机床的自动编程，包括数控铣床

(3~5轴)、数控车床(C轴)、线切割机床(4轴)、激光切割机床、加工中心等的编程加工。系统具有很强的加工能力，可实现毛坯粗加工、刀具干涉检查与消除、实体加工模拟、多曲面连续加工、DNC连续加工，以及开放式的后置处理等功能。

④ "CAXA制造工程师"编程软件：具有线框造型、曲面造型并生成真实感很强的图形能力，提供丰富的工艺控制参数、多种加工方式、刀具干涉检查、仿真、数控代码反读和后置处理等功能；支持车削加工，具有轮廓粗车、精切、切槽、钻中心孔、车螺纹等功能。支持线切割加工，具有快、慢走丝切割功能，可输出3B或G代码的后置格式；支持2~5轴铣削加工，可任意控制刀轴方向；支持钻削加工。

9.2 数控车床加工实习

9.2.1 数控车床概述

数控车床又称CNC(computer numerical control)车床，即计算机数字控制车床。数控车床是目前使用较为广泛的数控机床。数控车床主要用于加工轴类、盘套类等回转体零件，能够通过程序控制自动完成内外圆柱面、锥面、圆弧、螺纹等切削加工，并可进行切槽，钻、扩、铰孔等工作。目前车削加工中心与车铣加工中心等发展迅速，数控车床加工范围逐步扩大。

(1) 数控车床分类

按主轴布置类型分类：可分为卧式和立式数控车床。
按导轨布置类型分类：可分为水平导轨和斜导轨数控车床。
按刀架数量类型分类：可分为单刀架和双刀架数控车床。
按系统档次分类：可分为经济型数控车床、多功能数控车床、车削中心。

(2) 数控车床加工对象

数控车床除了可以完成普通车床能够加工的轴类和盘套类零件，以及标准螺纹外，其最大的优势是可以加工各种形状复杂的回转体零件，如复杂曲面，尤其是可以加工各种变螺距螺纹和非标准螺纹等。

(3) 数控机床的基本组成及特点

数控车床的基本组成包括床身、数控装置、主轴系统、刀架进给系统、尾座、液压系统、冷却系统、润滑系统、排屑系统等部分，其中数控装置、主轴系统、刀架进给系统是数控车床的核心部件。数控车床的整体结构组成基本上与普通车床相同，同样具有床身、主轴、刀架及其拖板和尾座等基本部件，但数控柜、操作面板和显示监控器却是数控机床特有的部件。即使对于机械部件，数控车床和普通车床也具有很大的区别。如数控车床的主轴箱内部省略掉了机械式的齿轮变速部件，因而结构就非常简单了；车螺纹时，只须输入加工螺距及所需转速，数控系统会自动对转速和刀具进给进行精确配比不再需要另配挂轮和机械变速机构了；刻度盘式的手摇机构也已被脉冲触发计数装置所代替。数控车床工作时，由操作者将准备好的零件加工程序输入数控系统，由数控系统将加工信息输送给伺服系统进行功率放大，然后驱动机床进行切削加工。

(4) 数控车床的应用

数控车床是数控加工中应用最多的加工方法之一。结合数控车床的特点，数控车床适合加工具有以下特点的回转体零件：

①精度要求高的回转体零件：由于数控车床刚性好，制造精度高，并且能方便地进行人工补偿和自动补偿，所以能加工精度要求较高的零件，甚至可以用车削加工代替磨削加工。此外，数控车床刀具的运动时通过高精度插补运算和伺服驱动来实现的，并且工件的一次装夹可完成多道工序的加工，提高了加工工件的形状精度和位置精度。

②表面粗糙度低的回转体零件：数控车床具有恒线速度切削功能，能加工出表面粗糙度低而均匀的零件。因为在工件材质、精车余量和刀具已定的情况下，表面粗糙度取决于进给量和切削速度。切削速度的变化会导致表面粗糙度的不一致，而使用恒线速度切削功能，就可获得一致的最佳切削速度，使车削后的表面粗糙度既低又一致。

③表面形状复杂的回转体零件：由于数控车床具有直线、圆弧、螺纹等插补功能，可以车削由直线、圆弧、非圆曲线组成的复杂回转体零件。

④带特殊螺纹的回转体零件：数控车床具有加工各类螺纹的功能，包括任何导程的直、锥螺纹和端面螺纹，增导程、减导程螺纹。

⑤超紧密、超低表面粗糙度值的回转体零件：要求超高精度和超低表面粗糙度的零件，适合在高精度、高性能的数控车床上加工。数控车床超精加工的轮廓精度可达 $0.1\,\mu m$，表面粗糙度达到 $0.02\,\mu m$。

(5) 数控车刀的类型

①常用数控车刀：如图 9-7 所示。对于数控车床，比较适合的应该是可转位刀片式车刀。当某个零件加工需要用到多把车刀时，所用刀架可用普通转塔刀架。如果不能自动转位换刀，换刀动作得由人工在程序中进行适当处理。

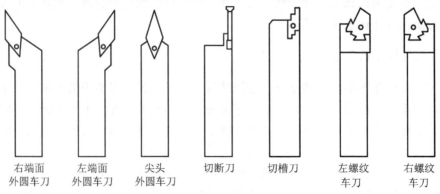

图 9-7 常用数控车刀类型

②数控车床常用刀具材料：常用的车削刀具有高速钢和硬质合金两大类。

高速钢通常是型坯材料，韧性比硬质合金好，硬度、耐磨性和红硬性比硬质合金差，不适于切削硬度较高的材料，也不适于进行高速切削。高速钢刀具使用前需要使用者自行磨削，适用于各种特殊需要的非标准刀具。

硬质合金刀片切削性能优异，在数控车削中被广泛使用。硬质合金刀片由标准规格系列，具体技术参数和切削性能由刀具生产厂家提供。

数控车床所使用硬质合金刀片按照国际标准分为三大类：P-钢类，M-不锈钢类，K-铸铁类。

除了上述2种材料外，还有硬度和耐磨性均超过硬质合金的刀具材料，例如陶瓷、立方氮化硼、金刚石等。

9.2.2 数控车床加工程序格式及指令介绍

下面以沈阳第一机床厂四刀位经济型数控车床 CAK3665DI 数控车床为例进行介绍，与其配套的是 FANUC 0i mate TD 系统。

(1) 数控车床加工工艺的制定

①分析零件图样，明确技术要求和加工内容。

②确定工件坐标系原点位置。在一般情况下，Z 坐标轴选择在工件旋转中心，X 坐标轴选择在工件右端面上，参见后续编程实例。

③确定加工工艺路线。首先确定刀具起始点位置，起始点一般也作为加工结束的终点，起始点应便于检查和安装工件。其次确定粗、精车路线，在保证零件加工精度和表面粗糙度的前提下，尽可能以最短的加工路线完成零件加工。最后确定换刀点位置，换刀点式加工过程中刀架进行自动换刀的位置，以换刀过程中不发生干涉为宜，它可以与起始点重合，亦可不重合。

④选择合理的切削用量：主轴转速 S、进给速度 F 和背吃刀量 a_p。主轴转速 S 的范围一般为 30~2 000 r/min，根据工件材料和加工性质（粗、精加工）选取；进给速度 F 的范围为 0~15 000 mm/min，粗加工采用 70~100 mm/min，精加工采用 5~70 mm/min，快速移动采用 100~2 500 mm/min；粗加工时，背吃刀量 a_p 一般小于 2.5 mm；精加工为 0.05~0.4 mm。

⑤根据零件的形状和精度要求选择合适的刀具。本机床采用的回转方刀架可依次安装4把车刀。

⑥编制加工程序。程序可手工编制，亦可自动编制；调试加工程序。

⑦试切零件，确定刀具补偿数据、工件坐标系原点和刀具起点，完成零件加工。

(2) 数控车床加工程序格式及指令介绍

程序格式是程序书写的规则，它包括程序段号、机床要求执行的各种功能、运动所需要的几何参数和工艺数据。程序格式如下：

N** G** X±**（U±**）Z±**（W±**）R** L** D** F**

S＊＊T＊＊M＊＊ 其中＊：表示数字；N：程序段号，范围 0～9999；

G：准备功能，规定指令动作方式，范围 00～99；

X、Z：绝对坐标运动指令，范围 0～±9 999.99mm，其中 X 值取直径值；

U、W：相对坐标运动指令，范围 0～±9 999.99mm；

R：圆弧半径，范围 0～±9 999.99mm；

L：固定循环次数，范围 00～99；

D：子程序起始段号，或表示循环指令中半径增量数据；

F：进给速度或螺纹导程或英制螺纹牙数指令，其范围分别为 0～15 000 mm/min、0.01～65.00 mm、0～99 牙；

S：主轴转速指令，其范围随即机床而异，一般为 30～2 000 r/min；

T：换刀号和刀具偏置补偿号指令，其后两位数字，范围 00～44（高位为换刀号，低位为补偿号）；

M：制定机床辅助功能，范围 00～99。

在系统中，部分相关 G 指令、M 指令的含义如表 9-1 和表 9-2 所列。

表 9-1　G 指令的含义

指令		指令含义	指令格式
G 指令	G00	快速定位指令，将刀具快速定位到指定的坐标点	G00 X_ Z_ ;
	G01	直线插补指令，将刀具以给定速度定位到指定坐标点	G01 X_ Z_ F_ ;
	G02	顺时针加工圆弧插补指令	G02 X_ Z_ R_ F_ ;
	G03	逆时针加工圆弧插补指令	G03 X_ Z_ R_ F_ ;
	G04	暂停(延时)指令，X 为延时秒	G04 X_ ;
	G20	英制尺寸	G20
	G21	米制尺寸	G21
	G32	普通定导程螺纹切削指令，F 表示螺纹导程	G32 Z(W)_ F_ ;
	G70	精车固定循环	参照详细说明
	G71	外经/内孔粗车复合循环	参照详细说明
	G72	端面粗车复合循环	参照详细说明
	G73	固定形状粗车循环	参照详细说明
	G80	外圆切削固定循环指令，F 表示进给速度	G80 U_ W_ L_ D_ F_ ;
	G81	端面切削固定循环指令，F 表示进给速度	G81 U_ W_ L_ D_ F_ ;
	G86	米制螺纹切削固定循环指令，F 表示螺纹导程	G86 U_ W_ L_ D_ F_ ;
	G92	设定工件坐标系指令，处于程序第一段	G92 X_ Z_ ;
	G98	设定进给单位为 mm/min	G98 ;
	G99	设定进给单位为 mm/r。系统开机默认状态	G99 ;

表 9-2　M 指令的含义

指令		指令含义	指令格式
M 指令	M00	程序暂停指令	M00；
	M01	程序选择暂停指令，与 M00 相似由面板 M01 开关选择	M01；
	M02	循环执行指令用于放回到本次加工的开始程序段并从此循环执行	M02；
	M03	主轴正转指令，用于启动主轴正转	M03；
	M04	主轴反转指令，用于启动主轴反转	M04；
	M05	主轴停止指令	M05；
	M08	切削液泵启动指令	M08；
	M09	切削液泵停止指令	M09；
	M30	程序结束指令，程序结束并返回本次加工的开始程序段	M30；
	M98	调用子程序指令，后连 D 指令(子程序起始段)和 L 指令(循环次数)	M98 D_ L_；
	M99	返回主程序指令，用于子程序结尾	M99；

9.2.3　数控车床加工零件举例

(1) 轴类零件实习案例

①编制图 9-8 所示的数控车加工程序并对 2 件进行加工，材料为 45 钢，毛坯直径 $\phi50$ mm。

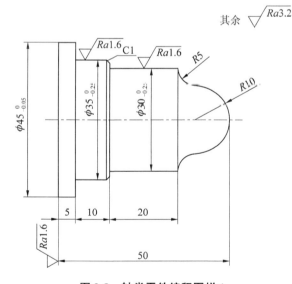

图 9-8　轴类零件编程图样 1

②编程实例分析：此零件结构比较简单，外轮廓适用于 G71 指令编程进行粗加工，用 G70 指令进行精加工。零件加工结束检测合格后切断保证总长度为 50.5~51 mm。工件掉头后，三爪夹盘夹住 $\phi30$ mm 处，找正后加紧，车端面保证总长度。

③编程参考程序：

程　序	说　明
O2001；	程序名称
N10 M03 S700；	主轴正转，转速700 r/min
N20 T0101；	换刀1号外圆车刀，并进行刀补
N30 G00 X50.0 Z2.0；	快速接近工件
N40 Z0；	
N50 G01 X0 F0.2；	车端面
N60 G00 X50.0 Z2.0；	快速到达循环起始点
N70 G71 U1.5 R1.0；	外圆粗车复合循环，加工路线为N90~N180，X向精车余量为0.2 mm，Z向余量0.1 mm，粗车进给速度0.3 mm/r
N80 G71 P90 Q180 U0.2 W0 F0.3；	
N90 G01 X0 Z0；	轮廓车削部分
N100 G03 X20.0 Z-10.0；	
N110 G02 X30.0 Z-15.0 R5.0；	
N120 G01 Z-35.0；	
N130 X33.0；	
N140 X35.0 Z-36.0；	
N150 Z-45.0；	
N160 X45.0；	
N170 Z-55.0；	
N180 X50.0；	
N190 G00 X100.0；	刀具径向快速退出
N200 Z200.0；	刀具轴向快速退出
N210 M05；	主轴停转
N220 M00；	程序暂停，对粗加工后零件进行测量并修改刀具磨损
N230 M03 S1200；	主轴提速，转速1200 r/min
N240 T0101；	重新调用1号刀具及其补偿
N250 G00 X50.0 Z2.0；	快速定位
N260 G70 P90 Q180 F0.05；	精车外轮廓，进给0.05 mm/r
N270 G00 X100.0；	刀具径向快速退出
N280 Z200.0；	刀具轴向快速退出
N290 M05；	主轴停转
N300 M00；	程序暂停，对精车后零件进行测量
N310 M03 S500；	主轴重新启动，修改转速500 r/min
N320 T0202；	换2号刀具及其刀补

(续)

程　序	说　明
N330 G00 X48.0 Z-54.5;	快速运动到切断位置
N340 G01 X0 F0.15;	切断
N350 G00 X100.0;	刀具径向快速退出
N360 Z150.0;	刀具轴向快速退出
N270 M30;	主程序停止，并返回起始段
工件掉头车削程序	说　明
O2002;	程序名称
N10 M03 S700;	主轴正转，转速 700 r/min
N20 T0101;	换刀 1 号外圆车刀，并进行刀补
N30 G00 X48.0 Z2.0;	快速接近工件
N40 Z0;	
N50 G01 X0 F0.05;	车端面
N60 G00 Z150.0;	刀具轴向快速退出
N70 X100.0;	刀具径向快速退出
N80 M30;	主程序停止，并返回起始段

④ 编程说明：使用三爪夹盘夹持毛坯外圆，伸出长度约为 60 mm，找正并夹紧。初始定位，手动车左端面（Z 向对刀），X 向参考毛坯外圆尺寸。粗车时主轴转速 700 r/min，进给速度 0.2 mm/r，背吃刀量 1.0 mm。精车时主轴转速 1 200 r/min，进给速度 0.05 mm/r，背吃刀量 0.3 mm。

⑤操作步骤：

序号	步　骤
1	开机，参考点返回
2	装夹工件和刀具
3	试切削，对刀
4	编写程序输入，检测程序
5	单步加工检测，确定无误自动加工
6	测量，修改刀具磨损刀补
7	检验工件是否合格，切断
8	工件掉头，车削，检验，卸下成品
9	数控车床养护，场地清扫

(2) 手柄类零件实习案例

①编制如图 9-9 所示的数控车加工程序并进行加工，材料为 45 号钢，毛坯直径 ϕ30 mm。

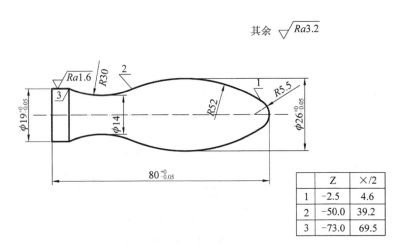

图 9-9 手柄类零件编程图样

②编程实例分析：此零件是长手柄，可分为 3 个步骤完成：粗车，精车，切断。加工时相对主要的问题是如何保证 $\phi26$、$\phi19$ 和长度 80 的尺寸公差。由于工件形状不是规则图形，从右向左不是单调增加的，所以使用 G73 指令编程粗加工，G70 指令进行精加工。也可以使用子程序方式编程加工。车刀的选择要注意，车刀应具有一定的副偏角。

③编程参考程序：

程　序	说　明
O3001；	程序名称
N10 G21 G40 G99；	编程初始化
N20 M03 S800；	主轴正转，转速 800 r/min
N30 T0101；	1 号刀具并刀补
N40 M08；	切削液泵开
N50 G00 X32.0 Z2.0；	快速定位
N60 G01 Z0 F0.2；	
N70 X-0.5；	车断面
N80 G00 X35.0 Z2.0；	快速到达循环起点
N90 G73 U14.0 W0 R6；	调用平移粗车复合循环，加工路线为 N110～N170，X 向精车余量 0.3 mm，Z 向无余量，粗加工进给速度 0.2 mm/r
N100 G73 P110 Q170 U0.3 W0 F0.2；	
N110 G01 X0 F0.05 S1200；	
N120 Z0；	轮廓车削
N130 G03 X9.2 Z-2.5 R5.5；	
N140 G03 X18.4 Z-50.3 R52.0；	
N150 G02 X19.0 Z-73.6 R30.0；	
N160 Z-83.0；	
N170 X30.0；	

(续)

程 序	说 明
N180 G70 P80 Q140;	精加工轮廓
N190 G00 X100.0 Z150.0;	快速回换刀点
N200 M05;	主轴停转
N180 M00;	程序暂停,测量
N190 M03 S500;	主轴正转,转速500 r/min
N200 T0202;	换2号刀及其刀补
N210 G00 X30.0 Z-82.975;	定位到切断点
N220 G01 X-0.5 F0.1;	切断
N230 G00 X100.0;	刀具径向快速退出
N240 Z150.0;	刀具轴向快速退出
N250 M30;	主程序停止,并返回起始段

④编程说明:使用三爪夹盘夹持毛坯外圆,伸出长度约为90 mm,找正并夹紧。初始定位,手动车左端面(Z向对刀),X向参考毛坯外圆尺寸。粗车时主轴转速800 r/min,进给速度0.2 mm/r,背吃刀量1.0 mm。精车时主轴转速1 200 r/min,进给速度0.05 mm/r,背吃刀量0.3 mm。

⑤操作步骤:

序号	步 骤
1	开机,参考点返回
2	装夹工件和刀具
3	试切削,对刀
4	编写程序输入,检测程序
5	单步加工检测,确定无误自动加工
6	测量,修改刀具磨损刀补
7	检验工件是否合格,切断,卸下成品
8	数控车床养护,场地清扫

(3)螺纹类零件实习案例

①编制图9-10所示的数控车加工程序并对2件进行加工,材料为45钢,毛坯直径ϕ50 mm。

②编程实例分析:此零件结构比较简单,需要掉头加工,加工时先加工左端,掉头后加工右端。左端轮廓可以用G71指令进行粗加工,而用G70指令进行精加工;右侧轮廓不需考虑螺纹退刀槽,轮廓从右向左尺寸是单调递增的,因而适用于G71指令进行粗加工。用G70指令编程进行精加工螺纹,退刀槽使用G01指令单独加工。螺纹适用固定循环G92指令。

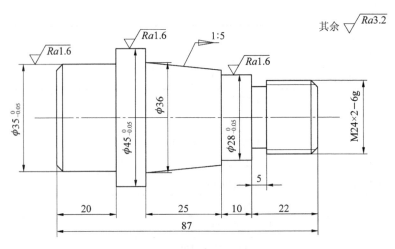

图 9-10　螺纹类零件编程图样 1

③编程参考程序：

左侧加工程序	说　明
O3001；	程序名称
N10 G21 G40 G99；	程序初始化
N20 M03 S800；	主轴正转，转速 800 r/min
N30 T0101；	换 1 号刀及刀补
N40 M08；	切削液泵开
N50 G00 X52.0 Z2.0；	快速到达循环起始点
N60 G71 U1.0 R0.5；	外圆粗车复合循环，加工路径为 N80～N140，X 向精车余量 0.3 mm，
N70 G71 P80 Q140 U0.3 W0 F0.2；	Z 向无余量，粗车进给速度 0.2 mm/r
N80 G01 X31.0 F0.05 S1200；	精车起始点，精车参数设置
N90 Z0；	轮廓车削循环
N100 X35.0 Z-2.0；	
N110 Z-20.0；	
N120 X45.0；	
N130 Z-35.0；	
N140 X50.0；	
N150 G70 P80 Q140；	精车外轮廓
N160 G00 X100.0 Z150.0；	快速回换刀点
N170 M30；	主程序停止，并返回起始段
右侧加工程序	说　明
O3002；	程序名称
N10 G21 G40 G99；	程序初始化

(续)

右侧加工程序	说 明
N20 T0101;	换 1 号刀及刀补
N30 M03 S800;	主轴正转，转速 800 r/min
N40 M08;	切削液泵开
N50 G00 X52.0 Z2.0;	快速到达循环起始点
N60 G71 U1.0 R0.5;	外圆粗车循环，加工程序段 N80～N170，X 向余量 0.2 mm，Z 向无余
N70 G71 P80 Q170 U0.2 W0 F0.2;	量，粗车时进给 0.2 mm/r
N80 G00 X16.0;	
N90 G01 Z0 F0.05 S1000;	精车轮廓起始点，设定精车参数
N100 X18.0 Z-1.0;	
N110 Z-10.0;	
N120 X19.8	
N130 X23.8 Z-12.0;	外轮廓循环
N140 Z32.0;	
N150 X31.0;	
N160 X36.0 Z-57.0;	
N170 X50.0;	
N180 G70 P80 Q170;	精加工外轮廓
N190 G00 X100.0 Z150.0;	快速回换刀点
N200 T0202;	换 2 号刀及刀补
N210 S500;	主轴正转，转速 500 r/min
N220 G00 X32.0 Z-30.0;	快速定位
N230 G01 X20.0 F0.15;	车槽进给
N240 X32.0;	退刀
N250 Z-32.0;	定位
N260 X20.0;	车进给槽
N270 X26.0;	退刀
N280 G00 X100.0 Z150.0;	快速回换刀点
N290 T0303;	换 3 号螺纹刀及刀补
N300 G00 X24.0 Z-16.0;	快速定位，螺纹切削起始点
N310 G92 X23.1 Z-30.0 F2.0;	
N320 X22.5;	
N330 X21.9;	调用螺纹固定循环，车削螺纹
N340 X21.5	
N350 X100.0;	

(续)

右侧加工程序	说　明
N360 G00 X100.0;	刀具径向快速退出
N370 Z200.0;	刀具轴向快速退出
N380 M05 M09;	主轴停止，切削液泵关
N390 M30;	主程序停止，并返回起始段

④ 编程说明：使用三爪夹盘夹持毛坯外圆，伸出长度约为 40 mm，找正并夹紧。初始定位，手动车左端面（Z 向对刀），X 向参考毛坯外圆尺寸。粗车时主轴转速 800 r/min，进给速度 0.2 mm/r，背吃刀量 1.0 mm。精车时主轴转速 1 200 r/min，进给速度 0.05 mm/r，背吃刀量 0.3 mm。螺纹切削时主轴转速 500 r/min，进给速度 2 mm/r。

⑤ 操作步骤：

序号	步　骤
1	开机，参考点返回
2	装夹工件和刀具
3	试切削，对刀
4	编写程序输入，检测程序
5	单步加工检测，确定无误自动加工
6	测量，修改刀具磨损刀补
7	检验工件是否合格，切断，卸下工件
8	工件掉头，车削，检验，卸下成品
9	数控车床养护，场地清扫

9.2.4　数控车床创新实践简介

对于机类学生，数控车床实习一般安排 2 天进行。第一天要求学生了解数控加工的基本知识，如车床结构、特点、原理及应用；加工工艺的制定方法；熟悉编程方法和指令；学习装刀和对刀方法；独立确定刀具参数；对指定零件编制程序并完成加工。在第一天的基础上进行第二天的教学活动，主要是指导学生进行数控车零件的创意设计、工艺设计、编制程序、调试程序和零件加工。

在给定零件毛坯的前提下，充分发挥学生的想象力、创造力和积极性，要求学生完成零件设计、工艺设计、程序设计、调试程序、零件加工、实验报告等。通过该教学环节，让学生体会一个零件从设计到制造完成的全过程，让学生体会工艺方法的重要性。例如，在零件设计中应注意：机床的应用范围，所设计的零件能不能加工；应选择怎样的工艺流程；现有的刀具能不能完成所设计的形面；

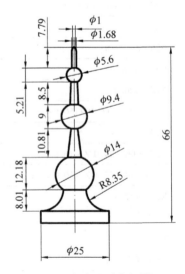

图 9-11　东方明珠电视塔

零件直径最小处尺寸多少为宜；零件的形面怎样布置才能更有利于工艺的安排，更能体现出个人的设计特点等。在工艺安排上应遵循制定工艺的基本原则；在切削用量选择时应注意切削参数是否合理；在程序调试时应特别注意加工中刀具和工件是否有干涉现象。学生创新实践的部分实例如图 9-11 所示。

9.3 数控铣床加工实习

9.3.1 数控铣床概述

数控铣床是由普通铣床发展而来的，是在计算机控制下进行加工工作的机床。它不但可以加工普通铣床能够加工的平面、斜面、沟槽、成形面等，还可以加工形状复杂的凸轮、样板、叶轮、模具等，同时还可以方便地进行钻、扩、铰孔和攻螺纹。一般来说，它比普通铣床更精密，功能更强大，采用的技术更复杂，更高级。因此，价格也更昂贵。

(1) 数控铣床分类

数控铣床分类方法有以下几种：

按照主轴与工作台的位置关系，可分为立式数控铣床和卧式数控铣床。立式数控铣床的主轴轴线垂直于加工工作台平面，是数控铣床中数量最多，应用最广泛的；卧式数控铣床的主轴轴线平行于工作台。

按照伺服轴数，可分为两轴半、3 轴和多轴数控铣床。

两轴半数控铣床可对 3 轴中的任意 2 轴进行联动控制；3 轴机床为 3 轴联动；多轴机床有 4 轴联动、5 轴联动，主要是增加了 1～2 个旋转轴。

(2) 数控铣床的加工特点

灵活性强，柔性高，可以灵活加工不同形状的工件，能完成铣平面、铣槽、铣曲面、钻孔、镗孔、铰孔、攻螺纹等加工过程。

加工精度高。机床控制系统精度高，机械制造精度也高，数控程序化加工方式可避免工人的操作失误，在加工批量工件时易保证尺寸的稳定性。

加工效率高。在数控铣床上加工一般不需要专用夹具。成批加工时由于加工准备和程序是统一的，可大大节省准备时间，提高生产率。

(3) 数控铣床的组成及转动

数控铣床的基本组成，它由床身、立柱、主轴箱、工作台、滑鞍、滚珠丝杠、伺服电动机、伺服装置和数控系统的组成。床身用于支撑和连接机床各部件。主轴箱用于安装主轴。主轴下端的锥孔用于安装铣刀。当主轴箱内的主轴电动机驱动主轴旋转时，铣刀能够铣削工件。主轴箱还可沿立柱上的导轨在 Z 向移动，使刀具上升或下降。工作台用于安装工件或夹具。工作台可沿滑鞍上的导轨在 X 向移动，滑鞍可沿床身上的导轨在 Y 向移动，从而实现工作台带动工件在 X 和 Y 向的移动。无论是 X、Y 向，还是 Z

向的移动都靠伺服电动机驱动滚珠丝杠来实现。伺服装置用于驱动伺服电动机。控制器用于输入零件加工程序和控制机床工作状态。控制电源用于向伺服装置和控制器供电。

(4) SIEMENS 数控系统简介

目前国内外各种数控系统繁多,但主要的控制原理和编程操作内容大同小异,数控铣床系统以西门子系统作为例子进行介绍。

SIEMENS 系统目前主流的型号主要有 802S/C、802D、840D/810D/840DI 等系统。

①802S/C 系统:主要是针对低端数控市场而开发的数控系统,两个系统有相同的控制面板、显示器、数控功能、PLC 编程方式等。区别在于 802S 带有步进驱动系统,可以控制 3 个步进电动机轴与一个 ±10V 的模拟伺服主轴。802C 带有伺服驱动系统,同样可以控制 3 个伺服电动机轴与一个 ±10V 伺服主轴。也就是说两个系统区别在于控制的电机形式不同,并最大只能控制 3 轴数控机床。

②802D 系统:主要针对重点数控市场。带有全数字驱动,中文系统,结构简单,调试方便(支持 PROFIBUS、I/O 模块和伺服驱动系统)。人机界面非常友好,其集成的 PC 硬件可以使用户非常容易的将系统安装在机床上。

③840D/810D/840DI 系统:840D/810D 系统可以说是同时推出的系统,810D 是 840D 的 CNC 和驱动控制集成形,810D 系统没有驱动接口,但 NC 软件系统包含了 840D 的全部功能。840DI 系统与 840D 系统的区别在于采用了 PROFIBUS—DP 现场总线。

9.3.2 数控铣床加工程序格式及指令介绍

(1) 制定工艺

在数控铣床上加工零件时,制定加工工艺的方法如下:

①分析零件图案,明确加工内容和技术要求。

②确定工作坐标系原点位置:在数控铣床上加工工件的情况较为复杂,在一般情况下,被加工面朝向 Z 轴正方向,并将坐标系原点定位于工件上特征明显的位置,如工件的对称中心点等。将工件上此位置相对于机床机械参考点的坐标值记入零点偏置存储器 G54。

③确定加工工艺路线:首先选择切削刀具,不同材料、不同表面或不同型腔要采用不同形式或不同直径的刀具加工。然后确定进刀点位置。选择进刀点应注意区分铣刀类型。没有端刃的立铣刀不要选择 Z 向直接扎入工件表面;若加工键槽等内腔表面,要选择有端刃的键槽铣刀。最后确定加工轨迹,即加工时刀具切削的进给方式,如环切或平行切等。

④选择合理主轴转速 S 和进给速度 F:主轴转速 S 的范围一般为 300 ~ 3 200 r/min,根据工件材料和加工性质(粗、精加工)选取;进给速度 F 的范围为 1 ~ 3 000 mm/min,粗加工采用 70 ~ 100 mm/min,精加工采用 1 ~ 70 mm/min,快速移动采用 100 ~ 2 500 mm/min。

编制加工程序,程序可手工编制,亦可自动编制;调试加工程序;完成零件加工。

(2)数控铣床加工程序格式及指令简介

数控铣床所用加工程序是 G 代码程序,与数控车床的加工程序格式大致相同,指令参见表 9-3。另外,由于铣床是 3 轴(或多轴)联动的复杂加工机床,因此加工指令与数控车床有所不同。

在直线插补指令中允许有 X、Y、Z 这 3 个坐标值出现。

数控系统具有孔加工(G80~G89)等专用指令。

在数控铣床加工中特有的加工指令还有零点偏置(G54~G59)。在数控铣床加工中,由于大部分零件编程时脱落机床用编程机或安装有通用编程软件的微机来实现的,在零件坐标系和机床坐标系之间需要有一种方便的转换方式,因此绝大部分数控铣床都设立了零点偏置存储器,将被加工工件编程原点相对于机床参考点的坐标值在机床的零点偏置设置中记入 G54(或 G55、G56、G57 等),在编程中可调用零点偏置存储器中数据。

在系统中,部分相关的 G 指令、M 指令的含义和格式如表 9-3、表 9-4 所列。

表 9-3 G 指令的含义

指令		指令含义	指令格式
G 指令	G00	快速定位指令,将刀具快速定位到指定的坐标点	G00 X_ Z_ ;
	G01	直线插补指令,将刀具以给定速度定位到指定坐标点	G01 X_ Z_ F_ ;
	G02	顺时针加工圆弧插补指令	G02 X_ Z_ R_ F_ ;
	G03	逆时针加工圆弧插补指令	G03 X_ Z_ R_ F_ ;
	G04	暂停(延时)指令,X 为延时秒	G04 X_ ;
	G20	英制尺寸	G20
	G21	公制尺寸	G21
	G32	普通定导程螺纹切削指令,F 表示螺纹导程	G32 Z(W)_ F_ ;
	G70	精车固定循环	参照详细说明
	G71	外经/内孔粗车复合循环	参照详细说明
	G72	端面粗车复合循环	参照详细说明
	G73	固定形状粗车循环	参照详细说明
	G80	外圆切削固定循环指令,F 表示进给速度	G80 U_ W_ L_ D_ F_ ;
	G81	端面切削固定循环指令,F 表示进给速度	G81 U_ W_ L_ D_ F_ ;
	G86	公制螺纹切削固定循环指令,F 表示螺纹导程	G86 U_ W_ L_ D_ F_ ;
	G92	设定工件坐标系指令,处于程序第一段	G92 X_ Z_ ;
	G98	设定进给单位为 mm/min	G98;
	G99	设定进给单位为 mm/r。系统开机默认状态	G99;

表 9-4 M 指令的含义

指令		指令含义	指令格式
M 指令	M00	程序暂停指令	M00；
	M01	程序选择暂停指令，与 M00 相似由面板 M01 开关选择	M01；
	M02	循环执行指令用于放回到本次加工的开始程序段并从此循环执行	M02；
	M03	主轴正转指令，用于启动主轴正转	M03；
	M04	主轴反转指令，用于启动主轴反转	M04；
	M05	主轴停止指令	M05；
	M08	切削液泵启动指令	M08；
	M09	切削液泵停止指令	M09；
	M30	程序结束指令，程序结束并返回本次加工的开始程序段	M30；
	M98	调用子程序指令，后连 D 指令（子程序起始段）和 L 指令（循环次数）	M98 D __ L __；
	M99	返回主程序指令，用于子程序结尾	M99；

9.3.3 数控铣床加工零件举例

9.3.3.1 实训基础编程

加工图 9-12 所示的工件，毛坯尺寸 110 mm×110 mm×30 mm，材料为铸铝。按照图样完成基点计算，设定工件坐标系，制订正确的工艺方案，选择合理的刀具和切削参数，编制数控加工程序。

（1）图形练习分析

本例为基本指令编程实例，零件采用平口钳装夹。在安装平口钳时。要对它的固定

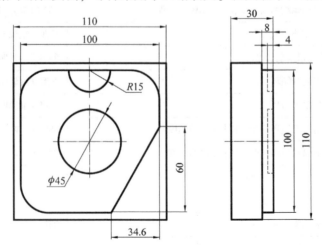

图 9-12 基础编程练习 1

钳口找正，工件被加工部分要高出钳口，避免钳口与刀具发生干涉。毛皮外形尺寸已加工好，将工件装夹在钳口的中间位置，并用百分表进行找正。将工件坐标系 G54 建立在工件上表面对称中心处。

(2) 实训操作

① 基点坐标：根据零件图所示尺寸与几何图形，通过 CAD 作图测量的方法，求出各基点的坐标位置如图 9-13 所示。各基点的坐标值如表 9-5 所示。

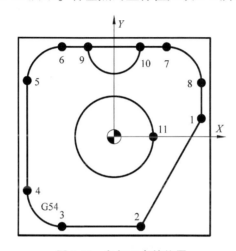

图 9-13 各加工点的位置

表 9-5 各基点的坐标值

基 点	X	Y	基 点	X	Y
1	50	10	7	30	50
2	15.4	−50	8	50	30
3	−30	−50	9	−15	50
4	−50	−30	10	15	50
5	−50	30	11	22.5	0
6	−30	50			

② 切削参数的选择：外轮廓刀具采用 $\phi16$ 立铣刀，主轴转速 800 r/min，进给率 300 mm/min；铣削圆槽、台阶采用 $\phi16$ 立铣刀，主轴转速 800 r/min，进给率 300 mm/min。

③ 参考程序：

程　序	注　释
%_N_ABC_MPF	程序名 ABC.mpf
; $PATH=/_N_MPF_DIR	传输格式
T1D1M06	调用一号刀具 1 号刀补（半径补偿值为 R8）

(续)

程　　序	注　释
G17 G90 G54 G00 X0 Y0 Z50 S800 M03	设置初始参数
X80 Y0	移动刀具至工件右侧
M08	开始冷却
Z2	刀具靠近工件表面
G01 Z−8 F80	进刀到指定深度，垂直方向进给率为 80 mm/min
G41 X60 Y10 F300	靠近工件准备加工，进给率为 300 mm/min，左刀补
X50	刀具直线插补至基点1
X15.4 Y−50	刀具直线插补至基点2
X−30 Y−50	刀具直线插补至基点3
G02 X−50 Y−30 CR=20	刀具直线插补至基点4，加工圆弧半径 R20
G01 Y30	刀具直线插补至基点5
G02 X−30 Y50 CR=20	刀具直线插补至基点6，加工圆弧半径 R20
G01 X30	刀具直线插补至基点7
G02 X50 Y30 CR=20	刀具直线插补至基点8，加工圆弧半径 R20
G01 Y10	刀具直线插补返回基点1
X30 Y−50	清除多余残留
G40 X60	取消半径补偿，清楚多余残留
Y−25	清除多余残留
X80 Y0	返回加工开始点
G00 Z5	Z 向抬刀
X0 Y0	移至圆槽中心
G01 Z−4 F80	进刀至指定深度，垂直方向进给率为 80 mm/min
G41 X2.5 Y−20 F300	移至圆弧切入点
G03 X22.5 Y0 CR=20	圆弧切入
G03 I−22.5 J0	整圆系削
G03 X2.5 Y20 CR=20	圆弧切出
G04 G01 X0 Y0	取消半径补偿，返回程序开始点
G00 Z5	Z 向抬刀
X0 Y60	准备加工半圆台阶
G01 Z−4 F80	进刀至指定深度，垂直方向进给率为 80 mm/min
G41 X−15 F300	准备加工半圆台阶
Y50	直线切入
G03 X15 I15 J0	铣削半圆弧
G01 Y60	直线切出
G40 X0	返回程序开始点
G00 Z100	退刀至 Z100
M05	主轴停转
M09	冷却液关
M02	程序结束

(3) 实训总结

本实例练习为基本加工指令练习,在其练习过程中,使用准备功能指令中的刀具半径补偿指令 G41/G42 时,应注意:只有在线性插补时(G0,G1)才可以进行 G41/G42 的选则,半径补偿时,刀具必须有相应的 D 号才能有效。

9.3.3.2 子程序编程实例加工

加工图 9-14 所示工件,毛坯尺寸 400mm×100mm×30mm,材料为铸铝。按照图样完成基点计算,设定工件坐标系,制订正确的工艺方案,选择合理的道具和切削参数,编制数控加工程序。

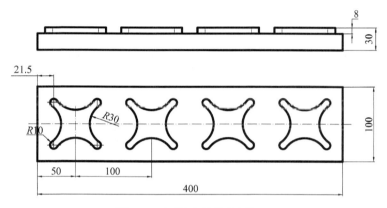

图 9-14 子程序编程实例加工

(1) 加工实例分析

本例为调用子程序连续加工多个工件实例,调用同一子程序多次来完成对多个相同工件的连续加工。零件采用平口钳装夹,在安装平口钳时,要对它的固定钳口找正,工件被加工部分要高出钳口,避免刀具与钳口发生干涉。毛坯外形尺寸加工好后,将工件装夹在钳口中间位置,并用百分表进行找正。将工件坐标系 G54 建立在工件上表面对称中心处。

(2) 加工实例操作

①坐标系与坐标点选择:根据零件图所示尺寸和几何图形,通过 CAD 作图测量的方法,求出各基点的坐标值,各基点的坐标位置如图 9-15 所示,坐标值见表 9-6。

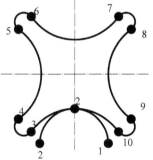

图 9-15 子程序加工实例坐标点位置

表 9-6　子程序加工坐标点

基　点	X	Y	基　点	X	Y
1	20	-46.6	7	21.4	35.6
2	0	-26.5	8	35.6	21.4
3	-35.6	-21.4	9	35.6	-21.4
4	-35.6	-21.4	10	21.4	-35.6
5	-35.6	21.4	11	-20	-46.6
6	-21.4	35.6			

②切削参数的选择：外轮廓刀具采用 φ16 立铣刀，主轴转速 800 r/min，进给率 300 mm/min；铣削凸台等部分，采用 φ16 立铣刀，主轴转速 800 r/min，进给率 300 mm/min。

③参考程序：

程　序	注　释
%_N_ABC_MPF	主程序名 ABC.mpf
;$PATH=/_N_MPF_DIR	传输格式
T1D1M06	调用一号刀具 1 号刀补（半径补偿值为 R8）
G97 G94 S800 M03	设置初始参数
G17 G90 G54 G00 X0 Y-60 Z50	移动刀具至工件前侧
M08	开始冷却
Z2	刀具靠近工件表面
L01 P4	调用 L1 子程序 4 次，连续加工四个工件
G74 Z1=0	退刀，刀具延 Z 轴方向返回参考点
M05	主轴停转
M09	冷却液关
M02	程序结束
%_N_L01_SPF	子程序名 L01.SPF
;$PATH=/_N_MPF_DIR	传输格式
G91 G01 Z-10 F80	切换至相对坐标模式，向下切深 10 mm（加工至 8 mm 厚度）
G41 X20 Y13.4 F300	直线插补至圆弧切入点 1，进给率为 300 mm/min，左刀补
G03 X-20 Y20 CR=20	逆时针圆弧插补至基点 2
G03 X21.4 Y-9 CR=30	逆时针插补至基点 3
G02 X14.2 Y14.2 I-7.1 J7.1	顺时针圆弧插补至基点 4
G03 X0 Y42.8 CR=30	逆时针插补至基点 5
G02 X14.2 Y-14.2 I7.1 J-7.1	顺时针圆弧插补至基点 6
G03 X42.8 Y0 CR=30	逆时针插补至基点 7
G02 X14.2 Y-14.2 I7.1 J-7.1	顺时针圆弧插补至基点 8

(续)

程 序	注 释
G03 X0 Y-42.8 CR=30	逆时针插补至基点 9
G02 X-14.2 Y-14.2 I-7.1 J-7.1	顺时针圆弧插补至基点 10
G03 X-21.4 Y9 CR=30	逆时针插补返回基点 2
G03 X-20 Y-20 CR=20	逆时针圆弧插补至圆弧出点 11
G01 G40 X20 Y-13.4	直线插补返回至程序起刀点
G00 Z10	Z 向抬刀 10 mm
X100	向右移动 100 mm 至第二件工件加工起点
RET	子程序结束

（3）实训总结

本实例为西门子系统基本功能实例，这种联系操作者对于子程序的数量掌握程度与应用能力。本例为采用重复调用增量子程序多次，以完成对多个相同工件批量声场的目标。在自程序中可以改变模态有效的 G 功能，如 G90 到 G91 的变换。在返回调用程序时，要注意检查一下所有模态有效的功能指令，并按照要求进行调整。

9.3.3.3 参数编程椭圆台加工实训

编制图 9-16 所示工件加工程序，毛坯尺寸 80 mm × 80 mm × 30 mm，材料为铸铝。

（1）实训分析

本例为参数编程实例，工件外形为 厚度为 8 mm 的椭圆柱。零件采用平口钳装夹，在安装平口钳时，要对它的固定钳口找正，工件被加工部分要高出钳口，避免刀具与钳口发生干涉。此批外形尺寸加工好后，将工件装夹在钳口中间位置，并用百分表进行找正。

本例编程思路是：零件为一椭圆凸台工件，根据图样分析，椭圆长半轴为 30 mm，短半轴为 15 mm，并且椭圆零件与 X 轴夹角为 30°。因此，在加工图示

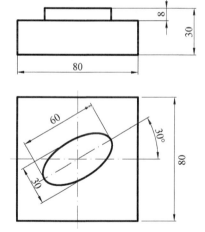

图 9-16 椭圆凸台参数编程

零件时，先要对坐标系 30°旋转，然后以角度做主变量，X、Y 轴坐标系为从变量，根据椭圆参数方程列出数学表达式，采用直线插补加工出该椭圆。零件 G54 坐标原点设置在零件中心处。

（2）相关基础知识

①椭圆几何条件：与两个定点的距离和等于常数。

②标准方程：$\dfrac{x^2}{a^2}+\dfrac{y^2}{b^2}=1(a<b<0)$。

参数方程：$x=a\cos\beta \quad y=b\sin\beta(a>b>0，\beta$ 是参数）。

③顶点坐标

④对称轴：x 轴，长轴长 $2a$；

$\quad\quad\quad\;\; y$ 轴，短轴长 $2b$；

⑤焦点坐标：$(\pm a,0)$，$(0,\pm b)$。

⑥离心率：$e=\dfrac{c}{a}(0<e<1)$。

⑦准线：$x=\pm\dfrac{a^2}{c}$。

(3) 实训操作

①坐标系与坐标点选择：根据零件图所示尺寸和几何图形，通过 CAD 作图测量的方法，求出各基点的坐标值，各基点的坐标位置如图 9-17 所示，坐标值见表 9-7。

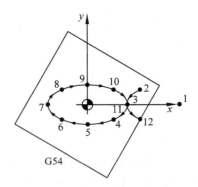

图 9-17 椭圆实例坐标点位置

②切削参数的选择：铣削凸台等部分采用 $\varphi 16$ 立铣刀，主轴转速 800 r/min，进给率 300 mm/min。

表 9-7 椭圆实例加工坐标点

基 点	X	Y	基 点	X	Y
1	70	0	7	-30	0
2	40	10	8	-19.62	11.35
3	30	0	9	0	15
4	19.62	-11.35	10	19.62	11.35
5	0	-15	11	30	0
6	-19.62	-11.35	12	40	-10

③参考程序：

程 序	注 释
%_N_ABC_MPF	主程序名 ABC.mpf
;$PATH=/_N_MPF_DIR	传输格式
T1D1M06	调用一号刀具 1 号刀补（半径补偿值为 R8）
G17 G90 G54 G00 X0Y0Z50 S800M03	设置初始参数
M08	开始冷却
ROT RPL=30	坐标系旋转 30°
G00 X70 Y0 Z5	快速移至新坐标
G01 Z-8 F80	直线插补切深 8 mm，进给率为 80 mm/min
L01	调用 L01 子程序加工椭圆台

(续)

程　序	注　释
ROT	取消坐标系旋转
G74 Z1 = 0	退刀，刀具沿 Z 轴防线返回参考点
M05	主轴停转
M09	冷却液关
M02	程序结束
%_ N_ L01_ SPF	子程序名 L01. SPF
; $ PATH =/_ N_ MPF_ DIR	传输格式
R1 = 0	设置终止角度
R2 = 360	设置起始角度
G01 G41 X40 Y10F300	建立半径补偿
G03 X30 Y0 CR = 10	圆弧切入
MA：R3 = 30COS(R2)	计算变量
R4 = 15SIN(R2)	
G01 X = R3　Y = R4	直线插补拟合法加工椭圆柱
R2 = R2 - 1	角度递减
IF(R2 > = R1) GOTOB MA	跳转条件
G03 X40 Y - 10 CR = 10	圆弧切出
G01 G40 X70 Y0	返回程序起刀点
RET	子程序结束

(4) 实训总结

本实例为西门子系统三数功能实例，用于练习操作者对于各种系统参数功能指令的熟练掌握程度及理解能力。本例为椭圆台加工实例，椭圆为公式曲线，编程时通过设置适当的计算参数、完整的公式体系完成实体加工。参数编程中，在计算参数时也遵循通常的数学运算规则——圆括号内的运算优先进行；另外，乘法和除法运算优先于加法和减法运算。角度计算单位为度。

9.4　特种加工

9.4.1　特种加工概述

(1) 特种加工的生产及发展

随着工业生产和科学技术的飞速发展，传统的机械加工已经很难适应生产力和科学实验发展的需要。例如，所用材料越来越难加工，零件形状越来越复杂，精度及表面粗糙度的要求越来越高，所以特种加工应运而生，它是相对传统加工而言的。

特种加工是 20 世纪 40 ~ 60 年代发展起来的新工艺，目前仍在不断的推陈出新。所谓的特种加工是直接利用电能、声能、光能、化学能和电化学能等能量形式进行加工的一类方法的总称,包括电火花、电解、电解磨、激光、超声、电子束、离子束加工等多种方法,常用的有电火花成形加工、电火花线切割加工、激光加工等。

(2)特种加工特点

特种加工与传统的切削加工相比具有如下特点:
①主要依靠的不是机械能,而是用其他能量(如电、化学、声、热能等)去除金属材料。
②工具材料的硬度可以低于被加工材料的硬度。
③加工过程中工具和工件之间不存在显著的机械切削力。

(3)特种加工的应用

特种加工主要用于下列情况:
①各种难切削材料,如硬质合金、耐热钢、不锈钢、金刚石、宝石、石英及锗、硅等各种高熔点、高硬度、高强度、高韧性、高脆性的金属及非金属材料。
②各种复杂、微细表面的零件,如喷漆涡轮机叶片,冲模、冷拔模的型腔和型孔、栅网、喷丝头上的小孔、窄缝等。
③各种超精、光整或具有特殊要求的零件,如对于质量的精度要求非常高的航空陀螺仪以及细长轴等低刚度零件。

9.4.2 电火花加工

(1)电火花加工的原理

电火花加工又称释放电加工,其原理是基于工具电极和工件电极之间的脉冲星火花放电时的电腐蚀现象来蚀除多余的金属,以达到对零件的尺寸、形状和表面质量的加工要求,如图9-18所示。

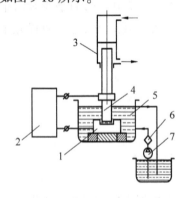

图9-18 电火花加工原理

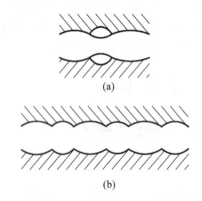

图9-19 电火花加工表面局部图

工件1与工件4分别与脉冲电源2的两输出端相连接。自动进给调节装置3,使工具和工件之间经常保持一很小的放电间隙,当脉冲电压加到两极之间,便在当时条件下相对某一间隙最小处或绝缘强度最低处击穿介质,在该局部产生火花放电,瞬时高温使工具和工件表面都腐蚀掉一小部分金属，各自形成一个小凹坑，如图9-19所示。其中图(a)表示单个脉冲放电后的电蚀坑，图(b)表示多个脉冲放电后的电极表面。脉冲放电结束后，经过一段时间，使工作液恢复绝缘后，第二个脉冲电压又加到两极上，又会在当时极间距离相对最近或绝缘强度最弱出击穿放电，又电蚀出一个小凹坑。这样随着相当高的频率连续不断重复放电，工具电极不断地向工件给进，就可将工具的形状复制在工件上，加工出所需要的零件，整个加工表面将由无数个小凹坑组成。

综上所述，电火花放电需要具备的3个条件是：

①必须使两局间经常保持一定的放电间隙；
②必须是瞬时的脉冲星形放电；
③必须在有一定绝缘性能的液体介质中进行。

(2) 电火花加工的特点及应用

①适合于任何切削导电材料的加工：由于加工中材料的去除是靠放电时的电热作用实现的，材料的可加工性主要取决于材料的导电性及其热化学性，如熔点、沸点、比热容、热导率、电阻率等，而几乎与其力学性能（硬度、强度等）无关。这样可以突破传统切削加工对刀具的限制，可以实现用软的工具加工硬韧的工件，甚至可以加工像聚晶金刚石、立方氮化硼一类的超硬材料。目前电极材料多采用纯铜（俗称紫铜）或石墨，因此工具电极较容易加工。

②可以加工特殊及复杂形状的表面和零件：由于加工中工具电极和工件不直接接触，没有机械加工宏观的切削力，因此适于加工低刚度工件及作微细加工，如复杂性腔模具加工等。

由于电火花加工具有许多传统切削加工所无法比拟的优点，因此其应用领域日益扩大，目前已经广泛应用于机械（特别是模具制造）、宁航、航空、电子、电机、电器、精密机械、仪器仪表、汽车、拖拉机、轻工等行业，以解决加工材料及复杂零件加工问题。加工范围已达到小至几微米的小轴、孔、缝，大到几米的超大型模具和零件。

(3) 电火花加工工艺方法分类

如表9-8所示，为按工具电极和工件相对运动的方式和用途不同而分类。其中以电火花穿孔成形加工和电火花线切割应用最为广泛。

表9-8 电火花加工工艺特点

类别	工艺方法	特点	用途	备注
I	电火花穿孔成形加工	(1)工具和工件间主要只有一个相对的伺服进给运动 (2)工具形成电极，与被加工表面有相同的截面和相反的形状	(1)型腔加工：加工各类型腔模及各种复杂的型腔零件 (2)穿孔加工：加工各种冲模、挤压模、粉末冶金模、各种异形孔及微孔等	约占电火花机床总数的30%，典型机床有D7125、D7140等电火花穿孔成形机床

(续)

类别	工艺方法	特点	用途	备注
Ⅱ	电火花线切割加工	(1)工具电极为顺电极丝轴线方向移动着的线状电极 (2)工具与工件在两个水平方向同时又相对伺服进给运动	(1)切割各种冲模和具有直纹面的零件 (2)下料、切割和窄缝加工	约占电火花机床总数的60%,典型机床有DK7725、DK7740数控电火花线切割机床
Ⅲ	电火花内孔、外圆和成形磨削	(1)工具与工件有相对旋转运动 (2)工具与工件之间有径向和轴向的进给运动	(1)加工高精度、表面粗糙度低的小孔,如拉丝模、挤压模、微型轴承内环、钻套等 (2)加工外圆、小模数滚刀等	约占火花机床总数的3%,典型机床有D6310电火花小孔内圆磨床等
Ⅳ	电火花同步共轭回转加工	(1)成形工具与工件均匀旋转运动,但二者角速度相等或成整倍数,相对应接近放电点可有切向相对运动速度 (2)工具相对工件可作纵、横向进给运动	以同步回转、展成回转、倍角速度回转等不同方式,加工各种复杂形面的零件,如高精度的异形齿轮,精密螺纹环规,高精度、高对称度、表面粗糙度低的内、外回转体转体表面等	约占电火花机床总数不足1%,典型机床有JN—2、JD—8内外螺纹加工机床
Ⅴ	电火花高速小孔加工	(1)采用细管9(>φ0.3 mm)电极,管内冲入高压水基工作液 (2)细管电极旋转 (3)穿孔速度较高(60 mm/min)	(1)线切割穿丝预孔 (2)深径比很大的小孔,如喷嘴等	约占电火花机床2%,典型机床有D703A电火花高速小孔加工机床
Ⅵ	电火花表面强化、刻字	(1)工具在工件表面上振动 (2)工具相对工件移动	(1)模具刃口,刀、量具刃口表面强化和镀覆 (2)电火花刻字、打标	约占电火花机床总数的2%~3%,典型的设备有D9105电火花强化器等

(4)电火花成形加工机床

电火花成形加工机床主要由主机、脉冲电源、工作液循环系统几部分组成。

①主机:由床身、立柱、主轴头、工作台、工作液槽组成。床身和立柱是机床的主要结构,要有足够的刚度和精度。主轴头是机床中最关键的部位,其下部安装工具电极,能自动调整工具电极的进给速度,随着工件蚀除而不断进行补偿进给,使火花放电持续进行。工作台用于支承和安装工件,并通过纵、横向坐标的调节,找正工件与电极位置。工作槽液,用于容纳工作液,使电极和工件的放电部位浸泡在工作液中。

②脉冲电源:作用是把工频交流转换成一定频率的单项脉冲电流,供给电火花放电间隙所需要的能量来蚀除金属。

③工作液循环系统:由工作液泵、工作液箱、过滤器和导管等组成,其主要作用是使工作液(多采用煤油)循环,排除加工中的电蚀物、降温等。

9.4.3 电火花线切割加工

(1) 加工原理

电火花线切割加工简称线切割加工,是在电火花形成的基础上发展起来的一种新工艺,它不是靠成形的工具电极"复印"在工件上,而是利用移动的金属丝(钼丝或黄铜丝)作电极,对工件进行脉冲性火花放电,并按数控编程指令切割形成。

脉冲电源的整机接被切割的工件,负极接钼丝,并在两极间施加一连串的脉冲电压。储丝桶通过导轮带动钼丝作正、反向高速移动。工作液喷射到切割部位。数控装置输出脉冲信号控制步进电动机在工作台的两个坐标方向各自按预定的控制程序,根据火花间隙状态作伺服进给移动,从而把工件切割成所需要的形状(图9-20)。

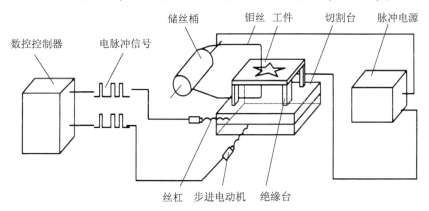

图 9-20 电火花加工原理图

(2) 加工的特点和应用

线切割加工的主要特点是:
①道具(电极丝)结构简单、材料软,不需要制造成形电极;
②切削力小,两极间有一定间隙就可放电加工;
③切削少、省料;
④热影响区小;
⑤精度高,尺寸精度可达 0.01~0.02 mm,表面粗糙度 Ra 值可达 1.6 μm;
⑥自动化程度高,操作方便;
⑦不能加工不导电和不通型腔的零件。

由以上线切割加工特点可看出:线切割适合加工各种高硬度、高强度、高韧性、高脆性、高熔点的金属材料及导电的非金属材料,适合加工各种几何形状复杂及精细的零件。具体应用于以下几个方面:

①加工模具:各种形状的冲模、挤压模、粉末冶金模、塑压模等,也可加工带锥度的模具。
②加工零件:各种电火花成形电极、形状复杂的工艺美术品、成形刀具、特殊齿轮

等,以及机械切削难加工的小孔、窄缝等细微零件和带锥度、"天圆地方"等上下异面的零件。

③加工特殊材料:高温合金、钛合金、硬质合金、导电陶瓷等难加工材料。

(3)电火花线切割加工工艺

电火花线切割加工工艺包含了加工程序编制、工件加工前准备、合理选择电规准等几个方面。

①线切割加工程序编制:确定正确的装夹位置及切割路线;确定加工补偿量。

②工件加工前准备:加工工件必须是可导电材料,尺寸在机床允许范围内;正确装夹工件并找正;合理选择穿丝孔位置。

③合理选择电规准:根据加工工件材质不同、厚度不同、进度要求不同等合理选择电规准,尽量达到切割效率高、质量好的目的。

9.4.4 激光加工

激光加工是利用能量密度很高的激光束使工件材料熔化或汽化而进行打孔、切割和焊接等的特种加工,它涉及光、机、电、材料、计算机及检测等多门科学。

(1)加工原理

从激光输出的具有单色性好、方向性好、亮度高、相干性强等特点的激光束,通过光学系统聚焦成极小的光斑,其焦点处的功率密度高达 $10^8 \sim 10^{10}$ W/cm^2,温度高达万摄氏度左右,使工件表面的材料都会瞬时熔化或气化并迅速蒸发。激光加工就是利用这种光能的热效应对材料进行加工的。通常用于加工的激光器主要是固体激光器和气体激光器,激光器的作用是将电能转变为光能,产生所需要的激光束。工作原理如图 9-21 所示。

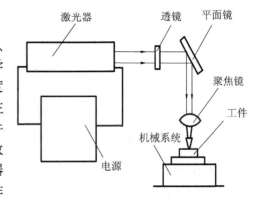

图 9-21 激光加工原理图

(2)激光加工的特点

①激光束能聚焦成极小的光点(达到微米量级),适合于细微加工(如微孔、小孔、窄缝等)。

②功率密度高,可加工坚硬高熔点材料,如钨、钼、钛、淬火刚、硬质合金、耐热合金、宝石、金刚石、玻璃和陶瓷等。

③加工时不需要加工工具,无机械接触作用,不会产生加工变形。

④加工速度极快,对工件材料的热影响小。

(3)激光加工应用

①激光打孔主要是加工小孔,孔径范围一般为 0.01~1 mm,最小孔可达 0.001 mm。

可用于加工钟表宝石轴承孔、金刚石拉丝模孔、发动机喷嘴小孔和哺乳瓶乳头小孔等。

②激光切割不仅用于多种难加工金属材料的切割或板材的成形切割，而且大量用于非金属材料的切割，如塑料、橡胶、皮革、有机玻璃、石棉、木材、胶合板、布料、人造纤维和纸板等。切割的优点是速度快，切缝窄（0.1~0.5 mm），切口平整，无噪声。

③激光焊接具有焊接迅速、热影响区小、无熔渣等特点，应用于汽车车身薄板、汽车零件、锂电池、心脏起搏器、密封继电器等密封器件，以及各种不允许有焊接污染和变形的器件。

④材料表面处理在汽车工业应用广泛，如缸套、曲轴、活塞环、换向器、齿轮等零部件的热处理，同时在航天航空、机床行业和其他机械行业也应用广泛。

此外，激光加工还广泛应用于划线、打标和快速成形等加工。

本章小结

本章介绍了数控系统的控制方式，目前市场上比较流行的几种编程方法和方式。主要根据 FANUC 0i mate TD 数控系统与西门子 802D SL 数控系统为例，着重介绍了 2 种典型数控系统的编程方法及其可以实现的多种编程形式。并辅以加工实例，希望能为学生掌握这 2 种典型数控系统，提供一些帮助。对于特种加工等新型加工方法做了一些类型上的说明，希望学生能够理解新型加工工艺的应用，并能准确使用新的工艺方法，完成各种实际的加工要求。

思考题

1. 数控加工主要应用在哪些方面？数控车、数控铣的主要加工对象有哪些？
2. 数控车、数控铣程序编写时，坐标系的确定应该注意哪些问题？
3. 特种加工方法中，电火花加工和激光加工的适用范围与加工特点？
4. 在数控加工过程中，操作人员可否离开工作场地？
5. 数控加工创新设计中，加工工艺的设计原则有哪些？
6. 试编写如下图所示工件的加工工艺，并编写加工程序。

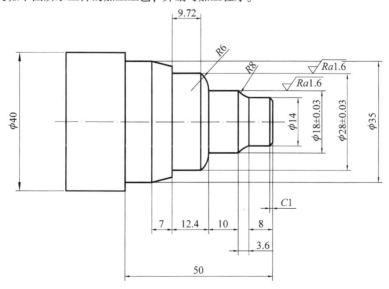

7. 试编写如下图所示工件的加工工艺，并编写加工程序。

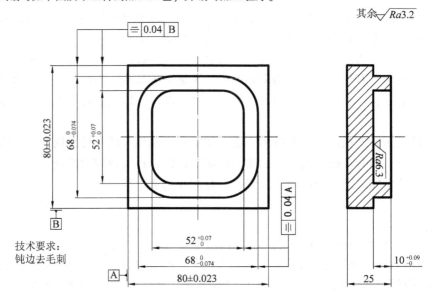

参考文献

邓文英. 2001. 金属工艺学(上、下册)[M]. 北京：高等教育出版社.
杜西灵，等. 2009. 铸造技术与应用案例[M]. 北京：机械工业出版社.
樊自田. 2006. 材料成形装备及自动化[M]. 北京：机械工业出版社.
葛兆祥. 2004. 焊工技师培训教材[M]. 北京：机械工业出版社.
郭永环. 2010. 金工实习[M]. 北京：北京大学出版社.
郝安民. 2009. 金工实习[M]. 北京：清华大学出版社.
侯书林，朱海. 2006. 机械制造基础[M]. 北京：北京大学出版社.
黄如林，樊曙天. 2004. 金工实习[M]. 南京：东南大学出版社.
黄如林. 2003. 金工实习教程[M]. 上海：上海交通大学出版社.
李蓓华. 2006. 数控机床操作工[M]. 北京：中国劳动和社会保障出版社.
刘秉毅. 2003. 金工实习[M]. 北京：机械工业出版社.
刘晋春. 2003. 特种加工[M]. 北京：机械工业出版社.
刘伟，等. 2006. 模样制造过程质量控制与检验读本[M]. 北京：中国标准出版社.
柳秉毅. 2002. 金工实习[M]. 北京：机械工业出版社.
沈冰. 2008. 金工实习[M]. 北京：中国电力出版社.
王吉林. 2003. 现代数控加工技术基础实习教程[M]. 北京：机械工业出版社.
吴桓文. 2005. 工程材料及机械制造基础(Ⅲ)[M]. 北京：高等教育出版社.
徐永礼，涂清湖. 2009. 金工实习[M]. 北京：北京理工大学出版社.
严绍华，张学政. 2006. 金属工艺学实习[M]. 北京：清华大学出版社.
严绍华. 2010. 工程材料及机械制造基础(Ⅱ)[M]. 北京：高等教育出版社.
于文强，张丽萍. 2010. 金工实习教程[M]. 北京：清华大学出版社.
张学政，李家枢. 2007. 金属工艺学实习教材[M]. 北京：高等教育出版社.
周伯伟. 2006. 金工实习[M]. 南京：南京大学出版社.
朱海. 2004. 金属工艺学实习教材[M]. 哈尔滨：东北林业大学出版社.